Le livre
des damnés

Charles Fort

Traduit de l'américain
par Claudie Bugnon
(texte intégral)

Enquête sur l'étrange

JOEY CORNU
ÉDITEUR

Catalogage avant publication de Bibliothèque et Archives Canada

Fort, Charles, 1874-1932
    Le livre des damnés
    2e éd.
    Traduction de : The book of the damned.
    ISBN-13: 978-2-922976-09-0
    ISBN-10: 2-922976-09-2
    1. Météorologie - Miscellanées. 2. Astronomie - Miscellanées.
    3. Curiosités et merveilles. I. Titre.
QC870.F6714 2006   001.94   C2006-941845-4

Direction de l'édition et traduction : Claudie Bugnon
Couverture et montage
  d'illustrations d'époque : Christine Mather
Illustrations : Isabelle Langevin
Correction d'épreuves : Isabelle Harrison

Joey Cornu Éditeur inc.
277, boulevard Labelle, C-200 • Rosemère (Québec) J7A 2H3
Tél. : 450-621-2265 • Téléc. : 450-965-6689
joeycornu@qc.aira.com • www.joeycornu.com

Dépôt légal, 2006 :
Bibliothèque nationale du Québec
Bibliothèque nationale du Canada

Un voyage éclairé dans l'étrange

En 1919, Charles Hoy Fort publie *The Book of the Damned* aux États-Unis et crée une vive controverse dans les milieux scientifiques. L'auteur accuse les astronomes, les météorologues, les chimistes, les paléontologues et les sociétés savantes de balayer sous le tapis la manne de faits étranges qui débordent des clôtures de notre connaissance. « Règle générale, affirme-t-il, on efface l'inadmissible. » Il se rebelle ainsi contre une discrimination qui empêche l'ouverture d'esprit et l'émerveillement de l'être humain devant les manifestations extérieures à la Terre.

Les textes de Fort ont été construits sur une montagne de 40 000 notes extraites de revues scientifiques et de journaux réputés; ont circulé alors que les concepteurs d'avion rêvaient d'altitude et que la théorie du Big Bang sommeillait encore; ont fait exploser des certitudes avant les premières bombes atomiques de 1945; ont visité des terres du ciel avant qu'Amstrong ne foule la Lune en 1969; ont évoqué la possibilité d'un déclencheur externe à la vie terrienne avant que l'on ne détecte la présence de bactéries sur des météorites martiens. Bref, Internet n'existait pas, un outil qui aurait été fort utile à l'auteur pour une tâche monumentale comme l'édification du Tādj Mahall, et qui a permis ici de corriger quelques dates et quelques noms (une indication entre [ ]). C'est dire aussi que la commission sur les OVNIs et la course à l'espace n'étaient pas encore en incubation.

Fort collectionnait les données sur les phénomènes insolites avec le plus grand sérieux du monde, comme d'autres collectionnent les timbres. Mais cela ne l'a pas empêché de faire preuve d'humour tout autant que de clairvoyance au travers de ses réflexions métaphysiques.

Bonne exploration. (CB)

Table des chapitres

Chapitre 1

Là où l'auteur met la table...
Si toutefois une table est bien une table.

Un défilé de damnés.

Par damnés, j'entends les exclus.

Contemplons ensemble un cortège composé de faits exclus de la Cité scientifique.

Guidés par les faits exhumés sous mes soins, des bataillons de données maudites marcheront au grand jour. Elles s'animeront sous vos yeux. Certaines sont blêmes, d'autres enflammées, d'autres encore proches de la décomposition.

Chez les bannis, des cadavres, des momies, des squelettes, agités et titubants, poussés par des compagnons damnés de leur vivant. Des géants endormis déambuleront. Puis défileront des théorèmes et des torchons, comme Euclide au bras de l'anarchie. Ici et là danseront de petites putains. Nombreux sont les respectables parmi les ridicules. Certains sont meurtriers. Il y aura des feux sournois et des superstitions dévorantes, des ombres discrètes et de vivaces malveillances. Des élans de caprice et d'amabilité. Naïveté, pédantisme, étrangeté, absurdité, sincérité et fourberie, tout cela côtoyant le profond et le puéril.

Un coup de poignard et un rire, et les mains poliment jointes pour une prière inutile.

L'au-dessus de tout soupçon, condamné malgré tout.

L'illusion d'ensemble oscille entre la dignité et l'inconduite : la voix collective lance un cri de défi, mais il convient malgré tout de garder les rangs.

L'autorité à avoir condamné ouvertement toutes ces créatures, c'est la Science dogmatique.

Malgré cela, elles avanceront.

Les catins se dandineront, les phénomènes surprendront et les clowns bouffonneront. Mais la procession gardera son cours, impressionnant défilé d'intrus qui passent et repassent.

J'ai un attrait pour ces créatures qui ne menacent, ne raillent ni ne défient personne, mais qui s'organisent en bandes. Qui passent et repassent.

Donc, par les damnés, j'entends les exclus. Et par les exclus, j'entends ceux qui, un jour, excluront à leur tour.

Autrement dit, ce qui est ne sera plus, et ce qui n'est pas sera.

Mais il y a aussi ce qui n'existera jamais.

Je pense que le flux entre ce qui n'est pas et ce qui est, ou l'état que l'on appelle absurdement et avec conviction l'existence, est une succession d'enfers et de paradis; que les damnés ne le resteront pas; que le salut précède la perdition. L'idée est donc qu'un jour nos pauvres hères deviendront des anges gracieux. Avant de rebrousser chemin.

• • •

Je pense aussi que tout ce qui se manifeste s'exprime au détriment d'autre chose; que ce qui se concrétise dans l'existence se rapproche davantage de l'admis que de l'exclu.

Je crois qu'il n'existe pas de différences véritables ou positives; que toutes les créatures sont comme la souris et l'insecte dans un fromage. Souris et insecte: deux choses en apparence foncièrement différentes. Elles peuvent être là, dans le fromage, une semaine ou un mois, devenant alors toutes deux transmutations du fromage. Je pense que nous-mêmes sommes insectes ou souris, que nous sommes différentes expressions du fromage universel.

À mon avis, le rouge n'est pas vraiment différent du jaune; il n'est qu'un degré d'une radiation tout comme le jaune. Le rouge et le jaune sont par ailleurs contigus, puisqu'ils se fondent dans l'orangé.

De sorte que si, à partir de ce critère de couleur, la science devait tenter de classer les phénomènes en admettant les créatures rouges comme véritables et en excluant les jaunes sous prétexte qu'elles sont fausses ou illusoires, la démarcation serait aussi erronée qu'arbitraire; en effet, les créatures orangées, résultat de la contiguïté, seraient aussi vraies que fausses.

Continuons, car la surprise arrive.

Je pense qu'il n'existe aucun critère de classification, c'est-à-dire d'inclusion ou d'exclusion, plus pertinent que celui du rouge et du jaune.

En fonction de certains critères, la science a admis quantité de faits. Si elle n'avait pas établi ces standards, nous n'aurions pas de points de référence. La science a donc, sur la base de certaines qualités, exclu une foule de faits. Alors si le rouge est contigu au jaune, si les critères d'inclusion sont contigus aux critères d'exclusion, la science a dû rejeter des créatures proches de l'admissible. Le rouge et le jaune, qui se fondent dans l'orangé, nous permettent de caractériser les expériences, les normes, les moyens de nous former une opinion...

Autrement dit, une conviction est l'illusion folle qu'il existe des différences nettes, des termes de comparaison.

L'acte de l'intellect repose sur cette quête d'un fait, d'un critère, d'une généralité, d'une loi, d'une formule, d'une prémisse nette. Pourtant, tout ce que nous avons réussi à admettre, c'est que certaines créatures sont évidentes. Ce que nous concluons en fait, c'est qu'elles constituent l'assise d'autre chose.

Voilà la quête, et la recherche est loin d'avoir abouti. Pourtant la science a agi, statué, tranché et condamné, à croire que nous sommes parvenus à comprendre.

Qu'est-ce qu'une maison?

À défaut de différences positives entre les créatures, il est impossible de véritablement définir quoi que ce soit.

Une grange est une maison, à condition qu'elle soit habitée. Si l'occupation plutôt que l'architecture donne à la maison son statut, alors un nid d'oiseau est une maison. La présence humaine n'est pas davantage le grand critère puisque nous construisons des maisons pour chien; pas plus que le matériau, puisqu'un iglou est une maison esquimaude. Un coquillage est la maison du bernard-l'ermite, et l'a été pour le mollusque qui l'a fabriquée. Autrement dit, deux choses aussi distinctes que la Maison Blanche et un coquillage sont contiguës.

Personne n'a encore réussi à dire ce qu'est l'électricité, par exemple. Ce n'est rien de vraiment distinct de la chaleur ou du magnétisme ou de la vie. Métaphysiciens, théologiens et biologistes ont tenté de définir la vie. Ils ont échoué car, sur le plan de la différence positive, il n'y a rien à définir; aucun phénomène vivant n'est entièrement étranger à la constitution chimique, au magnétisme ou aux phénomènes astronomiques.

Des îles de corail blanc dans une mer indigo.

Leur distinction, leur individualité, leur différence ne sont qu'apparence puisque ces îles sont des projections d'un même fond marin. La différence entre terre et océan n'est pas positive. Dans l'eau se trouve de la terre; et dans la terre de l'eau.

Or donc, les créatures visibles ne sont pas des choses

à proprement parler, mais plutôt la continuité les unes des autres, comme une patte de table n'est pas autonome, mais plutôt la projection d'un autre objet. Aucun de nous n'est une personne réelle, car physiquement nous sommes en contiguïté avec notre environnement, et psychiquement, nous sommes l'expression de notre rapport avec l'environnement.

Je considère les choses sous deux aspects :

Dans une perception moniste d'un monde issu d'une entité unique, je pense que toute créature d'apparente individualité reste un fragment, une île sans contours propres, une projection d'un continent plus vaste.

En même temps, je crois que toute créature, bien que partielle projection, tente de s'affranchir de ses relations avec cet ensemble.

J'imagine un réseau aux enchevêtrements infinis, dans lequel et par lequel toute créature apparente est une manifestation particulière, la localisation d'une tentative commune de rompre les liens et de devenir entité, de posséder une différence nette et une démarcation définitive, une indépendance – ce que l'on appellerait une personnalité ou une âme chez l'humain.

Je suis d'avis que tout ce qui tente d'établir son individualité, sa différence en tant que système, gouvernement, organisation, autonomie ou âme, ne peut y parvenir qu'en s'enfermant dans des bornes, en finissant par damner ou exclure, bref en coupant les liens avec les autres créatures.

Sans quoi, une créature ne peut se manifester.

Le processus est cependant arbitraire et ridicule, voire dangereux. Imaginons quelqu'un traçant un cercle dans la mer pour y inclure certaines vagues, décrétant que toutes les autres, pourtant contiguës, sont vraiment différentes, allant jusqu'à parier sa vie sur la notion de cette différence positive.

Je pense que notre existence est une animation à l'échelle locale d'un idéal réalisable à la seule échelle universelle.

Que le principe d'exclure est erroné puisque le banni et l'admis sont contigus; que si la sensation d'une existence perceptible est le résultat de l'exclusion, rien de perceptible n'est réel, car seul l'universel est vrai.

Dans cette quête de l'idéal ou de l'objectif, les manifestations de la science moderne me captivent en particulier. La science a exclu à tort, car il n'existe aucun critère positif qui puisse servir de repère. Et malgré ses propres pseudocritères, elle a exclu des créatures aussi légitimes que les manifestations admises.

• • •

Je pense que l'état communément appelé existence est un flux, un courant, une tentative entre le Rien et le Tout, qui se situe encore dans l'Intermédiaire.

Par Tout, je désigne ceci : équilibre, ordre, régularité, stabilité, cohérence, unité, vraisemblance, système, gouvernement, organisation, liberté, indépendance, âme, autonomie, personnalité, entité, individualité, vérité, beauté, justice, perfection, précision.

Je pense que ce que nous appelons développement, progrès ou évolution est un élan vers cet état pour lequel il existe un vocabulaire varié, mais que je baptiserai «Absolu positif».

D'emblée, on peut rejeter cette réduction, parce que ces mots ne semblent pas synonymes; harmonie peut signifier ordre, mais indépendance, par exemple, s'éloigne de vérité, de même que stabilité ne signifie ni beauté, ni système, ni justice.

J'imagine un réseau aux enchevêtrements infinis, manifeste dans les phénomènes astronomiques, chimiques, biologiques, psychiques, sociologiques; partout il tente d'exprimer l'absolu positif à l'échelle locale. Nous désignons ces tentatives diverses par des mots différents, bien qu'elles soient seulement quasi différentes. Nous parlons de système planétaire, mais non de gouvernement planétaire. Pour un magasin et son administration, les mots peuvent s'interchanger. Il était d'usage de parler d'équilibre chimique, mais non d'équilibre social; les fausses distinctions se brisent. Tous ces mots décrivent un même état. Pour parler des concepts du quotidien ou des illusions du sens commun, ils ne peuvent pas servir de synonymes, bien évidemment. Un ver de terre n'est pas un animal aux yeux d'un enfant; il l'est cependant pour le biologiste.

Par beauté, j'entends ce qui semble achevé. L'incomplet ou le mutilé est laid.

Pensez à la Vénus de Milo; un enfant la trouverait laide. Mais un esprit qui s'affranchit des critères physiques habituels peut l'imaginer complète et belle. Une main possède aussi sa beauté. En revanche, une main abandonnée sur un champ de bataille n'a rien de beau.

Tout ce qui nous entoure est parcelle d'une créature relevant de plus vaste, et de plus vaste encore. De sorte que je ne vois pas de beauté dans le fragmentaire. Ce sont des apparences situées entre la beauté et la laideur, et seul l'universel est achevé. La beauté, c'est donc l'achevé. Une parcelle ne peut refléter la beauté du tout.

Par stabilité, j'entends l'immuable et l'inaltérable. Ce n'est certes pas l'attribut des créatures apparentes qui ne sont que des réponses à d'autres créatures. La stabilité appartient à l'universel et englobe tout. Même si certaines créatures semblent posséder un degré de stabilité enviable, elles se situent quelque part dans la gradation entre stabilité et instabilité. C'est dire que chaque être humain en quête de stabilité, qu'il s'agisse de permanence au travail, de survie ou de longévité, tente de fixer à l'échelle locale un état d'absolu réservé à l'universel.

Par indépendance, entité et individualité, je pense à une créature n'admettant aucune présence externe. S'il ne devait subsister que deux créatures à se partager un seul univers, l'indépendance, l'entité et l'individualité de l'une et de l'autre seraient compromises.

Les tentatives d'organisation, de système et de cohérence, certaines mieux réussies que d'autres, sont toutes intermédiaires entre ordre et chaos. Elles sont d'ailleurs vouées à l'échec à cause de leurs rapports avec des forces extérieures. Toutes visent la complétude. Tant que des facteurs externes influencent les phénomènes locaux, ces tentatives avorteront; l'achèvement est incompatible avec l'idée d'influences extérieures.

Donc tous ces termes sont synonymes, chacun tendant à décrire l'état que j'appelle l'absolu positif. Notre existence entière vise à atteindre cet état.

Voilà donc le paradoxe ultime: chercher l'universalité en excluant son milieu. C'est le processus commun à toutes les manifestations de toutes les sphères d'un grand réseau finalement inextricable.

Les religieux possèdent un idéal de l'âme; c'est le siège d'une entité stable et distincte, une espèce de sanctuaire. Tout le contraire d'un flot d'ondes en contiguïté et en réaction avec l'environnement, un lieu de fusion avec une infinité de consciences interdépendantes.

Pourtant la seule créature qui ne fusionnerait pas avec une autre serait celle qui englobe tout.

La vérité est aussi l'apanage de l'absolu positif, sa quête est celle de l'absolu.

Des scientifiques se sont crus occupés à chercher la vérité, mais n'ont poursuivi que des vérités astronomiques, chimiques ou biologiques. L'ultime vérité est celle qui englobe tout; rien ne pourrait la modifier, la remettre en question ou lui faire admettre des exceptions. Elle représente le tout et l'achevé.

Par vérité, j'entends donc l'universel.

Des chimistes ont cherché la vérité et le réel; ils ont échoué car les phénomènes chimiques subissent l'influence du milieu. Toutes les lois chimiques sont truffées d'exceptions. Car la chimie est en contiguïté avec l'astronomie, la physique et la biologie. Par exemple, si le Soleil devait prendre ses distances de la Terre et que la vie humaine parvenait à subsister, nos formules chimiques si familières ne tiendraient plus la route. Il nous faudrait réécrire la chimie.

Toute tentative de découvrir la vérité dans le particulier revient à chercher l'universel à l'échelle locale.

Les artistes cherchent l'harmonie. Les pigments de couleur s'oxydent pourtant, réagissent aux influences de l'environnement, tout comme les cordes d'un instrument de musique résonnent au gré des milieux chimique, thermique et gravitationnel. Encore une fois, ce dénominateur commun des idéaux, c'est la poursuite, localement, de l'objectif réalisable uniquement à l'échelle universelle. Je suis d'avis que seul règne l'intermédiaire entre l'harmonie et le désordre. L'harmonie englobe toutes les forces.

Des peuples ont combattu avec un mot d'ordre : celui de l'individualité, de l'entité ou de la définition, l'espoir d'un peuple autonome ni subordonné ni tributaire d'un autre. Jamais n'a-t-on atteint autre chose que l'intermédiaire, l'histoire des traités en faisant foi. De tout temps, des envahisseurs et des intérêts conflictuels ont désiré l'omnipotence.

Quant aux phénomènes de nature physique, chimique, minéralogique ou astronomique, il peut sembler inusité de les personnifier et de leur prêter une quête analogue de vérité ou d'entité, mais je pense que tout objet cherche l'équilibre ; que tout élan vise à l'équilibre, tend vers une plus grande réussite de l'équilibre.

Tout phénomène biologique sert l'adaptation ; il n'y a pas d'activité biologique autre que celle de l'adaptation.

L'adaptation est un autre vocable pour décrire l'équilibre. L'équilibre est universel, et aucun facteur extérieur ne peut le perturber.

Je précise que le mot « exister » signifie pour moi un mouvement. Un mouvement n'est pas l'expression de l'équilibre, mais de l'équilibration, d'un équilibre à atteindre. Les métabolismes du vivant témoignent d'ailleurs des transformations requises pour une stabilisation, tout comme les pensées sont dictées par la nécessité. Exister dans notre quasi-état n'équivaut pas à occuper un statut positif, mais à manœuvrer dans un intermédiaire, entre équilibre et déséquilibre.

Alors... disons que tout phénomène dans notre état intermédiaire, ou quasi-état, constitue une tentative d'organiser, de stabiliser, d'harmoniser, d'individualiser, bref de pénétrer l'absolu positif et le réel.

L'apparence d'être représente un échec, ou plutôt un intermédiaire entre l'échec et le succès complets.

Chaque tentative observable est déjouée par la

contiguïté, par les forces externes, ou par les exclus qui sont contigus aux élus.

Notre existence entière est une tentative du particulier de toucher à l'absolu, du local de devenir universel.

En rassemblant mes notes, mon attention se sera portée sur cette tentative manifestée aussi par la science moderne : elle a tenté d'être réelle, vraie, définitive, complète et absolue.

Compte tenu de notre quasi-état, si l'apparence d'être est le résultat d'une exclusion toujours fausse et arbitraire – puisque l'inclus et l'exclu sont contigus – l'illusion de système ou d'entité construite par la science moderne est bien cela : un quasi-système, une quasi-entité, corrompus par le même processus erroné et arbitraire qui a permis au système précédent, le système théologique encore moins réussi, de fabriquer son illusion de vérité.

J'aurai donc rassemblé dans ce livre des données que j'estime injustement exclues.

Les données des faits damnés.

J'ai fouillé les placards de la science et de la philosophie, les comptes rendus où croupissent des créatures respectables sous la poussière du dédain. J'ai joué au journaliste et j'ai creusé. Je ramène les quasi-âmes des données méprisées.

Elles se mettront à avancer.

• • •

Quant à la logique de mes réflexions, elle va ainsi :

Ici-bas, le raisonnement est gouverné par une quasi-logique. Rien n'a jamais été prouvé, car il n'y a rien à prouver.

Ce postulat aura du sens pour ceux qui acceptent la contiguïté, c'est-à-dire la fusion des phénomènes les uns dans les autres, sans véritable démarcation. Il n'y a, en réalité, aucune créature absolue. Il n'y a donc rien dont on puisse faire la preuve.

Impossible de faire la preuve, par exemple, que telle créature est spécifiquement un animal puisque l'état animal n'est pas positivement différent de l'état végétal. Certaines manifestations de la vie appartiennent à un règne autant qu'à l'autre. Il n'existe donc aucune expérience concluante, ni norme, ni critère, ni moyen de se former une opinion. Un animal totalement distinct de l'état végétal, ça n'existe pas. Rien dont on puisse faire la preuve. Pas davantage de moyen de démontrer que le bien existe, d'ailleurs. Rien dans notre existence n'est positivement bien ni purement distinct du mal. Si le pardon est bien en temps de paix, il est malvenu en temps de guerre. Il n'y a rien dont on puisse faire la preuve. Le bien, à mon avis, est contigu au mal, en est un autre aspect.

Mon objectif est donc de considérer, tout simplement. Si je ne peux voir à l'échelle universelle, mon regard reste partiel.

Bref, jamais n'a-t-on fait la preuve de la moindre chose. Les énoncés théologiques sont tout aussi hypothétiques aujourd'hui que jadis; c'est d'ailleurs grâce à son pouvoir hypnotique que la théologie a dominé les esprits de son temps.

Les lois, les dogmes, les formules et les principes de la science matérialiste qui lui a emboîté le pas n'ont jamais été prouvés non plus, car ses observations, même si elles prétendent établir le modèle du Tout, restent locales. Néanmoins, les leaders de cette impérieuse époque ont été charmés; ils y ont cru à divers degrés.

• • •

Les trois lois de Newton, tentatives de décrire le réel et de défier le principe de contiguïté, sont aussi vaines que l'espoir de trouver l'universel dans le particulier.

Car si chaque corps observable est contigu aux autres corps, de près ou de loin, il ne peut être uniquement sensible à la force d'inertie; il est donc impossible d'établir la véritable nature de son influence. Si toutes les créatures réagissent à une infinité de forces, il est futile de chercher à définir l'action isolée de l'une d'entre elles; et si toute réaction est contiguë à sa propre action, la notion des forces équivalente et opposée repose sur du sable.

Bref, les lois newtoniennes forment trois croyances. Selon moi, les démons, les anges, les inerties et les réactions sont des créatures mythologiques.

Avouons simplement qu'en leur époque de gloire, on y croyait dur comme fer.

• • •

L'incroyable et l'absurde se mettront à avancer.

Je ferai la «preuve» de leur témoignage avec la même détermination que Moïse, Darwin ou Lyell.

• • •

Remplaçons croyance par ouverture.

Les cellules d'un embryon se métamorphosent par étapes. Je pense que l'organisme social est un embryon. Plus une idée est ancrée, plus elle se fige.

C'est dire que les croyances nous immobilisent. S'ouvrir, ne serait-ce qu'un instant, faciliterait le progrès.

Cependant, bien que j'aie choisi de remplacer la croyance par l'ouverture, mes méthodes restent classiques en ce sens qu'elles ressemblent à celles qui ont servi à construire les croyances; ce sont les moyens des théologiens, des indigènes, des scientifiques et des enfants. Car si les phénomènes sont tous contigus, il n'existe aucune méthode vraiment différente. C'est donc avec les moyens peu concluants des évêques, des diseurs de bonne aventure, des évolutionnistes et des paysans – peu concluants car ils ne font que décrire le local – que j'aurai écrit ce livre.

C'est aussi l'expression et la marque d'une époque.

• • •

Toute science vise à définir. Rien n'est encore clairement défini, car il n'y a rien à définir.

Darwin a écrit *L'Origine des espèces par le biais de la sélection naturelle*. Il n'a jamais réussi à dire ce qu'il entendait par « espèce ».

Impossible définition. Rien n'a encore été tranché à ce sujet, et pour cause. Chercheriez-vous une aiguille inexistante dans une botte de foin imaginaire ?

Par ses incursions dans l'indéfinissable, la science cherche surtout à devenir réelle.

Celui qui cherche la vérité ne risque pas de la trouver. Mais il reste néanmoins l'infime possibilité qu'il devienne lui-même la vérité.

Sous le couvert de l'enquête, la science est une pseudoconstruction, une quasi-organisation; elle aspire à trouver à l'échelle du particulier l'indépendance, l'harmonie, la stabilité, l'équilibre, la cohérence, l'entité.

Infime possibilité qu'elle y parvienne.

• • •

Notre présence est une pseudoexistence, et toutes ses manifestations contribuent à l'illusion. Mais avouons que certaines manifestations s'approchent davantage de l'absolu positif que d'autres.

Je suis d'avis que les créatures se situent quelque part dans une gradation entre le Rien et le Tout, entre l'absolu négatif et l'absolu positif; que certaines créatures semblent plus réussies que d'autres sur le plan de la cohérence, de la justice, de la beauté, de l'unité, de l'individualité, de l'harmonie et de la stabilité.

Je ne suis ni un réaliste ni un idéaliste. Je suis un intermédiariste. Je crois que rien n'est réel ni irréel non plus. Tous les phénomènes s'approchent à divers degrés des murs du Rien et du Tout.

De sorte que notre quasi-existence est un état intermédiaire entre le positif et le négatif, le réel et le néant.

Un purgatoire, en quelque sorte.

Dans cette vision réduite et sommairement brossée, j'ai omis de clarifier cette notion : le réel est un visage de l'absolu positif.

Par réel, j'entends ce qui ne fusionne pas avec autre chose, ce qui n'est pas fraction d'autre chose, une réaction ou une imitation. Par vrai héros, j'écarte celui qui serait à demi lâche, chez qui les actes et les motifs rejoindraient la couardise. Alors que dans la contiguïté toutes les créatures fusionnent, le réel est selon moi l'universel, ce qui englobe tout.

Bien que le particulier puisse se reconnaître dans l'universel, il est inconcevable de trouver l'universel à l'échelle locale. Certes, des créatures s'en approchent, et ces approximations fructueuses pourraient expliquer leur voyage de l'intermédiarité vers le réel, un peu comme – à titre de comparaison – le secteur industriel travaille à sortir du néant des inventions en apparence plus réelles lorsque fabriquées.

Le progrès, à supposer qu'il tend vers la stabilité, l'organisation, l'harmonie, la cohérence et la positivité, constitue selon moi une tentative de se réaliser.

En termes métaphysiques généraux, je pense que ce qui est communément appelé «existence» et que j'appelle plutôt intermédiarité est une quasi-existence ni réelle ni irréelle, un désir de pénétrer l'existence réelle, de la fabriquer ou de s'y intégrer.

Une propension commune de figer le particulier anime le monde de l'intermédiarité. La science n'y échappe pas lorsqu'elle scrute des ossements, des insectes et des bouillies de catastrophes. Si la science pouvait carrément exclure les données dissidentes pour ne conserver que l'admissible en vertu de sa quasi-organisation actuelle, elle constituerait un système aux limites nettement définies. Elle deviendrait réelle.

Son apparence de cohérence, de stabilité, de système – illusion de réel ou de positif – tient à ce qu'elle a condamné l'irréconciliable et l'inadmissible.

Tout aurait été pour le mieux.

Tout aurait été béni.

Si seulement les damnés étaient restés muets.

Chapitre 2

Quand on observe des lunes bleues
et des soleils verts.

De mémoire d'observateur, les couchers de soleil furent plus colorés et flamboyants que jamais durant l'automne de 1883, et pendant les quelques années qui suivirent. Ce fut aussi un épisode de lunes bleues.

J'imagine déjà le sourire incrédule sur certains visages à la pensée d'une lune bleue. Disons simplement que ce phénomène survenait aussi souvent en 1883 que les soleils verts.

La science se devait d'expliquer ces bizarreries. Les publications *Nature* et *Knowledge* croulèrent d'ailleurs sous le courrier. Je suppose qu'en Alaska et dans les îles du Pacifique, tous les shamans furent aussi âprement interrogés.

Il fallait penser vite.

[Entre le 26 et le 28 août] 1883, le volcan indonésien Krakatoa fit irruption. L'épouvante. Apparemment, la détonation fut entendue à plus de 3 000 kilomètres à la ronde, et 36 380 personnes environ périrent. Voilà un brin de laxisme de la part des gens de science de l'époque : il aurait fallu dire 4 653 kilomètres et 36 417 victimes. La colonne de fumée qui s'en éleva dut être visible loin dans l'espace. Exacerbée de nos cris et de nos piétinements, la Terre s'était peut-être plainte à Mars, et la sœur de prononcer une sombre incantation à notre intention.

On a dit de ces phénomènes lunaires et solaires qu'ils avaient été causés par les particules volcaniques projetées dans l'atmosphère.

Selon tous les documents à traiter du sujet – sans exception, à ma connaissance – les manifestations atmosphériques extraordinaires de 1883 ont commencé à la fin du mois d'août ou au début de septembre.

Cela me laisse perplexe. Mais toujours est-il que ce fut l'explication retenue à l'époque.

Et pendant sept ans, les phénomènes atmosphériques persistèrent, sauf pendant un laps de quelques années. Mais où étaient donc disparues les particules?

On pourrait croire l'incident embêtant. Mais ce serait méconnaître le pouvoir de l'hypnose.

Avez-vous déjà tenté de convaincre une personne sous hypnose qu'un hippopotame n'est pas une table? La démonstration est impossible. Mais trouvez mille et un arguments pour expliquer qu'un hippopotame n'est pas une table et vous finirez par accepter que même une table n'est pas une table, qu'elle en a seulement l'air. Eh bien, c'est aussi le cas de l'hippopotame. Alors comment prouver qu'une chose n'est pas autre chose quand cette autre chose n'est pas davantage une chose. Il n'existe rien dont on puisse faire la preuve.

C'est l'une des révélations que j'ai pris soin de vous présenter auparavant. Seule une absurdité peut en contrecarrer une autre. Mais la science est le musée des absurdités accréditées. La connaissance se construit ainsi : en triant l'absurde flagrant de l'absurde accrédité.

Revenons au Krakatoa; ce fut donc l'explication fournie par les scientifiques et j'ignore quelle énormité les shamans ont pu servir de leur côté.

En partant, je souligne le penchant des sciences à nier, dans la mesure du possible, les relations de notre planète avec son environnement.

Ce livre est une collection de données sur les

relations de la Terre avec le cosmos. J'avance que les données que j'ai prises sous mon aile ont été condamnées, sans considération pour leurs mérites ou leurs vices, mais sur le postulat que notre planète est isolée. Il s'agit d'une tentative de positif. J'affirme que la science n'a pas plus de chances d'isoler la Terre que ne pourraient se clôturer la Chine ou les États-Unis à leur échelle. Dès lors, en se livrant à une pseudoconsidération des phénomènes de 1883, et avec cette volonté d'isoler la planète et de lui nier ses interactions, les scientifiques ont propagé une énormité – la suspension de particules volcaniques pendant sept années entrecoupées d'une pause de quelques années – plutôt que de considérer le passage d'un nuage de poussières cosmiques. Je souligne que le corps scientifique n'a pas atteint l'état positif, au sens de l'unité académique, car Nordenskiold a publié bien des écrits avant 1883 sur l'hypothèse des poussières cosmiques, tandis que le Pr Cleveland Abbe s'est opposé à la théorie des poussières du Krakatoa. Outre ces deux interventions, l'explication orthodoxe du corps scientifique a prévalu.

Je m'indigne : cette explication tirée par les cheveux ne colle pas avec mes propres pseudoconnaissances.

Combien d'efforts il m'en coûterait d'admettre que l'atmosphère terrestre possède ce pouvoir de rétention!

Plus loin, je vous présenterai des données concernant des objets soulevés dans les airs qui sont demeurés en altitude des semaines, parfois des mois, mais non grâce à la force de rétention de l'atmosphère. La tortue de Vicksburg, par exemple. Il paraît ridicule de croire qu'une tortue de bonne taille puisse flotter dans le ciel de Vicksburg pendant trois ou quatre mois. Quant au cheval et à l'écurie – et je pense que l'anecdote deviendra un classique – j'accepte mal qu'une bête et sa grange puissent rester en suspension longtemps au-dessus de nos têtes.

Place à l'explication orthodoxe :

Le rapport du comité sur le Krakatoa formé par la Société royale de Londres soutient un presque consensus de manière absolue et ravissante, onéreuse aussi. Il s'agit d'un document de plus de 490 pages et de 40 planches, certaines magnifiquement coloriées. Cinq ans d'enquête. Impossible d'imaginer chose mieux conçue sur le plan artistique et scientifique. Les constructions mathématiques impressionneraient quiconque : distribution des poussières volcaniques; vitesse de translation et taux de subsidence; altitude et persistance. Pourtant...

Les manifestations atmosphériques attribuées au Krakatoa ont été observées à Trinidad avant la fameuse éruption (*Annual Register*, 1883-105).

Les phénomènes atmosphériques dont on parle ont été rapportés au Natal, en Afrique du Sud, six mois avant l'éruption (*Knowledge*, 5-418).

Inertie et hostilité.

Il faut avoir de bonnes dents pour s'attaquer à de la viande crue.

Voici quelques données initiatiques, car je crains soudain que le cheval et l'écurie soient des exemples un peu extrêmes pour faire valoir mon ouverture d'esprit. L'insensé peut devenir raisonnable à condition d'être présenté avec tact.

Les grêlons, par exemple. Un lecteur croise la nouvelle à l'effet que des grêlons gros comme des œufs de poule sont tombés. Il sourit. Néanmoins, je pourrais m'engager à énumérer cent cas de grêlons gros comme des œufs, tirés de la revue *Monthly Weather Review*. La revue *Nature* du 1er novembre 1894 rapporte des grêlons pesant près d'un kilo chacun. On peut consulter *Chamber's Encyclopedia* pour découvrir des grêlons de 1 kilo 300 grammes. Et dans *Annual Report of the Smithsonian Institution* (1870-477-9), l'authentification de grêlons de près de 1 kilo côtoie l'observation de grêlons de 2 kilos 700 grammes. À Seringapatam en Inde, vers 1800, est tombé un bloc de glace...

Je crains, oh! oui, je crains; c'est là l'un des plus illustres damnés. Je vous présente une chose qui devrait sans doute surgir bien des pages plus loin, mais bon... ce damné morceau de glace avait la taille d'un éléphant.

Rions un peu.

Ou des flocons de neige. De la grosseur d'une soucoupe. Rapportés à Nashville au Tennessee, le 24 janvier 1891. Sourions encore.

«Sont tombés au Montana, durant l'hiver 1887, des flocons de neige de 38 centimètres de diamètre et de 20 centimètres d'épaisseur.» (*Monthly Weather Review*, 1916-73.)

Dans la topographie de l'intellect, je pense que la connaissance est une île d'ignorance entourée de rires.

• • •

Pluie noire, pluie rouge, chute de tonnes de beurre.

De la neige noire comme de l'encre, de la neige rose, des grêlons bleus, des grêlons à saveur d'orange.

Amadou, soie et charbon.

Au 19e siècle, on aurait ramené à la raison quiconque assez crédule pour croire que des cailloux pouvaient tomber du ciel.

D'abord, il n'y a pas de cailloux dans le ciel. Impossible donc qu'il en tombe. Que pouvait-on ajouter à cet argument tout à fait raisonnable, logique et scientifique? Mais la question de l'universel vient brouiller les cartes : la prémisse du Grand Tout n'est pas réelle, elle se situe quelque part dans l'intermédiarité, entre le réel et le néant.

En 1772, un comité dont faisait partie le célèbre Lavoisier fut chargé par l'Académie des sciences d'enquêter sur le récit d'un caillou tombé du ciel, à Luce en France. De toutes les tentatives de certitude sur la question de l'isolement de la Terre, rien n'a été plus farouchement défendu que la notion d'une Terre sans extériorité.

Toujours est-il que Lavoisier analysa le fameux caillou. L'explication exclusionniste de l'époque était que les cailloux ne tombent pas du ciel ; que des objets lumineux peuvent sembler tomber, et que des cailloux chauds peuvent être découverts là où un objet lumineux a paru tomber, mais que c'est la foudre qui a frappé la roche, l'a chauffée, l'a peut-être même liquéfiée.

Le caillou de Luce portait des marques de fusion.

L'analyse de Lavoisier « montra hors de tout doute » que ledit caillou n'était pas tombé ; il avait été frappé par la foudre. De sorte que la notion de chute de pierres fut bannie. Il fut généralement admis que c'était la foudre que l'on voyait frapper un objet là au départ.

Mais le sort de toute déclaration positive est incertain. Cela peut sembler fantaisiste de croire que des cailloux se sont soulevés contre pareille excommunication, mais de mon œil subjectif, ils le firent. Des météorites bombardèrent les murs des préjugés, et les données se mirent à pleuvoir.

Paru dans *Monthly Weather Review* (1796-426) : « Le phénomène qui nous intéresse ici paraîtra peu crédible à certains. Des pierres de bonne taille sont tombées du ciel, sans que l'on puisse expliquer leur ascension préalable. En l'absence de facteurs naturels connus, cette chute semble tenir du merveilleux. Étant donné les faits, il nous incombe d'y prêter une attention consciencieuse. »

Pour exclure la chose, l'auteur adapte l'explication officielle; la veille d'une chute de cailloux en Toscane, le 16 juin 1794, le Vésuve a fait éruption.

C'est dire que des pierres tombent du ciel, mais seulement après avoir été soulevées du sol sous l'action de tourbillons de vent ou de projections volcaniques.

On a franchi les siècles et je ne connais encore aucun météorite ou aérolite qui originerait du sol terrestre.

Il fallait à la science trouver un moyen de réhabiliter les cailloux du ciel tout en se préservant de l'hypothèse d'influences extérieures.

Un être de la trempe de Lavoisier peut quand même faillir à analyser et ne pas s'affranchir du pouvoir hypnotique ainsi que du conformisme de l'époque.

Pour ma part, je ne crois plus, je considère.

Peu à peu, il a bien fallu abandonner l'explication des tourbillons de vent et des projections volcaniques, mais l'exclusion par hypnose, ou la condamnation en tant que tentative d'absolu, est demeurée forte au point que des scientifiques – le professeur Lawrence Smith et Sir Robert Ball, notamment – ont continué au début du 20e siècle de nier l'origine extérieure des météorites, décrétant que rien ne pouvait tomber du ciel à moins d'avoir été d'abord soulevé du sol ou projeté.

C'est aussi louable que n'importe quel effort sincère, et j'entends par là que c'est dans l'intermédiarité entre le louable et le critiquable.

C'est candide, virginal.

Les météorites, dont les données furent autrefois exclues, ont été admis en 1803, mais la science récidive dans l'exclusion en précisant que seuls deux types de matière peuvent tomber du ciel : métallique et pierreuse, les objets métalliques comportant du fer et du nickel.

Beurre, papier, laine, soie et résine.

D'emblée, je constate que les vierges de la science se sont défendues bec et ongles contre l'idée des facteurs extérieurs. On a servi deux interprétations :

Là au départ; ou soulevé là et déposé ici.

Même en novembre 1902, un membre de la Selborne Society affirmait encore par la voix de la revue *Nature* que les météorites ne tombaient pas du ciel; qu'ils étaient en fait des fragments ferreux « déjà sur place » qui attiraient la foudre, l'action de la foudre créant l'illusion d'un objet lumineux en mouvement (*Nature Notes*, 13-231).

Par progrès, j'entends profanation.

Il est tombé du beurre, du bœuf et du sang, et jusqu'à une pierre gravée d'inscriptions étranges.

Chapitre 3

Il tombe des pluies rouge sang
et des neiges noires.

Ce qui précède me porte à dire que la science ne révèle pas davantage la vraie connaissance qu'une plante en développement, un magasin en construction ou une nation en plein essor. Tous sont des processus d'assimilation, d'organisation ou de systématisation visant à atteindre l'absolu positif, le paradis ultime.

La science vraie ne pourrait se contenter de variables floues, et pourtant nos valeurs actuelles montrent leurs irrégularités sous la loupe. N'oublions pas que l'intermédiarité est l'expression d'une régularité à atteindre. L'invariable, c'est-à-dire le vrai et le stable, n'appartient pas à l'intermédiarité, tout comme, aux fins de comparaison, la conscience des bruits environnants chez le rêveur ne peut se maintenir dans son esprit, cette sensation de réalité appartenant davantage à son réveil qu'à son sommeil.

Je vois la science comme une tentative de se réveiller à la réalité, avec pour objectif de trouver la régularité et l'uniformité. Le régulier et l'uniforme n'admettent rien d'extérieur qui puisse les perturber. Je rappelle que par l'universel, j'entends le réel. Mon opinion est donc que cette grande tentative de la science ne s'inquiète pas outre mesure de l'objet qu'elle étudie; seule prévaut la volonté de trouver la régularité. Or donc, insectes, étoiles et bouillies chimiques sont seulement quasi réels et rien de vrai ne sera découvert à leur sujet. Reconnaissons plutôt que la systématisation de pseudodonnées est une approximation de la réalité et de l'éveil ultime.

Revenons à notre rêveur: les centaures et les canaris d'un songe auront beau se transformer en girafes, aucune notion de biologie ne pourra expliquer ce genre d'objets. Le rêveur qui tentera de systématiser ces apparitions s'engagera dans le réveil – en supposant que l'état d'éveil se caractérise par un fonctionnement céré-bral mieux coordonné. Éveil relatif, bien entendu.

Dans cette optique de vouloir systématiser, il faut écarter les fauteurs de trouble, et donc l'idée d'objets extérieurs tombant sur Terre est aussi importune pour la science qu'un trompettiste fou dans un orchestre de chambre, ou une mouche noire sur un gâteau blanc, ou une féministe enflammée dans un vestiaire d'hommes.

Si toutes les créatures appartiennent à un ensemble oscillant entre l'irréel et le réel, et si rien n'a encore réussi à s'affranchir et à s'individualiser (une créature achevée ne pourrait persister dans l'intermédiarité, un peu comme le mort-né doit quitter le milieu utérin), je peux aussi affirmer ne connaître aucune différence vraie entre la science et la science chrétienne. Leur position devant l'intrus est identique: «Ça n'existe pas.»

«Ça n'existe pas», de dire Lord Kelvin et Mme Eddy à la vue d'une créature indésirable.

Et vous avez raison, de rétorquer l'intermédiariste. Mais laissez-moi vous dire que dans l'intermédiarité, il n'y a pas non plus de non-existence absolue.

Ni un scientifique ni un mal de dent n'existent au sens ultime; partant, aucun n'est absolument inexistant non plus et le dentiste vous dira que celui qui s'approche le plus de la réalité l'emportera.

Le secret du pouvoir... Voilà une autre révélation intéressante, je pense.

Désirez-vous dominer une chose?

Soyez plus proche du réel que cette chose.

Je commencerai en vous entretenant de ces substances jaunes tombées sur la Terre. Nous verrons si les données que j'ai recueillies s'approchent davantage de la réalité que les dogmes qui nient leur existence à titre de matière d'origine extraterrestre.

Un peu comme le peintre impressionniste, je vous livrerai mes impressions sans formes précises. De toute façon, le réalisme ne survit pas davantage dans la science que dans l'art. En 1859, il était de bon goût d'accepter le darwinisme; ensuite, nombreux ont été les biologistes à le réfuter et à avancer des théories (le néodarwinisme, entre autres). Mais à l'époque, il convenait de s'incliner devant Darwin malgré l'impossible démonstration.

Le plus fort survit.

Que veut dire le plus fort?

Certainement pas le plus puissant ni le plus intelligent, puisque la faiblesse et la stupidité règnent partout.

Comment mesurer la capacité de lutte pour la vie d'une créature autrement qu'en constatant sa survie?

«Capacité de lutte pour la vie» n'est qu'une autre expression pour aptitude à survivre.

Tautologie du darwinisme: ceux qui luttent pour la vie survivent.

Bien que le darwinisme semblait à l'époque irrationnel et non fondé, la grande collecte de supposées données à laquelle le biologiste s'était livré lui avait permis de tenter une cohésion plus proche de l'organisation et de la cohérence que ses prédécesseurs.

Christophe Colomb n'a jamais prouvé que la Terre était ronde.

L'ombre de la Terre sur la Lune?

Aucun de nous ne l'a encore vue dans son entièreté. L'ombre de la Terre est bien plus grande que la Lune.

Notre satellite est convexe et un objet plat – ce qu'aurait pu être notre planète – y aurait quand même projeté une ombre courbe.

Et on pourrait tenir semblable raisonnement avec toutes nos prétendues preuves. Ce n'était ni possible ni nécessaire pour Colomb de prouver que la Terre était ronde. Seulement, l'homme était doté d'une plus grande certitude que ses détracteurs, ce qui lui a permis de tenter la démonstration. Toujours est-il qu'en 1492, la chose à admettre, c'était la possibilité de terres à l'ouest de l'Europe.

À mon tour, motivé par l'esprit du premier quart de 20e siècle, je propose d'admettre qu'au-delà de la Terre s'étendent d'autres terres. Et que des objets en dérivent, de la même manière que des objets de l'Amérique flottent vers l'Europe.

Pour en revenir à ces substances jaunes tombées sur terre, l'arme contre l'idée d'une origine extraterrestre est ce dogme que les pluies et les neiges jaunes ont été colorées par le pollen de nos pins. La publication *Symons's Meteorological Magazine* est particulièrement réservée sur cette question et discrédite les explications extravagantes en circulation.

Néanmoins, *Monthly Weather Review* rapporte dans son numéro de mai 1887 des précipitations dorées le 27 février précédent, à Peckloh en Allemagne, composées de quatre corps autres que le pollen: petits objets en forme de flèche, fèves de café, aiguilles et disques.

Il s'agissait peut-être de symboles, ou d'un message codé... Loufoquerie de ma part, passons.

La revue *Annales de chimie et de physique* (85-288) dresse une liste de pluies présumément sulfureuses. J'ai de 30 à 40 autres notes à ce sujet, mais je vous en ferai grâce. J'admettrai a priori que chacune des précipitations jaunes renferme du pollen. J'avais dit au départ que je procéderais à la manière des théologiens et des scientifiques; ils commencent toujours en affichant un air d'ouverture. En partant, je leur concède de 30 à 40 points. Je suis aussi ouvert que le plus ouvert d'entre eux, et ma largesse ne me coûtera rien vu la richesse des données à venir.

Voyons quand même une expression de ce dogme et comment les dogmatistes s'en tirent:

Une substance jaune tombe à seaux sur un navire par un soir de juin sans vent, dans le port de Pictou en Nouvelle-Écosse. L'auteur du compte rendu a analysé la matière et a noté «la présence d'azote et d'ammoniaque ainsi qu'une odeur animale» (*American Journal of Science*, 1-42-196).

L'un des principes de l'intermédiarité, c'est que les substances sont imparfaites sur le plan de l'homogénéité, ce qui signifie que l'on trouve fondamentalement de tout dans tout: des billots d'acajou sur les côtes du Groënland; des insectes aquatiques au sommet du Mont Blanc; des athées dans une mosquée; de la glace en Inde [N.d.t.: Les données sur l'acajou, les insectes et la glace ayant été documentées]. Par exemple, des analyses chimiques pourraient révéler que toutes les personnes décédées ont été empoisonnées à l'arsenic, car un estomac contient toujours des traces de fer, d'étain, d'or et d'arsenic. Tout cela n'a pas vraiment d'importance si l'on songe que chaque année, un certain nombre de personnes sont assassinées à titre de mesure de dissuasion. Et si les détectives ne peuvent détecter quoi que ce soit avec certitude, l'illusion de leur compétence est tout ce qui importe; c'est finalement très honorable d'être sacrifié au nom de l'illusion de stabilité sociale.

Le chimiste qui avait analysé la substance tombée

à Pictou envoya un échantillon à l'éditeur de la revue scientifique. Celui-ci y trouva forcément du pollen.

J'accepte qu'il y ait eu présence de pollen; en juin, à proximité des forêts de pins néo-écossaises, comment éviter le contact avec les spores flottants du pollen? Mais l'éditeur ne dit pas que la substance «contient» du pollen. Il écarte l'azote, l'ammoniaque et l'odeur animale, et déclare que la substance est du pollen. Par souci d'ouverture – et avec 30 ou 40 jetons déjà sur la table – je vais admettre que le premier chimiste ne reconnaîtrait pas une odeur animale quand bien même il serait gardien de zoo. Mais même en jouant le jeu, impossible d'ignorer ceci:

La chute de matières animales du ciel.

Commençons, si vous le voulez bien, par nous mettre à la place des poissons de grands fonds:

Comment s'expliquent-ils la chute de matières animales sur leur tête? Ils n'essaient pas.

En vérité, la plupart d'entre nous sommes, par métaphore, des poissons de grands fonds.

Selon le Pr Castellani et le directeur Boccardo de l'Institut technique de Gênes, il est tombé une substance jaune sur la ville italienne le 14 février 1870. Un examen au microscope a révélé des gouttelettes de bleu de cobalt et des particules de couleur nacrée ressemblant à de l'amidon (*Journal of the Franklin Institute*, 90-11; et *Nature*, 2-166).

M. Bouis, de l'Académie des sciences, parle d'une substance de couleur rouge orangé, tombée en quantité et à répétition le 30 avril et les 1er et 2 mai [1863], en France et en Espagne. Sa calcination a répandu une odeur de chair brûlée – rien à voir avec du pollen – et sa dissolution dans l'alcool a laissé un résidu de nature résineuse (*Comptes rendus*, 56-975).

Des centaines de milliers de tonnes de cette substance seraient tombées.

« Une odeur de chair brûlée. »

J'imagine une antique bataille aérienne dans l'espace interplanétaire, et l'effet du temps sur l'homogénéisation apparente des débris.

Tout cela est absurde, et le fait qu'il soit tombé du ciel une quantité phénoménale de matière animale pendant trois jours en France et en Espagne désarçonnerait le plus fort d'entre nous. Nous ne sommes pas préparés à cette idée, voilà tout. Il ne s'agissait pas de pollen, de confirmer Bouis, et le pollen ne tombe certes pas à la tonne. La question du résidu résineux, par contre, rappelle les sécrétions de conifères. Nous entendrons amplement parler de chute de substance résineuse, mais la possibilité que ce soit du pollen s'évanouira peu à peu.

Une poudre jaune est tombée en abondance à Gerace, dans la région italienne de Calabre, le 14 mars 1813. Le professeur et chimiste [Sementini], de Naples, a décrit sa texture « onctueuse » et son goût terreux insipide (*Blackwood's Magazine*, 3-338). Sous l'action de la chaleur, la matière brune a viré au noir puis au rouge, puis a séché sous forme de résine, ajoute-t-on ailleurs (*Annals of Philosophy*, 11-466).

Simultanément à cette chute, il a tonné et des pierres sont tombées, des événements concomitants rapportés par Ernst Chladni. Contraste avec la douceur du pollen.

• • •

Pluies et neiges noires, averses couleur d'encre, flocons noirs comme jais.

Telle la pluie tombée en Irlande le 14 mai 1849. Elle fut rapportée dans *Annals of Scientific Discovery* en 1850 ainsi que dans *Annual Register* en 1849. Une région de plus de 1 000 kilomètres carrés fut touchée par une pluie noire comme de l'encre, fétide et putride.

Une pluie à Castlecommon en Irlande, le 30 avril 1887, «noire et visqueuse» (*American Meteorological Society Journal*, 4-193).

Une autre en mars 1898 et attribuée à des nuages de suie provenant des villes industrielles anglaises et écossaises (*Symons's Meteorological Magazine*, 33-40).

Encore une pluie les 8 et 9 octobre 1907 «qui laisse planer dans l'air une odeur singulière et nauséabonde» (*Ibid.*, 43-2).

Nature avait publié une explication orthodoxe le 2 mars suivant, alléguant que des nuages de suie provenant du pays de Galles avaient dérivé au-dessus du St. George's Channel et de l'Irlande.

En vertu des principes pseudologiques de l'intermédiarité et de la contiguïté, je postule que rien n'est unique ni indépendant, que tous les phénomènes se rencontrent. Alors imaginez un instant des navires interplanétaires approchant de la Terre et crachant leur fumée. Voilà une idée que je vous présente avec réserve. Mais avouons que si des mondes contigus au nôtre existaient, les phénomènes terrestres et extraterrestres se croiseraient. La pollution extérieure, combinée à la nôtre, provoquerait des précipitations noires.

C'est la contiguïté qui nous empêche de discerner un phénomène d'un autre au point de ressemblance, nous forçant à nous éloigner du centre et à étudier de préférence leurs extrêmes. Impossible de dissocier l'animal du végétal chez des protozoaires comme l'infusoire, mais aucun risque de confondre l'hippopotame et la violette. Seul un clown aurait l'idée d'offrir un bouquet d'hippopotames.

Éloignée des centres industriels, la Suisse profonde

sur laquelle une pluie noire s'abat le 20 janvier 1911. Lointaine comme cette explication : dans certaines conditions, la neige peut prendre une apparence trompeuse de suie (*Nature*, 85-451).

Peut-être. La nuit, dans l'obscurité épaisse, la neige fonce un peu. Mais j'ai plutôt l'impression que l'on veut fermer les yeux.

À mille lieues des centres industriels, le cap de Bonne Espérance. Il y tombe le 14 août 1888 une remarquable « douche d'encre » (*La Nature*, 2-406).

Mon principe de contiguïté me rattrape, me rappelle que j'ai beau me coller aux extrêmes, ça n'empêchera pas la rencontre des phénomènes. Je pense aussi que de m'écarter d'une intersection revient à m'approcher d'une autre. La fumée d'un autre monde ne risquerait pas de rencontrer la pollution industrielle de Bonne Espérance en 1888, mais les fumerolles de volcan oui, comme le suggère d'ailleurs *La Nature*.

L'intelligence humaine travaille sans repères particuliers, mais il me semble que nous privilégions ce qui nous paraît le plus positif, c'est-à-dire le mieux organisé. Toute chose est fragment de plus vaste, et malgré une visible complexité, elle peut se montrer convaincante et vraie si elle respire la cohérence. Dans le domaine de l'esthétique, l'unité d'un ensemble complexe tend davantage vers la beauté – son approximation, à tout le moins – que la composition plus simpliste. Dans le même ordre d'idées, les logiciens estiment que la concordance de données multiples apporte plus de crédibilité à une théorie que quelques occurrences parallèles. De l'avis du philosophe et sociologue Herbert Spencer, différenciation et intégration signent l'évolution. Puisque mes détracteurs excluent la possibilité d'une origine extérieure aux pluies noires, je m'appliquerai à rassembler divers cas de pluies noires et à établir le lien avec des origines extérieures. Donc, pluies noires et phénomènes concomitants. Différenciation et intégration.

Un correspondant décrit une pluie noire tombée à Clyde Valley, le 1er mars 1884, puis une autre tombée deux jours après. Il relate un événement identique survenu les 20 et 22 mars 1828 (*Knowledge*, 5-190). Une pluie noire s'est aussi abattue sur Marlsford en Angleterre, le 4 septembre 1873, suivie d'une autre précipitation le lendemain (*Nature*, 9-43).

Et il y a eu les pluies noires de Slains, relatée par le révérend James Rust dans *Scottish Showers*; trois pluies à Slains, le 14 janvier et le 20 mai 1862, et le 28 octobre 1863, et une à Carluke (à 225 kilomètres de Slains) le 1er mai 1862. Après deux de ces pluies, on a retrouvé sur les côtes d'Écosse des tonnes de matière. On a parlé de «pierre ponce» et de «mâchefer». Un chimiste a précisé qu'il s'agissait bien de mâchefer et non de scories volcaniques. Du mâchefer de fonderie, une matière qui ne sort pas des cheminées industrielles. Il y en avait en quantité telle que Rust estima que toutes les usines du monde auraient à peine suffi à produire ces résidus. Si c'était bien du mâchefer, alors j'admets que le ciel a déversé un matériau artificiel, et si vous pensez que la science ne musèle pas ce genre de données, jetez un œil à *Scottish Showers* de l'époque; l'auteur a tenté de capter l'attention du corps scientifique, mais en vain.

Les deux premières pluies suivaient des éruptions du Vésuve. Les troisième et quatrième ne pouvaient être liées à aucune activité volcanique connue.

Entre octobre 1863 et janvier 1866, Slains a reçu quatre autres pluies noires. Avec beaucoup plus de tact et moins de scrupules que notre cher révérend, un auteur a expliqué que des huit averses étranges sur l'Écosse, cinq coïncidaient avec des manifestations du Vésuve et trois avec celles de l'Etna (*La Science pour tous*, 11-26).

Une réponse en courant d'air ferme une porte et en ouvre d'autres. Oui, il se peut que mes idées frisent le farfelu, mais devant cette explication bancale, ma loyauté penche vers l'absurde. Quatre déjections d'un volcan distant survoleraient l'Europe et se déposeraient sur une localité écossaise. Puis, trois autres nuages de débris tout aussi italiens choisiraient la même pittoresque destination! Les orthodoxes voudraient prétendre que des bombardements météoritiques ont eu lieu à Slains, ils peineraient à expliquer la précision et la récurrence du phénomène.

Pour ma part, j'imagine une île sur la route maritime de navires d'un autre monde: ils passent et repassent. Sept déversements de débris en quatre ans.

Autres coïncidences de phénomènes au rayon des pluies noires: Timbs rapporte «une espèce de grondement de train durant une bonne heure», le 16 juillet 1850, au-dessus du presbytère de Northampton en Angleterre. Trois jours plus tard, une averse noire s'y produit (*The Year-Book of Facts in Science and Art*, 1851-270).

Un auteur anglais relate l'assombrissement spectaculaire du ciel de Preston, le 26 avril 1884. Un autre, quelques pages plus loin, parle d'une pluie noire près de Worcester survenue le même jour, et d'une autre la semaine d'après. Le 28, il pleut de l'encre près de

Church Shetton, à tel point que les ruisseaux en portent encore la couleur le lendemain. Selon ces auteurs, la terre d'Angleterre a aussi tremblé (*Nature*, 30-6).

Pluie noire au Canada le 9 novembre 1819. Les orthodoxes pointent du doigt la fumée de feux de forêts dans le sud de l'Indiana. Zürcher et [Margollé] notent que l'averse a été ponctuée de « secousses semblables à celles d'un tremblement de terre » (*Meteors, Aerolites, Storms, and Atmospheric Phenomena*, p. 238).

Et il semble que la terre a tremblé au plus fort de l'averse et de l'obscurcissement (*Edinburgh Philosophical Journal*, 2-381).

· · ·

Les pluies rouges et l'explication orthodoxe : du sable charrié par des siroccos sahariens. C'est dans les régions d'Europe les plus touchées par les secousses sismiques qu'on a rapporté de nombreuses chutes de matière rouge, le plus souvent lors d'averses. À maintes reprises, la matière a été identifiée « hors de tout doute » comme étant du sable du désert. Lorsque je me suis intéressé au phénomène, j'ai croisé nombre de rapports si convaincants que l'affaire m'aurait paru close, n'eût été de mes réflexions d'intermédiariste. Des échantillons prélevés à Gênes avaient été comparés à des échantillons de sable saharien et « tout concordait » : couleur, particules de quartz, fragments de coquilles de diatomée. Puis étaient arrivés les résultats d'analyses chimiques : écarts insignifiants.

De mon point de vue d'intermédiariste, je constate qu'en escamotant ce qu'il faut, la méthode scientifique et la systématisation théologique permettent d'assimiler ceci à cela. Du reste, toutes les créatures appartiennent au Grand Tout.

Beaucoup diront que les mots «hors de tout doute» apportent assurance et satisfaction. La quête d'absolu, c'est la finalité de toute créature. Des chimistes ont-ils garanti que la matière rouge tombée en sol européen était du sable du désert porté par des vents africains? Baume pour l'esprit étroit à qui il importe de vivre dans un petit monde prévisible, isolé, à l'abri des sursauts cosmiques et des prédateurs de l'espace. L'ennui c'est que l'opinion d'un chimiste est aussi formelle que l'analyse faite par un enfant ou un sot.

J'exagère peut-être... Son approximation est un brin meilleure.

Il n'en demeure pas moins que le chimiste travaille dans l'illusion; rien n'est absolu, ni homogène ni fixe. Entre le défini et l'indéfini, tout est gradation. Les éléments chimiques ne sont pas définitifs, et je crois que Ramsay et d'autres comme lui l'ont déjà démontré. Les éléments chimiques ne sont que des mirages dans la quête des certitudes. S'ils étaient réels, la chimie serait une science exacte.

Les 12 et 13 novembre 1902, l'Australie connaissait sa plus importante chute de matière. Le 14, il avait plu de la boue en Tasmanie, que l'on avait attribuée aux tourbillons de vent australiens. Une brume sèche s'était étendue des Philippines jusqu'à Hong Kong. Y avait-il un lien avec la chute encore plus spectaculaire sur l'Europe en février 1903? Difficile à dire (*Monthly Weather Review*, 32-365).

Pendant plusieurs jours, le sud de l'Angleterre aura peut-être servi de décharge aux terres d'un autre monde.

Ceux que l'opinion d'un chimiste intéresse – j'insiste sur le mot opinion – peuvent consulter le compte rendu de la Royal Chemical Society daté du 2 avril 1903. M. Clayton fit rapport sur la substance recueillie par lui.

Sachez que le sable saharien explique de manière assez commode les pluies rouges en Europe méridionale, mais au-delà, le château conformiste vacille. L'éditeur du *Monthly Weather Review* commentait d'ailleurs ainsi les pluies rouges survenues près de Terre-Neuve au début de 1890: «Il serait très surprenant qu'il s'agisse de sable du Sahara.» (*Ibid.*, 29-121.) Clayton avait pour sa part déterminé que la matière était «tout simplement de la poussière des routes de Wessex». Opinion pour satisfaire un scientifique, ou un théologien ou une ménagère... Et quoi encore! Dissimulation de la réalité. Je serai charitable – et c'est un élan qui me donnera davantage de ressort – en accordant le bénéfice du doute à Clayton; il ignorait que cette pluie insolite avait littéralement submergé les îles Canaries le 19 février. J'ai pour ma part le droit de croire que la Terre a traversé, en 1903, les cendres d'un ancien conflit interplanétaire flottant dans l'espace comme un ressentiment tenace. Mais une opinion reste une opinion, locale comme la poussière de Wessex.

L'exercice de penser amène toujours des conceptions incomplètes puisque nous sommes en relation uniquement avec le particulier. En revanche, le métaphysicien aime bien concevoir l'inconcevable.

D'autres chimistes ont émis une opinion, ont rendu un verdict, devrais-je dire. *Nature* présente une analyse: 9,08 pour cent d'eau et de matière organique. N'est-ce pas que les fractions sont éloquentes? On identifie la substance à du sable du Sahara. L'averse a même touché l'Irlande (*Nature*, 68-54 et 68-65).

Le Sahara était encore au banc des accusés, car avant le 19 février, des tempêtes de sable avaient soufflé. Avait-on oublié que les tempêtes y sont monnaie courante? Toujours est-il qu'il me paraît inconcevable que toute cette poussière venue d'Afrique ait fait un détour par les Canaries.

Un combat de coqs : l'infaillible défie le catégorique.

Après analyse, *Nature* chiffre à 36 pour cent la teneur de matière organique dans son numéro du 5 mars 1903.

Semblable désaccord ébranle un édifice. Un chimiste associé à la revue corrige alors le tir en prétextant une différence d'échantillons : boue contre sédiment.

Comment ignorer des excuses venant de lieu saint ? Je me demande toutefois si mon indulgence joue contre ma résistance... Mais voilà qu'un nouveau coup sera porté à mes bonnes manières.

Un autre chimiste se prononce : 23,49 pour cent d'eau et de matière organique. Il « identifie » cette matière à du sable d'un désert africain... après avoir pris soin de retrancher la matière organique.

Vous et moi pourrions être identifiés à du sable africain, une fois extrait de notre personne tout ce qui n'en est pas.

Non, je refuse d'admettre que l'averse se composait de sable du Sahara, et sans même invoquer la principale objection – sachez que le sable du Sahara est rarement rouge, sa blancheur éclatante ayant fait sa réputation – non, c'est plutôt à cause du gigantisme de la chute.

Impossible qu'un tourbillon de vent en soit la cause. Il aurait fallu, pour déplacer tout ce sable, un véritable cataclysme atmosphérique qui aurait alors balayé tout doute de notre esprit.

Selon la Société royale des météorologues de Londres (RMetS), les précipitations ont migré le 27 février vers la Belgique, puis la Hollande, l'Allemagne et l'Autriche (*Journal of the RMetS*, 30-56). Dans certains cas, il ne s'agissait pas de sable, mais presque uniquement de matière organique ; un navire a rapporté une averse dans l'Atlantique, entre Southhampton et les Barbades. En Angleterre seulement, il serait tombé dix millions de tonnes de matière. Des précipitations en Suisse (*Symons's Meteorological Magazine,* mars 1903), d'autres en Russie (*Bulletin de la Commission géologique,* 22-48).

Quelques mois plus tard, l'Australie était encore touchée; des montagnes de boue rougeâtre, de l'ordre d'une vingtaine de tonnes au kilomètre carré (*Victorian Naturalist,* juin 1903).

L'explication de Wessex... Et toutes les explications mangent de ce pain-là! À mon avis, il est peine perdue d'interpréter le grandiose à l'échelle miniature, puisque la vérité implique la totalité. Et quand bien même nous pourrions penser en termes du Grand Tout, cela contreviendrait à la vaste entreprise cosmique; ce n'est pas la vérité ni le ralliement qu'elle poursuit, mais la pénétration de la vérité dans le particulier ou, si vous préférez, non pas l'universalisation du particulier, mais plutôt l'individualisation de l'universel. En d'autres termes, le phénomène d'un nuage cosmique cherche sa complète dissociation de la poussière des petits chemins terreux de Wessex. Je ne crois pas que ce soit réalisable, mais je peux imaginer une haute approximation.

Puisque les choses sont contiguës, n'étant ni individuelles ni positives, l'intermédiarité veut que toute pseudocréature s'enracine dans le grand dénominateur, en soit une manifestation, un témoignage ou un aspect. Logiquement, un échantillon d'une créature possède des ressemblances avec un échantillon d'une autre.

C'est dire qu'un prélèvement discriminatoire et soigneux – conforme finalement aux méthodes de la science et de la théologie – permettrait d'assimiler sous certains angles la matière tombée en février 1903 à toute autre matière... À du sable du Sahara, à du sable d'une barrique de sucre ou à de la poussière du père de votre arrière-grand-père, pourquoi pas.

À la lumière des descriptions rendues sur différents échantillons par la Société royale des météorologues de Londres, nous verrons si ma perception des opinions de chimistes est délirante ou non: «Similaire à de la poudre de brique», dit-on ici; «de couleur beige clair ou chamois», écrit-on plus loin. Tout y passe: «couleur chocolat iridescente», «gris», «rouille-rouge», «gouttelettes rougeâtres et sable gris», «grisâtre», «plutôt rouge», «brun doré tirant sur le rosé», «couleur ocre de l'argile» (*Journal of the RMetS*, 30-57).

Nature parle tantôt d'une teinte jaune inusitée, tantôt d'une couleur rougeâtre, voire d'un rose saumoné.

On pourrait construire une science véritable si le monde pouvait être décrit par la science. Je pense que la chimie est comme la sociologie, partiale à l'avance; le simple regard est déjà le fait d'un conditionnement. Voyons... aujourd'hui, prouvons que les habitants de New York sont tous issus du berceau africain. Ce sera facile: il suffit de prendre des échantillons dans un secteur de la ville et d'oublier le reste.

Il n'y a pas d'autre science que celle à la Wessex.

Laissons faire la science et cherchons meilleure approximation. Si la quête de la science est un trait de caractère cosmique, la métaphysique prend des airs diaboliques. Juste ce qu'il nous faut.

Je pense que dans le réel, un quasi-système cousu de fil blanc comme la chimie ne pourrait berner personne. Mais dans une «existence» qui aspire au réel, la tentative de la chimie dessine une pseudoréalité pour l'humain en attente de meilleure compréhension.

Je dis que chimie et bonne aventure s'équivalent.

Bon, admettons que les approximations de la chimie

surpassent celles de l'alchimie ancienne, mais qu'elles se situent entre le mythe et l'absolu.

Il y a tentative de réel dans cette affirmation prétendument basée sur des faits : toutes les pluies rouges sont teintées par les sables du Sahara.

Mon humble supposition est celle-ci : certaines pluies rouges sont teintées par les sables du Sahara, certaines par des sables d'autres contrées. Quelques-unes encore par des sables venant des déserts d'autres mondes ; ou de régions aériennes trop imprécises ou inertes pour se qualifier au titre de monde ou de planète.

Aucun présumé tourbillon ou trombe ne peut être responsable du charriage de centaines de millions de tonnes de matière tombées sur l'Australie, les océans Pacifique et Atlantique et l'Europe en 1902 et 1903. Je dis qu'une trombe capable d'un tel exploit ne serait pas passée inaperçue.

Permettez-moi maintenant d'y aller de quelques «wessexicalités» de mon crû ; j'avance qu'il y a eu des pluies de matière rouge exemptes de sable.

La science vise à toucher le réel, mais le réel ne se trouve que dans l'universel, exige l'intégration du particulier dans le général, qu'il fasse corps avec le Tout. Je n'imagine pas telle réussite. Le frein de cette quête, c'est le refus d'une partie de l'Univers d'accepter la condamnation, d'être écarté malgré qu'il soit de la même essence. Tous les phénomènes tendent vers l'absolu ou se fondent dans des tentatives mieux réussies. Car le simple fait de se manifester dans l'intermédiarité est l'expression de relations.

Une rivière : de l'eau manifestant le rapport gravitationnel de différentes élévations. L'eau de la rivière : manifestation de rapports chimiques non définitifs entre hydrogène et oxygène. Une ville : expression de rapports économiques et sociaux.

Alors comment imaginer une montagne sans racines profondes? Un commerce sans clients?

L'impossibilité pour la science d'être absolue vient de ce qu'elle entretient des rapports avec les phénomènes de son environnement. La science n'est pas plus pure, isolée ou individuelle que ne l'est la rivière, la montagne, la ville ou la boutique. L'intermédiarité est le lieu des relations.

Cet élan d'individualisation qui caractérise les choses de l'intermédiaire, c'est le fragmentaire qui se proclame Tout. Si la coexistence de deux touts est impossible, la tentative d'une approximation plus poussée peut toutefois se produire.

Le scientifique parle de science pure.

L'artiste souhaite insuffler la vie à son œuvre.

S'ils atteignaient le but, je crois qu'ils toucheraient presque au réel et qu'ils y seraient aussitôt transportés. De tels penseurs sont de bons positivistes, mais ils s'insèrent mal dans un contexte social ou économique, où la pertinence d'une chose se mesure à son utilité, à sa fonction ou à ses relations avec un ensemble. Ainsi, la science existe en raison de son service à la société; elle n'en recevrait aucun appui si elle ne se pliait pas pour elle, ne se prostituait pas en quelque sorte. Par prostitution, je fais allusion à son devoir d'utilité.

Au Moyen-Âge, le peuple était terrifié par le phénomène des «pluies de sang». La science, sous contrat social, a eu pour devoir de chasser le démon, un peu comme l'avait tenté Mary Baker Eddy [N.d.t.: en fondant le mouvement de la science chrétienne].

Il importait de dire que les pluies de sang n'existent pas; que les pluies rouges sont teintées par le sable du Sahara.

Je pense que ce genre de garantie, qu'elle soit fictive ou non, et que le désert du Sahara soit blanc ou non, a apporté de tels bénéfices intellectuels qu'elle était justifiée. Justifiée sur le plan social, mais prostituée sur le plan de l'intégrité.

Et l'histoire s'est répétée, malgré l'avancement des connaissances au 20e siècle et l'ouverture d'esprit. Les vieux soporifiques ne devraient plus être prescrits.

Si un déluge de sang tombait sur New York, la bourse ne broncherait même pas.

Pour commencer, je vous ai présenté des cas de pluies qui étaient sans doute chargées de sable pour la plupart. Dans mon hérésie encore embryonnaire – et par hérésie ou distanciation à l'égard des dogmes, j'entends le retour revu et corrigé à des superstitions anciennes – je suis très froid à l'idée que des pluies aient pu contenir du sang. J'avance donc avec une réserve prudente que certaines pluies rouges ont fortement suggéré la présence de sang ou de chair finement hachée.

Débris de catastrophes dans notre système solaire.

Batailles spatiales.

Cargaisons alimentaires perdues dans le naufrage de vaisseaux interplanétaires.

Le 6 mars 1888, une pluie rouge s'est abattue sur la Méditerranée. Même averse douze jours plus tard. Soumise à haute température, l'indéfinissable substance a dégagé une forte odeur de matière animale (*L'Astronomie*, 1888-205).

Tant de naufrages, tant de débris amalgamés, presque homogénéisés... Les pluies rouges ne contenaient pas toutes du sable ou des matières animales, disons-le.

Le 2 novembre 1819, dans la semaine précédant la pluie noire et le tremblement de terre au Canada, on a rapporté une pluie rouge à Blankenberge en Hollande.

Deux chimistes de Bruges ont réduit 4 litres de pluie : « aucun précipité » dans les 110 millilitres restants, mais un concentré foncé qui a fait dire que s'il y avait eu du sable, il se serait déposé. D'autres expériences ont révélé la présence de chlorure de cobalt, une donnée peu éclairante vu l'utilisation du composé dans nombre de produits faisant l'objet de commerce maritime (*Annals of Philosophy*, 16-226). On a souligné sa couleur rouge violacé (*Annales de chimie et de physique*, 2-12-432). Diverses expériences de laboratoire ont été consignées dans *Quarterly Journal of the Royal Institute* (9-202) et dans *Edinburgh Philosophical Journal* (2-381).

D'autres singularités :

Mêlée à de la poussière, une substance possiblement météoritique tombe les 9, 10 et 11 mars 1872 : argile couleur d'hématite, carbonate de chaux et matière organique (*Chemical News*, 25-300).

Des grêlons rouge orangé le 14 mars 1873, en Toscane (*Notes and Queries*, 9-5-16).

Une averse de matière couleur lavende à Oudon en France, le 19 décembre 1903 (*Bulletin de la Société météorologique de France*, 1904-124).

Le Pr Schwedoff rapporte des grêlons rouges, bleus et gris en Russie, le 14 juin 1880 (*La Nature*, 1885-2-351).

Un correspondant relate le témoignage d'un villageois vénézuélien à l'effet que le 17 avril 1886, des grêlons rouges, bleus et blanchâtres sont tombés. Peu probable que le paysan ait eu vent d'un phénomène semblable en Russie (*Nature*, 34-123).

Nature cite, le 5 juillet 1877, un correspondant du *Times* de Londres qui a pris soin d'envoyer à son journal la traduction d'un article paru à Rome : Une pluie rouge s'est abattue sur l'Italie le 23 juin précédent. Elle contenait « d'infimes particules de sable ».

Je pense que toute autre interprétation aurait porté malheur à la société italienne de l'époque, mais le correspondant anglais, né dans un pays affranchi de ce genre de superstition, écrit: «L'explication du sable et de l'eau me semble très inadéquate.» Il note que la pluie a laissé des taches qui n'ont «rien à voir avec de l'eau sableuse». Une fois l'eau évaporée, il dit n'être resté aucun dépôt de sable.

Une substance semblable à du sang coagulé tombe le 13 décembre 1887 au Vietnam (*L'Année scientifique et industrielle,* 1888-75).

Je note aussi une matière rouge, épaisse et visqueuse tombée à Ulm, en [1802] (*Annales de chimie et de physique,* 85-266).

Voici maintenant une donnée exceptionnelle pourtant vite balayée; et le phénomène resurgira au fil des pages, ouvrant la porte à une hypothèse si fantastique qu'elle mérite considération.

Timbs rapporte une correspondance entre les professeurs Campani et Matteucci. Le 28 décembre 1860, une pluie rougeâtre tombe à verse de 7 heures à 9 heures sur le nord-ouest de Sienne (*The Year-Book of Facts,* 1861-273).

Une autre pluie rouge tombe à 11 heures. Trois jours plus tard, nouvelle averse, et le lendemain idem.

Le plus extraordinaire, c'est que toutes ces précipitations n'ont touché «qu'un seul secteur de la ville, toujours le même».

Chapitre 4

Du sang, de la chair, des larves
et de la gelée d'étoile.

L'Académie des sciences a rapporté qu'il est tombé une substance rougeâtre « épaisse, visqueuse et putride » sur la ville de Châtillon-sur-Seine, le 17 mars 1669.

Pareille histoire est consignée ailleurs : Une substance nauséabonde tombe du ciel dans une plantation de tabac du comté de Wilson au Tennessee. Le Dr Troost examine les lieux et conclut qu'il s'agit de chair et de sang. Il parle avec certitude du rapt d'un animal par un tourbillon de vent qui l'aura déchiqueté et éparpillé (*American Journal of Science*, 1-41-404).

Trois numéros plus tard, la direction du journal présente des excuses : canular. Des travailleurs noirs auraient usé de pratiques magiques pour intimider le riche planteur ; ils auraient dispersé dans le champ les débris d'un cochon mort.

Valides ou non, ces données illustrent la nécessité sociale d'attribuer les chutes de matière étrange à des origines terrestres, même lorsque la matière étrange n'est peut-être pas tombée.

Le 13 août 1819, quelque chose est tombé du ciel d'Amherst au Massachussetts, dans un grand trait de lumière aveuglante. Le Pr Graves, ex-maître de conférences au collège Darmouth, explique que la chose était recouverte d'une espèce de tissu duveteux qui, une fois enlevé, a révélé une matière gélatineuse de couleur chamois. Le contact de l'air l'a fait virer au rouge (*Annual Register*, 1821-687).

Une anecdote similaire est relatée dans *Edinburgh Philosophical Journal* (5-295). François Arago ne s'en surprend pas et va jusqu'à parler de quatre cas analogues (*Annales de chimie et de physique,* 1821-67). J'en ai retenu deux pour ce chapitre sur les objets gélatineux et visqueux.

Voici le compte rendu du Pr Graves, paru dans *American Journal of Science* (1-2-335) :

Le soir du 13 août 1819, une lumière vive zèbre le ciel d'Amherst et une explosion retentit, suivie d'un bruit de chute. Comme plusieurs membres de sa famille, le Pr Dewey voit l'éclair depuis sa fenêtre. Au matin, il découvre dans sa cour une « substance encore jamais observée par tous ceux qui sont présents ». L'objet ressemble à une coupe d'environ 20 centimètres de diamètre par 2,5 centimètres de profondeur, est lustré, de couleur chamois et recouvert d'une espèce de tissu duveteux. Dewey retire l'enveloppe et dévoile une substance gélatineuse de même coloration qui ressemble à du savon mou « à l'odeur pestilentielle ».

Quelques minutes d'exposition à l'air font « virer la couleur de la substance au rouge sang ». La chose semble alors absorber l'humidité ambiante et se liquéfie aussitôt.

Un autre fait curieux, aussi frappé d'anathème, cadre bien ici. Rapportée dans le *Times* de Londres, le 19 avril 1836, une chute de poissons dans les environs d'Allahabad en Inde. On a dit de ces poissons, identifiés à une espèce locale appelée « chalwa », qu'ils pesaient un kilo chacun et mesuraient un peu plus de vingt centimètres, du pouce au petit doigt.

Ils étaient raides secs. L'explication du tourbillon de vent me paraît tirée par les cheveux, malgré la certitude de leur appartenance à une espèce de la région.

En fait, était-ce bien des poissons ?

Pour ma part, je crois plutôt que ces objets de forme ovoïde et la substance d'Amherst cousinaient. Du reste, les poissons se sont avérés immangeables «après s'être transformés en bouillie de sang dans la poêle» (*Journal of the Royal Asiatic Society of Bengal*, 1834-307).

Pour en revenir à Amherst, la revue *American Journal of Science* (1-25-362) se charge de discréditer les données recueillies :

Apparemment, le Pr Edward Hitchcock avait emménagé à Amherst. Quelques années plus tard, un autre objet était tombé pratiquement au même endroit. Le Pr Graves avait invité son collègue Hitchcock à examiner la chose dont l'apparence correspondait à celles observées en 1819. Réactions chimiques identiques.

Hitchcock l'avait aussitôt identifiée : champignon gélatineux. Non seulement avait-il précisé l'espèce, il avait aussi prédit que d'autres chapeaux surgiraient dans les 24 heures. Comme de fait, deux autres créatures étaient apparues avant la nuit.

Nous voilà arrivés à l'un des plus anciens tours d'escamotage scientifique : le nostoc. Bien des données relatives à de la gelée tombée du ciel seront balayées par l'explication commode du nostoc, une algue bleue qui forme des masses gélatineuses. L'autre tour de passe-passe est le «frai de grenouille ou frai de poisson». Combinées, ces deux explications pèsent lourd. Témoignage incertain d'une matière gélatineuse tombée du ciel ? C'est du nostoc, là au départ. Attestation crédible de la chute ? C'est plutôt du frai de poisson transporté par un tourbillon de vent.

Bien sûr, je ne peux pas affirmer que le nostoc est invariablement verdâtre, pas davantage que les merles noirs sont tous noirs – j'en ai déjà vu un qui était blanc. Un scientifique a décrété avoir vu du nostoc couleur chair, une information opportune. Je tiens à souligner que dans de nombreux témoignages de chute de gelée, l'objet est blanchâtre ou grisâtre. J'ai consulté diverses sources : le nostoc du dictionnaire *Webster's* est verdâtre, celui de la *New International Encyclopedia* est bleu-vert ; sa couleur peut aussi se situer entre le vert pomme et le vert olive (*Science-Gossip*, 10-114) ; être intensément vert (*Ibid.*, 7-260), ou verdâtre (*Notes and Queries*, 1-11-219). Il me paraît logique de dire que si un grand nombre d'oiseaux blancs ont été observés, on ne conclura pas qu'il s'agissait de merles noirs, même s'il existe des merles noirs qui sont blancs. Aussi logique que de dire que l'observation multiple de gelées blanchâtres ou grisâtres éloigne l'hypothèse du nostoc, et que le frai est peu commun en dehors de la saison de la ponte.

Puis, le « phénomène de Kentucky ».

Il a fait grand tapage. Règle générale, on efface l'inadmissible... comme on a relégué aux oubliettes les sept pluies noires de Slains. Mais le 3 mars 1876, un événement s'est produit dans le comté de Bath qui a attiré une meute de journalistes au Kentucky.

Un corps semblable à de la viande de bœuf est tombé du ciel d'Olympian Springs par temps clair. Des cubes de 6 à 26 centimètres carrés, un détail sur lequel je reviendrai. L'accumulation au sol et dans les arbres a été importante, mais seule une bande de 45 mètres par 90 a été touchée (*Scientific American*, 34-197 ; et *New York Times*, 10 mars 1876).

Un corps qui rappelait de la chair bovine coupée en petits cubes.

Quand je songe à l'effort déployé par les exclusion- nistes pour contester la présence de poussière très ordi- naire autour de notre planète, je ne peux que m'incliner devant la gymnastique nécessaire pour rendre compte de cette nouvelle bizarrerie. Personne ne nia l'événement, hormis un scientifique, et les journalistes en firent l'ample couverture à grand renfort de témoins.

À mon avis, les exclusionnistes sont des esprits très conservateurs. L'impossibilité de classer certaines créatures indispose davantage les tenants du système que ces objets en eux-mêmes. Rappelons-nous l'ambition cosmique, c'est-à-dire la quête d'absolu: non pas de trouver le nouveau ni d'augmenter la connaissance, mais d'organiser et de systématiser.

La substance observée au Kentucky a été examinée par Leopold Brandeis. « Enfin, nous pouvons expliquer ce phénomène qui a tant fait jaser... La matière étrange du Kentucky a été relativement facile à identifier; ce n'est rien d'autre que du nostoc. » (*Scientific American,* suppl. 2-426.)

Non, elle ne venait pas du ciel, elle était là au départ, avait gonflé sous la pluie jusqu'à attirer l'attention. Des amateurs avaient tiré de mauvaises conclusions.

Quelle pluie? Mystère. D'ailleurs, on a parlé à plusieurs reprises de matière « séchée », un détail à retenir.

Cette espèce de condescendance risible exprimée dans les revues scientifiques frise parfois l'arrogance. Et l'Armée du salut de sauver les pauvres, et un scientifique de deuxième classe de nous expliquer ce qu'est l'appendice vermiculaire ou le nerf coccygien dans des termes qu'aurait pu saisir Moïse. « Nostoc », de préciser Brandeis, de « couleur chair », pour achever l'explication.

Le Pr Lawrence Smith, originaire des lieux, a été un exclusionniste à tout crin. On raconte qu'il a analysé la substance et a plutôt conclu à du frai séché, « du frai de grenouille, sans doute ». Ou soulevé là et déposé ici, si vous voyez ce que je veux dire. Le terme « séché » fait peut-être allusion à l'état de l'échantillon examiné par lui (*New York Times,* 12 mars 1876).

Autre témoignage : Le Dr Mead Edwards, président de la Newark Scientific Association, se réjouit de constater que Brandeis a ranimé le bons sens et résolu l'affaire. Connaissant l'homme et sa crédibilité, il se montre d'accord : la chose est du nostoc. Cependant, il a aussi fait appel aux lumières du Dr Hamilton, en possession d'un échantillon. L'homme tranche autrement : tissu pulmonaire. Le Dr Edwards parle donc de substance identifiée à du nostoc, « qui s'est avérée être également du tissu pulmonaire ». Il s'adresse à d'autres spécialistes encore. Cartilage et fibres musculaires. « Quant à en trouver l'origine, je n'en ai pas la moindre idée, » avoue-t-il (*Scientific American,* suppl. 2-473).

Alors, il se range du côté de l'explication locale, pour le moins farfelue : une bande de busards gavés, invisibles à cette altitude, auraient dégurgité.

Aux fins de classification des documents, le Pr Fassig range la substance dans le frai de poisson, tandis que McAtee parle de substance gélatineuse que l'on suppose être du frai « séché » de poisson ou de batracien (*Monthly Weather Review,* mai 1918).

Et c'est peut-être à cause de tout ce qui s'oppose férocement à la nouveauté que naît un désir de progrès.

Rien n'est positif en termes d'homogénéité et de cohésion. Si l'univers entier paraissait soudain se rallier contre vous, dites-vous que c'est une illusion, que l'intermédiarité oscille entre la cohésion et le désordre. Même la résistance abrite des forces qui se repoussent. Dans ces moments-là, ne luttez pas ; laissez-la plutôt s'autosaboter.

Je vais m'éloigner du point de rencontre entre la chair et la gelée, un sujet où les cas rapportés sont plus nombreux. Pour la science moderne, ce sont des obscénités, elle qui n'est pourtant pas toujours si prude. Ni Greg ni Chladni ne l'étaient.

Pour ma part, j'admets que de la gelée est souvent tombée du ciel.

Quelque part en altitude, bien au-dessus de nos têtes, le ciel serait-il gélatineux? Se pourrait-il que les météorites en détachent des fragments au passage? Que les tempêtes l'émiettent? Que le scintillement des étoiles tienne au fait que leur lumière traverse une gelée tremblotante?

Il serait sans doute absurde de penser que le ciel est tout entier gélatineux; seules quelques portions le sont. Peut-être...

Humboldt prétend que tous les faits de cette nature «sont des mythes de météorologie» (*Cosmos*, 1-119). L'homme est certain. Mais la météo ne l'est pas.

Je m'opposerai donc en utilisant les objections couramment invoquées. Là au départ. Ou soulevé là par un tourbillon, et déposé ici.

Je n'essaierai pas d'être persuasif, car les données à venir feront le travail. Mais ce que les objections disent candidement, c'est que pendant plusieurs jours, quelque chose aura flotté de manière stationnaire au-dessus d'un petit village anglais. C'est l'idée révolutionnaire à laquelle je faisais tantôt allusion. Nostoc, frai ou agglutination larvaire, peu importe. Si une chose a flotté dans les airs pendant plusieurs jours, je me sens armé comme Moïse en route vers la terre promise.

Les cas de chute météoritique accompagnée de gelée sont si nombreux que certains d'entre nous voudrons lier les deux phénomènes... et penser qu'au-dessus de nos têtes se trouvent de vastes poches de gélatine qu'effritent des bolides.

En 1836, M. Vallot, membre de l'Académie des sciences, présente à ses confrères des morceaux de matière gélatineuse tombés du ciel et demande une analyse. Personne n'en reparlera (*Comptes rendus*, 3-554).

Le 4 avril 1846, à [Smorgon en Biélorussie], il tombe des boulettes de matière, mi-résine, mi-gélatine, grosses comme des noix. D'abord inodores, elles répandent un parfum doucereux sous l'effet de la calcination. Après 24 heures de trempage dans l'eau, elles gonflent et prennent un aspect clairement gélatineux (*Ibid.*, 23-[452]).

J'ai appris qu'en 1841 et en 1846, une matière similaire est tombée en Asie mineure.

Au début du mois d'août 1894, des milliers de méduses de la grosseur d'une pièce de monnaie sont tombées à Bath, en Angleterre. Des méduses, vraiment? J'en doute. Par contre, il se peut que des tourbillons de vent aient transporté du frai de grenouille, car au même moment, dans la proche ville de Wigan, il a plu de petits batraciens (*Notes and Queries*, 8-6-190).

On raconte que le 24 juin 1911, à Eton en Angleterre, le sol fut jonché de petites billes de gélatine après une forte pluie. Pas question de nostoc cette fois, mais plutôt de corps renfermant «des œufs de chironomes d'où émergèrent bientôt des larves» (*Nature*, 87-10).

Cela me porte à croire que c'est une pluie de créatures larvaires que Bath a reçu 23 ans plus tôt, car le *Times* de Londres, daté du 24 avril 1871, relate une forte averse de gouttes gélatineuses que l'on a dit n'être ni méduse ni frai, mais plutôt quelque chose de nature larvaire. «Bon nombre de ces créatures ont formé des chrysalides vermiformes de deux centimètres et demi environ.» Un autre registre concernant cette chute présente des ressemblances avec les données d'Eton;

infusoires, était-il précisé (*Zoologist*, 2-6-2686).

Le révérend L. Jenyns, de la paroisse de Bath, avait analysé la chose; il avait décrit de minuscules vers dans une enveloppe et avait tenté d'expliquer leur regroupement (*Proceedings of the Royal Entomological Society of London*, 1871-proc. xxii). Tout le mystère était là: rendre compte de leur concentration soudaine. Dans bien des cas de chutes étranges, c'est cette ségrégation d'objets qui pose problème. Un tourbillon de vent est loin de posséder la précision d'un bistouri. L'aspect de la séparation et de la concentration a été soigneusement écarté par la science qui continue d'excommunier.

Le pasteur imagine alors une vaste mare peuplée de ces petits organismes; la mare s'assèche, les créatures s'agglutinent, un tourbillon ramasse la manne.

Sauf qu'une avalanche identique est survenue quelques jours plus tard au même endroit.

Le bon sens nous dit qu'une rafale de vent est tout sauf précise. Et il pourrait paraître loufoque de prétendre que ces animaux furent stationnaires dans le ciel de Bath plusieurs jours durant.

Les sept pluies noires de Slains.

Les quatre pluies rouges de Sienne.

Jenyns rapporte fidèlement la deuxième chute, mais esquive la difficulté d'expliquer, un manège propre aux orthodoxes.

R. P. Greg, sommité du catalogage des phénomènes météoritiques, a répertorié des chutes de matière visqueuse durant les années 1652, 1686, 1718, 1796, 1811, 1819, 1844 (*Philosophical Magazine*, 4-8-463). Il cite des dates plus lointaines encore, mais je me donne aussi le droit d'exclure. Dans un rapport de l'Association britannique pour l'avancement des sciences (BAAS), il consigne l'observation d'un météore vu au ras du sol, entre les villes allemandes de Barsdorf et Freiburg. Le jour suivant, on découvre de la gelée dans la neige (*Comptes rendus de la BAAS*, 1860-63).

Saison peu propice au nostoc ou au frai.

Greg commente : « Insolite si c'est véridique. » Il note sans sourciller la chute d'un autre météorite en Allemagne, à Gotha plus précisément, le 6 septembre 1835, « qui laisse une matière gélatineuse sur le sol ». La substance serait tombée à un mètre d'un observateur. Puis un extrait de correspondance entre Greg et le Pr Baden-Powell est publié ; c'est un autre cas où deux observateurs, dont l'un est connu de Greg, ont vu un objet lumineux tomber tout proche et ont ensuite découvert une gelée grisâtre sur les lieux (*Ibid.*, 1855-94).

Chladni rapporte la découverte d'une gélatine simultanément à la chute d'un météorite entre Sienne et Rome, en mai 1652 ; d'une autre après la chute d'un bolide flamboyant à Lusatia en Allemagne orientale, en mars 1796 ; d'une autre encore après l'explosion d'un météore près de Heidelberg, en juillet 1811 (*Annals of Philosophy*, n.s. 12-94). On dit ailleurs que la substance tombée à Lusatia présente « la couleur brune et l'odeur d'un vernis séché » (*Edinburgh Philosophical Journal*, 1-234). Une autre gélatine tombée avec un bolide, cette fois sur l'île indienne de Leti, en 1718 (*American Journal of Science*, 1-26-133).

De nombreuses observations de gelées concomitantes à des météorites en novembre 1833 ont été relevées (*Ibid.*, 1-26-396) :

Par exemple, des journaux locaux parlent d'« amas de gelée » sur le sol de Rahway au New Jersey, semblables à du blanc d'œuf coagulé.

Un dénommé H.H. Garland, du comté de Nelson en Virginie, trouve une rondelle gélatineuse.

D'après une correspondance entre A.C. Twining et le Pr Olmstead, une femme de West Point, dans l'état de New York, aurait découvert une masse grosse comme une tasse qui ressemblait à de l'amidon bouilli.

De la gélatine similaire à du savon mou fait les manchettes d'un journal de Neward, au New Jersey. « Elle était un peu élastique et s'évaporait comme de l'eau sous l'action de la chaleur. »

Ma surprise est grande : Olmstead, rassembleur d'âmes maudites, fait preuve d'audace et de dissidence scientifique en reconnaissant que de la matière étrange est tombée du ciel. Il va jusqu'à écrire : « Les témoignages coïncident tous quant à la nature gélatineuse de ces découvertes, ce qui porte à croire que le compte rendu de leur chute est également crédible. »

Les journaux de l'époque ont abondamment couvert les écrits consacrés aux météorites de novembre par Olmstead.

Mais vous ne trouverez nulle part quelque mention que ce soit de la gelée qui les a accompagnés.

Chapitre 5

Et il pleut aussi des matières végétales
et des cheveux d'ange.

Les corrélations entre les dates m'intéressent peu. Un positiviste à l'esprit mathématicien, conditionné par l'illusion intermédiaire que deux et deux font quatre, tenterait d'y voir quelque périodicité. Mais en vertu de la contiguïté, il est impossible d'isoler deux choses. La régularité mathématique et l'ordre sont des attributs de l'universel et il est vain de les chercher à l'échelle locale. Apprécions seulement la régularité assez réussie de notre système solaire; la précision mathématique des éclipses locales nous a permis des prédictions... quoique j'ai en ma possession des notes capables de dégonfler les prétentions vaniteuses des astronomes... enfin, qui les dégonfleraient s'ils étaient perméables. L'astronome est un ermite sous-payé, enveloppé d'une bonne couche de suffisance. Autosuffisance, à l'instar de l'ours devant les longs mois de solitude hivernale.

Le système solaire est un phénomène d'organisation comme d'autres, sous influence. Un quartier subit les influences de l'administration municipale, une ville celles du comté, un comté celles de l'état, un état celles du pays, un pays celles d'autres pays, les continents subissent les phénomènes météorologiques conditionnés par notre Soleil, le Soleil subit les contraintes de son système planétaire, le système solaire celles d'autres systèmes solaires. Bref, on peut difficilement parler d'un quartier comme d'un tout.

Les positivistes sont ceux qui s'affairent à chercher

l'entité dans le quartier d'une ville. Je pense que c'est là le principe cosmique, le désir universel. Sur le plan de la réalité objective, l'indépendance ultime est irréalisable à petite échelle. Mais si un positiviste parvenait à se convaincre du contraire de manière absolue, il réussirait sans doute sur le plan subjectif une vaine ambition sur le plan objectif. Néanmoins, j'évite de tracer une frontière définitive entre l'objectif et le subjectif; autrement dit, les phénomènes que nous appelons choses et personnes sont subjectifs à un Grand Tout indivisible. Les pensées appartenant aux phénomènes que nous appelons «personnes» sont sujets du subjectif. Ce serait comme si l'intermédiarité avait tenté d'atteindre la régularité dans l'expression du système solaire, avait échoué, avait donné naissance à l'idéologie des astronomes qui, elle, avait généré la conviction d'un succès malgré l'incomplet.

J'ai compilé des données (j'en ai d'autres en réserve, c'est bien pratique ce système de fiches), et des tendances me sont apparues comme des révélations. Toutefois, ma méthode ressemble à celle des scientifiques, des théologiens, ou pire, des statisticiens.

Je m'explique : grâce à la statistique, je pourrais «prouver» qu'une pluie noire est tombée «avec régularité» tous les sept mois quelque part sur le globe. Pour ce faire, il me faudrait inclure toutes les pluies rouges et jaunes et, par la méthode classique, je n'aurais qu'à isoler les particules noires et à éliminer les rouges, les jaunes et le reste. Si une pluie noire s'écartait de mon calendrier, j'invoquerais une «accélération» ou un «retard». Apparemment, la méthode est légitime dans l'évaluation de la périodicité des comètes. Si les pluies noires, ou les rouges et les jaunes contenant des particules noires, devaient faire mentir mon calendrier, je pourrais m'inspirer de Darwin (que je n'aurai pas lu en vain): disons que les registres sont incomplets. Quant aux pluies faisant interférence, je pourrais postuler qu'elles sont grises ou brunes, et même tracer une autre courbe de fréquence pour celles-là.

Ceci étant dit, je note que l'an 1819 sort du lot. J'ai aussi répertorié 31 faits étranges en 1883, dont je vous épargnerai le menu détail. Il y aurait de quoi écrire un livre sur cette année extraordinaire, pour peu que les livres méritent d'exister. Au chapitre des pluies étranges, 1849 se démarque par la démesure et les écarts géographiques au point qu'une explication locale serait vaine: pluie noire en Irlande, pluie rouge en Sicile et au pays de Galles. Timbs rapporte également qu'aux alentours du 18 avril 1849, des gardiens de troupeaux ont trouvé des traces de matière inconnue près du mont Ararat, dans un rayon de six à huit kilomètres. On avait alors supposé que c'était tombé du ciel (*The Year-Book of Facts*, 1850-241).

J'ai déjà parlé des certitudes que la science croit toucher et des contraintes que lui impose sa servitude à la société. On comprend aisément que la science théorique du 19e siècle s'est beaucoup développée en réaction aux dogmes théologiques et qu'elle ne se préoccupe pas davantage de vérité qu'une vague déferlant sur une plage. Mais quand même; avouons que reculer de plusieurs centaines de millions d'années la naissance de la Terre est un exploit scientifique aussi spectaculaire que de faire une bulle de gomme à mâcher d'un mètre de diamètre.

Les « choses » ne sont pas des entités en soi, mais bien des rapports, ou l'expression de rapports: toutes ces incarnations signent un désir d'autonomie ou un ralliement à des transcendances supérieures. Il y a donc dans la science un élan positiviste qui exprime claire-ment une relation, malgré sa tentative de regrouper tous les phénomènes sous le toit d'une école matérialiste, de concevoir un système complet et définitif conforme à cette doctrine. Réaliser cet objectif équivaudrait à devenir réel. Mais la science poursuit sa quête tout en faisant abstraction des phénomènes psychiques. Si la science devait un jour tenir compte des faits de l'esprit, il lui serait aussi malaisé d'expliquer l'immatériel en termes de matériel que l'inverse. J'ai pour ma part le sentiment que l'immatériel et le matériel forment un tout et se confondent. Par exemple, une pensée se concrétise dans une action physique; décrire ce tout débouche sur une impasse, car expliquer revient à interpréter une chose en termes d'une autre. Recevoir une explication consiste à assimiler l'idée d'une chose à partir d'autre chose. Mais souvenez-vous qu'en vertu de la contiguïté, aucune chose n'est mieux définie qu'une autre pour servir de support au raisonnement... à moins qu'il ne nous semble qu'une illusion construite sur une autre illusion est plus irréelle que l'illusion de fond.

En 1829, il est tombé en Iran une substance inconnue de la population (*The Year-Book of Facts*, 1848-235). On savait seulement que les moutons s'étaient mis à la brouter, alors on en fit de la farine puis du pain, comestible bien qu'insipide.

La science est habilement intervenue. L'hypothèse raisonnable de la manne fut assise sur un système de croyances pourtant obsolète. De la manne n'était-elle pas tombée du ciel du temps de Moïse? Elle tombait encore, non à cause d'une intervention divine, mais plutôt sous forme de lichen porté depuis quelque steppe asiatique; un tourbillon de vent l'avait «soulevée là et déposée ici». La substance mystérieuse avait été «immédiatement identifiée» par des scientifiques. «Verdict confirmé par une analyse chimique: lichen.» (*American Almanac*, 1833-71.)

En ces temps-là, on avait élevé des temples à l'analyse chimique, mais depuis, les dévots ont bien déchanté. Une analyse chimique peut-elle décrire ainsi la botanique? Toujours est-il qu'elle avait parlé avec autorité, caricaturant littéralement l'ignorance du peuple devant le savoir scientifique étranger. S'il s'était pourtant trouvé de la nourriture à distance de bourrasque, je crois que les habitants l'auraient su. J'ai d'autres données concernant des chutes de matière comestible en Iran et dans la partie asiatique de la Turquie. Pour la science, c'est toujours de la manne, une espèce de lichen des steppes d'Asie mineure dans le cas présent.

Selon moi, l'explication a tenu la route parce que l'on ignorait que de la matière végétale comestible était tombée ailleurs dans le monde. Mais de toute façon, l'ambition d'expliquer le vaste par le particulier est tenace. Sans le secours du lichen d'Asie, comment aurait-on fait pour expliquer une chute au Canada ou en Inde? Les matières végétales découvertes en Iran et en Turquie ont varié en nature, mais la solution de la manne est restée commode. Un cas relate la chute de semences. Dans *Comptes rendus*, les substances tombées en 1841 et en 1846 sont qualifiées de gélatineuses, tandis que le *Bulletin des sciences naturelles de Neuchâtel* décrit une chute de noisettes d'une matière qui fut réduite en farine; on avait pu en confectionner un pain de belle apparence, mais fade.

La grande difficulté reste d'expliquer le caractère sélectif de ces chutes.

Cela me frappe: les poissons abyssaux doivent bien recevoir des chutes d'aliments à l'occasion, quelques sacs de céréales ou tonneaux de sucre, dont l'apparition ne tient pas à une perturbation des grands fonds qui les aurait soulevés ici et déposés là.

Vous pensez peut-être que des sacs de céréales ne sont jamais tombés?

Il me revient à l'esprit l'objet d'Amherst dans son enveloppe duveteuse.

Des tonneaux de maïs tombés d'un navire resteraient peut-être à flot. Sauf si, éventrés dans le naufrage, ils libéraient la céréale condamnée à couler tandis que les douves flotteraient au gré des eaux.

Si le transport de denrées entre des continents du ciel est pure fabrication de ma part, alors je ne suis pas le poisson de grands fonds que je croyais être.

Je n'ai que l'objet enveloppé d'Amherst pour me guider, mais je pense que si des sacs ou des tonneaux s'abîmaient dans l'Atlantique, le périple vers les profondeurs suffirait à en altérer l'apparence. Une seule donnée évoquant un emballage, soit de tissu, soit de papier ou de bois, me laisserait gentiment divaguer.

« En l'an 1686, des ouvriers affectés à l'assèchement d'une mare, à onze kilomètres au sud-ouest de Memel, avaient repris leur travail après le souper, temps durant lequel il y avait eu tempête de neige. Ils furent surpris de découvrir autour de la mare des feuilles d'un matériau couleur charbon. Un habitant du coin leur confirma que la substance était tombée avec la neige. » Autre précision : certaines de ces plaques feuilletées étaient grandes comme un dessus de table. De plus, « le matériau était humide et sentait l'algue pourrie, mais une fois sec, l'odeur se dissipait... Ajoutons qu'il se déchirait comme du papier filandreux » (*Proceedings of the Royal Irish Academy*, 1-379).

Explication classique : soulevé là et déposé ici.

Mais qu'est-ce que le vent transporta, au juste? Mon opinion d'intermédiariste me dit que même si cette matière s'était révélée être la plus insolite créature du plus insolite monde en dehors de la Terre, quelque part sur notre planète se serait trouvée une créature que quelqu'un aurait jugée identifiable à autre chose, définition ou opinion à l'appui. Je veux dire que n'importe quel objet de New York s'apparente, sous un angle ou un autre, à un objet d'un village africain. Le commun fabrique rarement de la nouveauté. Tentez d'écrire l'inédit, et il y aura au moins un lecteur pour retrouver dans votre prose une pensée d'un philosophe grec. L'existence est appétence: être demande de satisfaire ses besoins. Toute créature cherche à assimiler son milieu, pour peu qu'elle n'ait pas elle-même succombé à l'emprise d'une force supérieure. C'était donc prévisible que les scientifiques chargés d'examiner la substance de Memel cèdent au système scientifique et à ses principes, à cette tentative d'assimiler la chose au connu. Lors d'une assemblée de la Royal Irish Academy, on avait fait remarquer que dans les milieux marécageux, il existe une substance rare qui se fixe en feuilles minces.

Elle ressemble à du feutre vert.

Mais les plaques feuilletées de Memel étaient humides et noires comme le charbon. Quand on brisait le matériau, il donnait des copeaux et quand on le déchirait, il révélait ses fibres.

On peut prendre un éléphant pour un tournesol; tous deux possèdent une longue tige. Ou confondre un chameau avec une cacahuète, si l'on ne considère que les bosses.

Le problème avec ce livre, c'est que nous risquons vous et moi de nous transformer en intellectuels moroses et malicieux. Au départ, je savais que la science et l'imbécilité sont contiguës. Néanmoins, certaines manifestations de phénomènes qui se croisent méritent notre étonnement. Le petit numéro du Pr Hitchcok, lorsqu'il identifia le phénomène d'Amherst au nostoc, aurait été un charmant vaudeville scientifique si le personnage s'était montré plus théâtral. Car à bien y penser, dans un village où le nostoc aurait été suffisamment courant pour qu'un étranger en prédise l'apparition, lui seul avait réussi à identifier la chose à du nostoc et à résoudre l'affaire, abstraction faite de sa liquéfaction étonnamment rapide.

Mais voici qu'après le monologue d'Amherst, nous passons à une brillante distribution avec étoiles... royales irlandaises, de surcroît.

En escamotant la couleur charbon et en admettant l'aspect fibreux, les académiciens irlandais pouvaient dès lors parler d'une espèce de «papier des marais» que des bourrasques avaient soulevé là et transporté ici.

Deuxième acte:

Selon M. Ehrenberg, on s'était accordé pour dire que l'aggloméré volant était principalement composé de matière végétale, surtout de conifère.

Troisième acte:

Assemblée de royaux Irlandais: une table, des chaises, des Irlandais. On exhibe des copeaux du papier des marais. Composition résineuse, surtout du conifère.

Double inclusion; les logiciens adorent la méthode. Aucun ne se satisferait d'identifier un chameau à une cacahuète sur le seul critère de leurs bosses communes; il lui faut une similitude complémentaire: la capacité, par exemple, de subsister longtemps sans eau.

Admettons que la conclusion n'est pas totalement déraisonnable, dans le cadre du vaudeville auquel nous assistons depuis le début, de penser qu'une substance verte pourrait être emportée par le vent depuis là et tomber ici, bien noircie. Ce qui est inadmissible, c'est plutôt que les Irlandais ont exclu une donnée de poids que j'ai facilement trouvée :

Selon Chladni, il n'était pas tombé une couple de feuilles étranges sous les yeux d'un petit propriétaire riverain, non. Il en tomba à plein ciel ! Tant et tant que tous les marais de la planète n'auraient pas suffi à cette prodigieuse fabrication. Au même moment, ce matériau singulier tombait « en abondance » en Norvège et en Poméranie.

Kirkwood d'écrire : « Une matière semblable à des feuilles de papier carbonisé sont tombées en Norvège et dans d'autres pays d'Europe septentrionale, le 31 janvier 1686. » (*Meteoric Astronomy,* p. 66.)

Comment un tourbillon de vent assez puissant pour couvrir un si vaste territoire aurait-il pu isoler de grandes quantités de cette matière rare appelée papier des marais, sans arracher des piquets de clôture, des toitures et des branches ? Il n'y a pourtant aucune mention de tornade en Europe en janvier 1686 ; seulement des registres de cette chute étrange.

Depuis, la réaction classique d'exclure la chute de toute matière extérieure à la Terre, hormis les météorites ordinaires, s'est largement amplifiée.

La matière tombée à Memel est décrite ailleurs en ces termes : « Des quantités de feuilles noires à l'apparence du papier brûlé, mais plus résistantes, bref une espèce d'aggloméré friable. » (*Annals of Philosophy,* 16-68.)

On ne parle ni de « papier des marais », ni de teneur en conifère pourtant si chère aux Irlandais. En fait, toute allusion à une composition végétale a été omise, comme si quelqu'un avait cherché à faire passer une banane pour un hameçon de pêche.

Un météorite a généralement un aspect noirci un peu écailleux. La matière de 1686 était noire et écailleuse. S'il sied, on peut décoder «en feuilles» et y lire «en écailles». Autre tentative d'assimilation aux méthodes classiques, il fut dit que la matière était de nature minérale, qu'elle présentait des similitudes avec les couches externes des météorites.

Le scientifique à se prononcer ainsi se nommait von Grotthus, et il avait invoqué la déesse de l'analyse chimique. Que de pouvoir l'homme se donne (sentez le cynisme) quand il attend que ses dieux l'exaucent. Encore une fois, nous voyons que rien ne possède d'identité propre et qu'il est facile d'identifier ceci à cela. De sorte qu'aucun raisonnement n'est déraisonnable, si personne ne remue l'irréconciliable. Mais le désaccord avait incité un dénommé Berzelius à examiner la matière à son tour; il n'y trouva pas de nickel, le nickel étant l'indice positif de l'époque relativement aux météorites. Et von Grotthus se rétracta (*Annals and Magazine of Natural History,* 1-3-185).

Cette guerre de savants prépare le terrain à mes propres spéculations et je saisis l'occasion.

N'est-il pas dommage que personne n'ait pensé à y chercher la présence de... hiéroglyphes? À voir si ces feuilles portaient des inscriptions?

S'il est vrai que les chutes de matière sont immensément moins variées que la diversité des créatures terrestres offertes aux vents, alors il me semble que deux chutes importantes de ce rare «papier des marais» auraient mérité une attention spéciale.

Au moment d'écrire un compte rendu sur la question, un auteur précise qu'il a eu sous les yeux un échantillon d'une feuille de dix-huit mètres carrés tombée à Carolath en Silésie, en 1839. Feutre de confection vestimentaire, lui semblait-il de prime abord. Mais un examen au microscope a tranché : forte concentration de conifère (*Endinburgh Review*, 87-194).

Le 16 mars 1846, tandis que tombait en Asie mineure une substance comestible, une poudre olivâtre pleuvait sur Shangai. Le microscope avait révélé des poils noirs et des poils blancs plutôt épais. Il ne s'agissait pas de fibres minérales, car leur combustion avait dégagé «l'odeur ammoniacale caractéristique de plumes ou de cheveux brûlés». L'auteur décrit le phénomène ainsi : «Un nuage de près de 10 000 kilomètres carrés de fibres, d'alcalis et de sable.» Des microscopes plus puissants, ajoute-t-il en post-scriptum, avaient révélé que les filaments étaient des fibres de conifères, non pas des cheveux (*Journal of the Royal Asiatic Society of Bengal*, 1847-pt. 1-193).

Triste réalité d'un inlassable travail scientifique : le moderne détrône l'ancien. Microscopes, télescopes, analyses sophistiquées réputées invariables, faites place à la vérité! L'intermédiarité est le lieu des fictions.

Et le neuf qui éclipse le démodé sera éventuellement archaïque à son tour, jeté avec les antiquailles.

Si les fantômes peuvent grimper, une échelle de vent doit bien faire l'affaire.

Selon un rapport de M. Lainé, consul français à Pernambuco, il y eut au début d'octobre [1820] une véritable cargaison de cheveux d'ange à s'abattre sur la ville (*Annual Register*, 1821-681). À croire qu'un navire marchand perdu depuis des siècles entre Jupiter et Mars avait déversé sa marchandise effritée. Lainé expédia des échantillons en France où l'on affirma que la matière présentait des similarités avec les fibres soyeuses qui tombent parfois près de Paris sous l'effet de vents saisonniers (*Annales de chimie et de physique*, 2-15-427).

Il se trouve une mention d'une chute de matière

semblable à de la soie bleue tombée près de Naumberg le 23 mars 1665 (*Annals of Philosophy*, n.s. 12-93). Chladni questionne cette date, mais souligne néanmoins que la quantité était considérable (*Annales de chimie et de physique*, 2-31-264).

Qui pense en termes d'intermédiarité sait que dans la quasi-existence, les métaphores sont interchangeables. Ce qui est admissible d'une chose peut l'être d'une autre. Il n'est donc pas insensé d'attribuer à une créature la solidité du roc et la légèreté du geste. Les Irlandais sont, selon moi, de bons monistes dans leur manière de décoder le monde. Leur acuité a pu faire rire, mais comme je suis en train de bâtir un musée des horreurs pacifiques, je ferai une petite place spéciale à cet affreuse corrélation établie par un correspondant : une substance soyeuse tombe du ciel pendant une aurore boréale, et l'homme lie les deux événements (*Scientific American*, 1859-178).

Depuis Darwin, les toiles d'araignée ont été l'explication classique aux chutes de cheveux d'ange. En 1832, alors qu'il est à bord du *Beagle* dans l'embouchure du Rio de La Plata, à 100 kilomètres de la terre ferme, Darwin voit un nombre extraordinaire de petites araignées qui se laissent transporter au gré du vent sur une soie très fine qu'on appelle fil de la vierge.

Je ne dirai pas que les substances soyeuses tombées sur Terre n'étaient pas des fils d'araignée. Je pense que de la matière soyeuse du Dehors est tombée, tout comme de la soie d'araignées bien terriennes. Néanmoins, il est parfois impossible de distinguer les deux substances; la toile d'araignée a dû se retrouver sur la sellette plus souvent qu'à son tour. Manifestation de matière soyeuse étrange, manifestation de nos matières fibreuses, rencontre ardue à démêler...

Alors peut-être que du tissu sera carrément tombé du ciel. Admettre un fait faciliterait déjà une ouverture.

Une chute est survenue le 21 septembre 1741, dans le triangle délimité par les villes de Bradly, Selborne et Alresford. Les morceaux de matière ressemblaient à de la toile filamenteuse; c'était «des bandelettes de deux centimètres et demi de large par treize ou quinze centimètres de long», assez lourdes pour tomber «à bonne vitesse». Il en avait plu une quantité impressionnante, la plus courte distance entre deux des villes de ce triangle faisant treize kilomètes (*All the Year Round*, 8-254). Deux chutes étaient survenues à quelques heures d'intervalle, une donnée significative car inusitée; la deuxième averse avait duré de 9 heures du matin jusqu'à la tombée du soir (*Memoirs of the Wernerian Natural Historical Society*, 5-386).

Maintenant, un peu de suggestion hypnotique. L'intelligence est, selon moi, la manifestation d'un déséquilibre ainsi qu'un aveu d'ignorance; lorsque l'ajustement intellectuel est opéré, l'intelligence se repose. Un individu qui fait preuve d'intelligence dans un domaine est donc en plein travail d'apprentissage. Et retenons que l'apprentissage est régi par une mécanique conditionnée, qu'il s'agit d'un quasi-apprentissage, que rien n'est jamais appris de manière définitive.

Pour en revenir à nos moutons, il fut décrété que la matière tombée était de la toile d'araignée. On avait opéré un ajustement. Mais j'ai peine à m'ajuster, alors je vais devoir faire preuve d'intelligence. Si j'y parviens, je pourrai cesser d'y réfléchir, me bornant aux limites de ce que j'aurai acquis. Donc, mon opinion n'étant pas encore arrêtée, je peux peser les faits :

La quantité de matière reçue a frappé l'attention;

Le soulèvement de cette matière au point d'origine

aurait eu de quoi étonner aussi;

Aucun registre ni en Angleterre ni ailleurs ne relate le rapt de quantités phénoménales de «toiles d'araignée» par le vent, en septembre 1741.

Mon ignorance est encore insatisfaite.

Si on conteste la provenance de cette matière, on peut l'attribuer à un lieu terrestre reculé.

Et que dire de cette précision incroyable et familière! La cible est un triangle de campagne; la première averse dure quelques heures, s'arrête quelques heures, puis reprend du matin jusqu'au soir... au même endroit.

Escamotage par l'explication classique. Passons sous silence que personne n'a vu d'araignées, mais soulignons que les flocons de fibre sont lourds et collants. Sous cet aspect, cela ressemble à de la toile d'araignée. Des chiens fouinent les parterres, se gomment le museau, toiles d'araignée, évidemment.

L'autre possibilité, c'est d'imaginer quelque part au-dessus de nos têtes de vastes régions gélatineuses ou visqueuses. Les objets à les traverser s'en trouveraient imprégnés. J'en profite pour tenter d'éclaircir le cas des substances tombées en Asie mineure en 1841 et 1846. L'une était qualifiée de gélatineuse, l'autre rappelait les céréales. Peut-être des céréales avaient-elles traversé une couche d'atmosphère gélatineuse. Et le simili papier de Memel a pu connaître pareil périple, car Ehrenberg y trouva de la matière gélatineuse, qu'il identifia au nostoc (*Annals and Magazine of Natural History*, 1-3-185).

On rapporte la chute d'une substance analogue à de la toile d'araignée à la fin d'octobre 1881 (*Scientific American*, 45-337). Au Wisconsin, les villes de Vesburg, Milwaukee, Green Bay, Fort Howard, Sheboygan et Ozaukee ont été touchées. Les araignées des champs sont réputées sécréter des fils si légers qu'elles sont transportées par le vent. De cette substance tombée au Wisconsin, on dit:

«Toutes les toiles observées étaient résistantes et très blanches.» L'éditeur rajoute: «Fait curieux, les rapports ne mentionnent nullement la présence d'araignées.»

Me voici donc à tenter de dissocier un produit du Dehors d'un possible phénomène terrestre; c'est la joie du prospecteur qui découvre un filon.

D'après le journal d'Alabama *Montgomery Advertiser*, la ville de Montgomery reçoit le 21 novembre 1898 des volées d'une substance semblable à de la toile d'araignée. Ce sont des brins, parfois même des rubans de plusieurs centimètres de long et de large. L'auteur souligne l'aspect d'amiante et la phosphorescence de la matière (*Monthly Weather Review*, 26-566).

Selon l'éditeur de la revue scientifique, tout porte à croire qu'il s'agit de toile d'araignée.

Un correspondant de *La Nature* commente un échantillon qu'il a reçu d'une matière tombée le 16 octobre 1883, à Montussan en Gironde. Le témoin lui a dit avoir vu un nuage obscur se former et la pluie tomber sous un vent violent et soudain. Des boules laineuses de la grosseur d'un poing se sont alors abattues. L'éditeur Tissandier qualifie la matière de fibreuse et blanche, malgré l'apparente combustion. Il avoue ne pas pouvoir l'identifier. (Et moi qui croyais que tout pouvait être «identifié» à quelque chose.) Le nuage en question a dû être un amas impressionnant, se contente-t-il de conclure (*La Nature*, 1883-342).

En mars 1832, une substance jaunâtre combustible est tombée sur quelque 65 mètres carrés de champs à Kourianov, en Russie. Cinq centimètres d'épaisseur de matière résineuse et jaunâtre. L'explication classique du pollen de pin aurait été commode, à ceci près que lorsque l'on tentait d'en déchirer un morceau, la chose offrait la résistance du coton. Plongée dans l'eau, elle prenait la consistance d'une résine. « Cette gomme avait la couleur de l'ambre, était aussi élastique que le caoutchouc naturel et fleurait l'huile mélangée à de la cire. » (*Annual Register*, 1832-447.)

Cargos aériens transportant des denrées alimentaires...

La Société royale de Londres cite un passage d'une lettre écrite par M. Robert Vans, de Kilkenny en Irlande, le 15 novembre 1695. Il y avait eu dans les comtés de Limericket et de Tipperary des averses d'un mélange rappelant le beurre ou la graisse, « qui sentait franchement mauvais » (*Transactions Philosophiques*, 19-224).

Suit un extrait d'une lettre de l'évêque de Cloyne, à propos d'un « très étrange phénomène » observé à Munster et à Leinster : Il avait plu pendant un bonne partie du printemps de 1695 une substance jaune ocre que les habitants avaient qualifiée de « beurre mou et graisseux », qui n'empêchait pas les troupeaux de brouter. « La matière était tombée en boulettes grosses comme des bouts de doigt et empestait. » Son Excellence l'avait appelée la « rosée puante ».

Vans raconte que les paysans prêtaient à ce « beurre » des vertus médicinales et qu'ils « en remplissaient des marmites et des récipients ».

Aucune hypothèse sur le sujet dans les numéros suivants de *Transactions Philosophiques*. Ostracisme. Le sort réservé à ce fait illustre bien la condamnation scientifique, non pas par déni ni par tervigersation, mais par asphyxie. Cette chute étrange est relevée par Chladni et figure dans d'autres catalogues, mais en l'absence d'une quelconque enquête ou d'une opinion experte, le fait est balayé du système. Enterré vivant, censuré comme les strates géologiques et l'appendice vermiculaire dans un système de croyances antérieur, parce qu'irréconciliable avec les dogmes.

S'il s'est produit de manière intermittente et «pour une bonne partie du printemps» des averses circonscrites à deux provinces irlandaises, on est en droit d'imaginer un continent du ciel – relativement inerte – où flottent des objets que les forces météorologiques et la gravitation terrestre finissent par précipiter sur terre. Je pars du principe que Vans et l'évêque de Cloyne pouvaient décrire le phénomène avec autant de bonne foi que l'ont fait des témoins deux siècles plus tard. Néanmoins, l'événement est ancien et il nous faudra explorer plus récent avant d'accueillir l'idée.

Au chapitre des chutes du genre, une autre averse est rapportée le 11 avril 1832 – un mois environ après l'incident de Kourianov. Il s'agissait d'une substance jaune paille, rance, molle et translucide. Le chimiste Hermann l'avait baptisée «huile du ciel», après analyse approfondie de la substance (*American Journal of Science*, 1-28-361). La même année, une chute de matière «onctueuse» dans le voisinage de Rotterdam (*Edinburgh Philosophical Journal*, 13-368). Aussi, une allusion à une substance huileuse et rougeâtre tombée à Gênes celle-là, en février 1841 (*Comptes rendus*, 13-215). Sait-on même ce que c'était?

Ceci étant dit, c'est aux pionniers de la cosmogéographie que je refile les difficultés d'un voyage hors du commun. Normal que le découvreur de l'Amérique laisse la reconnaissance du Labrador à un successeur. À supposer qu'il y ait trafic interplanétaire entre Jupiter, Mars et Vénus, il est logique d'envisager des naufrages occasionnels et des pertes de carburants et de denrées. Une chute de charbon nous convaincrait peut-être, mais pour l'heure, acceptons que des civilisations avancées ont conçu des moteurs à huile. Aux esprits titillés de préciser la nature de ces stocks. J'ajouterai simplement que de la grêle mêlée à une substance analogue à l'huile de térébenthine est tombée à la mi-avril dans l'état du Mississippi (*Scientific American*, 24-323).

Aux alentours du 1er juin 1842, près de Nîmes en France, une autre substance s'est mêlée aux grêlons et goûtait l'eau d'oranger : acide nitrique (*Journal de pharmacie et de chimie*, 1845-273).

De la grêle et des cendres en [Islande], en 1755 (*Scientific American*, 5-168).

De la grêle contenant du carbonate de sodium, aux dires du Pr Leeds du Stevens Institute, le 9 juin 1874, à Elizabeth au New Jersey (*Ibid.*, 30-262).

Si je m'éloigne un peu du sujet, c'est pour mieux souligner la coïncidence de nombreuses chutes étranges avec la grêle. Possible que ces substances proviennent de régions terrestres, mais qu'en est-il de la grêle? Je garde l'esprit ouvert en attendant les cas, mais il me semble raisonnable de penser que la chute de matières insolites coïncide avec ce type de précipitation.

Quant aux chutes de matière végétale en quantités dignes de cargos, j'ai trouvé une observation : Le 1er mai 1863, une pluie s'est abattue sur Perpignan, « entraînant une substance rouge qui s'est révélée être une espèce de moulée mélangée à du sable ». La région méditerra-néenne a été touchée en plusieurs endroits (*Intellectual Observer*, 3-468).

À Wiltshire en 1686, des grêlons auraient contenu des grains de blé. Après examen, l'auteur précise qu'il s'agit plutôt de baies de kalmie sans doute délogées de cachettes aménagées par les oiseaux (*Transactions Philosophiques*, 16-281). Si les oiseaux ont l'habitude de cacher des baies et que le vent souffle encore régulièrement, comment expliquer que le phénomène ne se soit pas reproduit?

Et puis une substance rouge à Sienne en Italie, en mai 1830, dont Arago a dit qu'elle contenait de la matière végétale (*Œuvres complètes de François Arago*, 12-468). Les averses de Sienne mériteraient franchement un détour particulier.

Un correspondant écrit que le 16 février 1901, par un jour sans vent où son moulin paressait, une espèce de poussière brune ressemblant à de la céréale s'était abattue sur la région de Pawpaw au Michigan. Aucune tornade n'avait été signalée (*Monthly Weather Review*, 29-465).

Odeur rance et putride, décomposition... des mots devenus familiers. Au sens du positif, rien n'est révélateur en soi, ou toute signification est contiguë à une autre. Autrement dit, les preuves de culpabilité peuvent servir à plaider l'innocence. Si c'est le cas, bien des âmes risquent d'errer indéfiniment dans l'espace interstellaire. Catastrophes survenues du temps de Jules César, leurs débris nous atteignant des siècles plus tard.

Je laisse à d'autres le soin d'étudier l'activité bactérienne dans l'espace et les phénomènes de décomposition. Et d'ailleurs, que savons-nous de la résistance des bactéries dans l'espace?

Le Dr A.T. Machattie rapporte que le 24 février 1868, à London en Ontario, il est tombé au cours d'une tempête de neige une espèce de matière sombre; plus de 450 tonnes, d'après une évaluation, sur une ceinture de 16 kilomètres par 80. Le bon docteur a examiné la substance au microscope pour conclure qu'il s'agissait surtout de matière végétale «en état de décomposition avancée». Le Dr James Adam, de Glasgow, confirme à son tour que l'on a bien affaire à des céréales en putréfaction. Machattie fait alors remarquer que le sol canadien est gelé depuis des mois, ce qui lui fait tourner les yeux vers le Sud. «Mais nous sommes en pleine spéculation», précise-t-il (*Chemical News*, 35-183).

Le 24 mars 1840, pendant un orage, une pluie de semences tombe sur [Rajket] en Inde. Le colonel Sykes, de l'Association britannique pour l'avancement des sciences, en fait rapport (*American Journal of Science*, 1841-40).

Apparemment, les paysans étaient très excités de découvrir une semence inconnue. C'est habituellement le moment où intervient un scientifique à l'érudition écrasante. Pour une fois, cependant, le verdict fut timide:

«Nous avons montré la semence à des botanistes qui n'ont pas pu se prononcer clairement; il s'agit peut-être d'une espèce de genêt ou de pois sauvage.»

Chapitre 6

Des chutes profuses de charbon,
de mâchefer, de scories et de cendres.

Plomb, argent, diamant, verre… Des créatures du ciel proscrites par la science, à moins de se présenter dans les météorites métalliques et pierreux. Mais gare aux substances isolées.

Dans la cour des excommuniés, l'amadou fait bande à part. L'Association britannique pour l'avancement des sciences mentionne une substance de couleur chocolat au lait tombée avec des météorites (*Comptes rendus de la BAAS*, 1876-376). Zéro détail, nulle autre allusion. La publication anglaise n'emploie pas le vocable habituel « punk », mais plutôt le terme français « amadou ». Peut-être les Français sont-ils moins prudes.

Poussée de mondanité dans la Cité scientifique. Si monsieur Jones n'a pas droit d'entrée, qu'il essaie sous le nom de Jutras.

La chute de soufre a donné de l'urticaire aux orthodoxes à cause des superstitions qu'il a déjà nourries. Les histoires de démon s'accompagnent toujours d'exhalaisons sulfureuses. Des écrivains ont même témoigné de leur expérience. Puis, il y a des scientifiques réactifs qui rompent pour avancer, et d'autres, plus puritains, qui pratiquent l'exclusion, celle du soufre notamment, mais sans faire de vagues. J'ai collectionné de nombreuses notes sur la chute de météorites à l'odeur sulfureuse et sur des objets phosphorescents venus du Dehors. Un jour, je râtisserai les histoires de démons qui se sont manifestés ici-bas dans un souffle sulfureux, avec l'idée de démontrer que nous avons reçu des visiteurs indésirables d'autres mondes; que la présence de soufre témoigne d'une irruption de l'extérieur. Alors je rationaliserai la démonologie, mais pour l'instant, je ne suis pas suffisamment avancé pour reculer d'autant.

Un jour, une poignée de villageois éteignirent une boule de soufre en combustion de la grosseur d'un poing. Elle était tombée sur une route de [Proschwitz] en Pologne, le 30 janvier 1868 (*Comptes rendus de la BAAS*, 1874-272).

Les exclusionnistes assoient leur pouvoir sur deux systèmes, l'actuel et l'ancien. Les chutes de grès et de calcaire, par exemple, répugnent aux théologiens comme aux scientifiques. Ces deux roches sédimentaires donnent à imaginer d'autres mondes caractérisés par des processus géologiques; le calcaire, matière fossilifère, est royalement banni.

Supposée chute d'un bloc de calcaire près de Middleburg, en Floride. L'objet fut présenté à la Subtropical Exposition de Jacksonville, mais le collaborateur de la revue a réfuté qu'elle puisse venir du ciel. Il n'y a pas de calcaire dans le ciel, avait-il précisé, impossible par conséquent que ce calcaire soit tombé des nuages (*Science*, 9 mars 1888).

Meilleur raisonnement ne peut se concevoir. Une prémisse définitive, qui serait universelle et vraie, engloberait toute chose, ne laissant rien en marge à discuter. Habituellement, un raisonnement repose sur «une base» non universelle, autrement dit sur une illusion appartenant à l'intermédiarité, entre le Rien et le Tout, entre le négatif et le positif.

La ville française de Pel-et-Der, dans l'Aube, reçoit le 6 juin [1891] une pluie de pierres calcaires. Assimilation au calcaire de Château-Landon – soulevé là et transporté ici. Sauf qu'ils sont tombés avec la grêle qui est difficile à identifier à la glace estivale de Château-Landon. Coïncidence, disons (*La Nature*, 1890-2-127).

En 1887, l'éditeur de *Science-Gossip* dit avoir reçu un échantillon de roche supposément tombée à Little Lever, en Angleterre. Il s'agit de grès; la roche n'a pu tomber du ciel, devait être là au départ. Quelques pages plus loin dans le même numéro, on décrit un galet «assez gros, poli par l'eau, graveleux» retrouvé dans le tronc d'un hêtre mature. Il a dû s'abattre à grande vitesse et avoir été chauffé au rouge pour y pénétrer aussi profondément. Sauf que je n'ai jamais entendu parler d'un tourbillon de vent capable de produire pareille élévation de température.

Le bois autour du galet paraissait calciné.

Dans ses ouvrages, le Dr Farrington n'aborde pas la question du grès. Malgré ses réticences, l'Association britannique pour l'avancement des sciences se montre moins sectaire. Son rapport de 1860 précise: Un objet de la grosseur d'un œuf de cane est tombé à Raphoe en Irlande, autour du 9 juin 1860. Timidement, on mentionne que le galet rappelle le grès friable.

Des chutes de sel sont souvent survenues, un sujet que les auteurs scientifiques ont soigneusement évité. Seul un liquide peut s'élever par évaporation, non pas les solides dissous qu'il contient. Dalton et d'autres ont néanmoins mentionné des averses d'eau salée, invoquant des tourbillons de vent en mer. C'est relativement peu contesté, dans la mesure où l'on se trouve proche de la mer.

Mais une averse de sel dans les montagnes suisses?

Le fait a été consigné. Pour qui habite en bordure du littoral anglais, une explication locale est commode. Toutefois, le 20 août 1870, de gros cristaux de sel sont tombés dans des sommets de la Suisse, en même temps que de la grêle. L'explication orthodoxe fut si assassine qu'on aurait dû relever les empreintes digitales du coupable. Apparemment, ces cristaux de sel « auraient survolé la mer Méditerranée depuis l'Afrique » (*Annual Record of Science and Industry*, 1872).

Hypnose provoquée par les manœuvres classiques, inepties prononcées avec conviction. Devant une affirmation aussi lourdaude, on sursaute puis on oublie. Chacun de nous possède quelques souvenirs vagues de ses cours de géographie : la mer Méditerranée mesure environ sept centimètres sur la mappemonde, la Suisse se trouve à une pointe de crayon. *American Journal of Science* (3-3-239) note : « Sel commun en cristaux cubiques imparfaits. » Quant à la concomitance avec la grêle, invoquons la coïncidence dix fois, vingt fois...

Autre fait durant l'année extraordinaire de 1883 :

Dans le *Times* de Londres du 25 décembre 1883 figure une traduction d'un article de journal turc. Elle relate la chute à Scutari, le 2 décembre, d'une substance en flocons semblables à des cristaux de neige. « Ils goûtaient le sel et se dissolvaient instantanément dans l'eau. »

Et il y a le divers :

« Matière poreuse noire », tombée le 16 novembre 1857 à Charleston, en Caroline du Sud (*American Journal of Science*, 2-31-459).

Chute à Lobau de boulettes soufflées, friables, grosses comme un pois ou une noisette, le 18 janvier 1835 (*Comptes rendus de la BAAS*, 1860-85).

Sur Peshawar au [Pakistan], des objets rappelant le salpêtre cristallisé sont tombés lors d'un orage en juin 1893. Goût de sucre (*Nature*, 13 juillet 1893).

Ici et là, les poissons des grands fonds reçoivent sans doute des scories sur le museau. S'ils nagent le long des routes transatlantiques, les risques augmentent. Et je ne doute pas de l'existence des poissons de grands fonds.

Ça me rappelle l'histoire des scories de Slains. Résidus de haut fourneau, avait-on précisé. Le révérend James Rust s'était senti frappé d'interdit, personne ne relevant l'événement.

En réaction à un rapport émis le 9 avril 1879 à Chicago concernant cette averse de mâchefer, le Pr E.S. Bastian avait soutenu que «ces scories étaient forcément sur place au départ». Du mâchefer. «Un examen chimique a démontré que la matière n'avait aucune des caractéristiques propres aux météorites.» (*American Journal of Science*, 3-18-78.)

Déception universelle, encore et toujours; ou l'échec d'une tentative d'absolu. Quiconque comprendra la nature intime d'une créature ou trouvera la vérité en ce monde touchera au but de l'entreprise cosmique. Sera aussitôt absorbé, comme le prophète Élie, par l'absolu positif. J'imagine Élie dans un instant de surconcentration de l'esprit, si proche de l'état vrai de prophète qu'il est transporté aux cieux, qu'il fulgure dans un trait de lumière. Je vous présenterai bientôt «l'expérience qui détermine l'authenticité d'un météorite», ancien outil de diagnostic inconditionnellement valable, admirable définition du flou. Bastian offre une explication technique, conditionné qu'il est à écarter l'importun; à proximité des amoncellements de mâchefer, les lignes télégraphiques ont été frappées par la foudre. Des fragments de fils fondus ont été vus en train de s'effondrer près du mâchefer qui, lui, était déjà sur place. Selon le *New York Times* du 14 avril 1879, on a trouvé environ 70 litres de cette matière.

Une autre substance tombe à Darmstadt, le 7 juin 1846. Greg écrit «seulement du mâchefer» (*Comptes rendus de la BAAS*, 1867-416).

En 1855, on trouve une pierre de bonne grosseur profondément incrustée dans le tronc d'un arbre, dans le parc de Battersea (*Philosophical Magazine*, 4-10-381).

Parfois, des boulets de canons sont découverts dans le cœur des arbres. Est-il nécessaire d'en discuter puisqu'il n'y aurait qu'un excentrique pour forer un trou dans un arbre et y cacher un boulet? Aussi bien le planquer sous son oreiller. Alors, cette pierre de Battersea? Que peut-on en dire hormis qu'elle a dû percuter l'arbre à grande vitesse pour s'enfoncer ainsi? Néanmoins, elle a fait jaser.

J'ajoute qu'au pied de l'arbre, des fragments que l'on croit appartenir au caillou ont été trouvés... des fragments de mâchefer.

J'ai répertorié neuf autres cas de ce genre.

Mâchefer, scories et cendres. Pour vous et moi, aucune raison de croire qu'ils proviennent des fonderies d'un superchantier spatial. Alors voyons ce qu'il paraît raisonnable de penser.

La question des cendres est plus délicate. Nombreuses sont les chutes de cendres d'origine terrestre; celles des volcans et des feux de forêts, notamment.

J'ai émis des opinions un peu radicales, car j'entends démontrer que dans notre quasi-existence, le bizarre règne – ou qu'il est à tout le moins une gradation entre l'absurde et le vraisemblable; que la nouveauté se présente comme une absurdité; qu'à force d'usage, elle s'intègre; qu'un écart de conduite la renvoie à l'absurde. Finalement, le progrès se mesure au cheminement, rechutes y compris, entre l'inadmissible et le sanctionné. Je ne fais pas toujours preuve de clairvoyance, mais l'idée d'une force de cohésion se précise dans mon esprit, comme dans le vôtre, j'imagine. Nous sentons que les armes utilisées par la science pour préserver sa Cité sont aussi choquantes que les intrusions des damnés. Concernant les cendres retrouvées aux Açores, le Pr Daubrée avance qu'elles proviennent du grand incendie de Chicago (*Annual Record of Science and Industry* (1875-241).

Damnés ou rescapés, il existe peu de zones grises entre les deux. Les anges sont des créatures sans queue fourchue et civilisées, incapables de frapper un confrère sous la ceinture.

Pourtant, un ange décide de réagir à l'affront. L'éditeur de la revue qui a publié Daubrée riposte dans le numéro de 1876: il considère que c'est «une totale ineptie de prétendre que les cendres de Chicago ont abouti aux Açores».

Une substance blanche, semblable à de la cendre, est tombée sur [Annonay] en France, le 27 mars 1908. Curieux phénomène, admet-on, mais personne n'en cherche la cause terrestre (*Bulletin de la Société Astronomique de France*, 22-245).

La matière en flocons est fréquente et peut résulter de son passage dans une zone de haute pression atmosphérique. La matière en boulettes, comme si elle avait été roulée sur une surface plane, est encore plus courante.

La revue *Nature* du 10 janvier 1884 cite un journal de Kimberley: À la fin de novembre 1883, une pluie dense de matière cendreuse est tombée à Queenstown, en Afrique du Sud. C'était des billes molles qui s'effritaient au contact une fois séchées. L'averse n'avait touché qu'une bande de terre. Si quelqu'un avait blâmé le Krakatoa, personne ne serait tombé par terre.

Autre élément d'information: au moment de cette chute, il y avait eu des détonations.

Oublions toutes mes notes concernant les cendres.

Je dirai seulement que si elles parvenaient jusqu'aux poissons des grands fonds, cela ne signifierait pas qu'elles proviennent des navires à vapeur.

Les faits entourant les averses de cendres ont été soigneusement bannis par le météorologue Symons, dont certaines études seront tantôt étudiées par mes bons soins.

Registre d'une averse à Victoria en Australie, le 14 avril 1875. Du bout des dents, on nous dit qu'un individu «pense» avoir vu tomber quelque chose en soirée, et qu'il découvre le lendemain une matière similaire à des scories (*Comptes rendus de la BAAS*, 1875-2442).

On rapporte dans une séance de la Société royale de Londres la chute de scories sur le pont d'un bateau-phare en [novembre 1872] (*Comptes rendus de la Société royale*, 19-122).

Scories supposément recueillies après une averse sur une ferme d'Ottawa en Illinois, en [juin] 1857 (*American Journal of Science*, 2-24-449).

Cendres, scories et mâchefer... créatures ambiguës. Mais le prince des damnés qui portera l'étendard de nos idées sera le charbon. Le charbon tombé du ciel.

Ou du coke, résidu de transformation de la houille : la personne qui pense avoir vu tomber des scories a aussi cru reconnaître du coke. Pendant un orage, quelque chose «semblable en tous points à du coke» tombe dans l'Orne en France, le 24 avril 1887 (*Nature*, 36-119).

Ou du charbon de bois.

Le Dr Angus Smith rapporte un témoignage – et permettez-moi de souligner en passant que le ouï-dire abondait dans les œuvres *Principles of Geology*, de Lyell, et *L'Origine des espèces*, de Darwin – donc un témoignage à l'effet qu'un objet serait tombé du ciel près d'Allport en Angleterre (*Memoirs of the Manchester Literary and Philosophical Society*, 2-9-146). La chose lumineuse et sifflante s'était dispersée dans un champ. Smith a examiné un échantillon qu'il a décrit comme « ayant l'apparence d'un simple morceau de charbon de bois ». Rassuré, le croyant sera tout de même secoué par ces incongruités : la matière est anormalement lourde au point qu'on la soupçonne de contenir du fer ; elle renferme aussi du soufre. Le Pr Baden-Powell dit que l'objet est « très différent des météorites connus ». Et Greg de noter dans son catalogue qu'il s'agit d'une « matière douteuse », ce qui ne veut pas dire qu'il doute de son authenticité. Il ajoute qu'elle ressemble à du charbon de bois compact, poudré de soufre et parsemé de cristaux de pyrite de fer (*Comptes rendus de la BAAS*, 1860-73).

Apaisement chez les conformistes : Baden-Powell explique que « l'objet contient aussi du charbon de bois, qui s'est peut-être soudé à l'impact ». Par réflexe, on prétend que la matière qui n'est pas « purement météoritique » n'est pas tombée du ciel ; elle a simplement été happée par l'objet « purement météoritique » et s'y est agglutinée sous la force de l'impact.

Après le calme la tempête.

Selon le Dr Smith, la matière n'est pas seulement enrobée de charbon de bois ; l'analyse révèle que sa teneur en carbone est de 43,59 pour cent.

Pour ma part, j'admettrai que du charbon est tombé du ciel sur la foi de données concernant les substances résineuses et bitumineuses presque indissociables les unes des autres.

Puis, des substances justement résineuses que l'on dit être tombées sur Kaba, en Hongrie, le 15 avril [1857]

(*Comptes rendus de la BAAS,* 1860-94).

Une substance résineuse à Neuhaus en Bohême, le 17 décembre 1824 (*Ibid.,* 1860-70). Possiblement tombée avec un bolide.

Chute d'une substance brunâtre à Luchon, durant une tempête, le 28 juillet 1885; très friable, carbonée. Soumise au feu, elle a dégagé une odeur résineuse (*Comptes rendus,* 103-837).

Des chutes de substance dite résineuse les 17, 18 et 19 février 1841, à Gênes en Italie. Arago parle de matière bitumineuse mêlée à du sable (*Œuvres complètes de François Arago,* 12-469).

Une autre chute, cette fois de « matière bitumineuse en feu » pendant un orage près de Cape Cod, en juillet 1681. Elle tombe sur le pont du vaisseau anglais Albemarle (*Edinburgh Philosophical Journal,* 26-86). Autre matière bitumineuse à Christiania en Norvège, le 13 juin 1822, que Greg a aussi qualifiée de douteuse. Encore une en Allemagne, le 8 mars 1798, également consignée par Greg. Lockyer dit que le volume de substance tombée au cap de Bonne Espérance, le 13 octobre 1838, représentait environ 140 litres. Elle était tendre à couper au couteau et « quelques expériences de combustion ont laissé un résidu à forte odeur de bitume » (*The Meteoritic Hypothesis,* p. 24).

Cette mention de Lockyer – qui figure d'ailleurs dans tous les livres que j'ai consultés – comble mes desiderata, mon vœu de montrer que du charbon est tombé du ciel. Hormis pour quelques lignes, Farrington passe sous silence la chute de matière carbonée, tandis que Proctor admet gentiment que les météorites peuvent contenir de petites quantités de carbone. Je pense que l'on ne peut damner des faits sans risquer de perdre son âme. Sa quasi-âme, bien sûr.

La matière tombée au cap de Bonne Espérance «ressemblait en tous points à un bloc d'anthracite» (*Scientific American*, 35-120).

À mon avis, la chose devait ressembler davantage à du charbon bitumineux, mais je dois me plier; c'est dans les revues spécialisées que je puise mes données. Avouer que du charbon est tombé du ciel serait aussi inconvenant pour un spécialiste des météorites que ce le serait pour un animal de basse-cour de grimper aux arbres. Mais on peut se demander ce que pensent les bêtes sauvages des animaux domestiqués. Sentiment du premier homéopathe exilé de sa patrie... Enfin, il ne me reste qu'à pelleter encore un peu de charbon.

Si les données se multiplient à l'effet que des substances charbonneuses sont tombées ici-bas, et si rien ne démontre qu'elles étaient là au départ, alors contestons avec vigueur l'explication classique du tourbillon de vent qui déménage des créatures, car il est insensé de croire que le vent puisse ainsi isoler une matière avant de l'emporter, matière inusitée de surcroît. Dans la communauté des auteurs scientifiques, je n'en connais qu'un seul à avoir été un peu plus généreux sur le sujet: Sir Robert Ball. Il appartient à une orthodoxie ancienne, grouillante de conservateurs qui contestaient jusqu'à l'existence des météorites. Il cite plusieurs cas de chute de substance carbonée, mais laisse planer l'idée que le vent pourrait être en cause. Si sa liste avait été exhaustive, on aurait pu lui demander d'expliquer l'étrange affinité du vent pour un certain type de charbon. Mais ce n'est pas le cas, de sorte que je vais m'atteler à trouver le trouvable, et à combattre la maladie de l'ostracisme par les grands moyens, la thérapeutique des faibles doses ne pouvant suffire ici.

Le Pr Lawrence Smith peut être rangé parmi les

adeptes de l'exclusionnisme. Par réflexe, il expliquait que la matière interdite s'était agglutinée à la matière admise tombée sur Terre, sous la force de l'impact. La plupart de mes données précèdent son époque, ou lui sont contemporaines, ou lui sont accessibles. Il a beau tenter d'être positif, il écarte grossièrement le fait que ces objets ne sont pas seulement enduits de carbone, mais en sont infiltrés, ce que précisent pourtant Berthelot, Berzelius, Cloez, Wohler et d'autres. Qu'une personne puisse être aussi résolument biaisée m'aurait proprement déconcerté, n'eût été du fait que j'admets que la mécanique de la pensée consiste à inclure et à exclure, et tant pis pour l'enfant légitime. Se faire une opinion d'une chose, c'est agir en Lawrence Smith. Car il ne peut y avoir d'opinion définie sans sujet circonscrit.

Le Dr Walter Flight dit ceci d'une matière tombée près d'Alais en France, le 15 mars 1806 : «Une présence bitumineuse se manifeste» sous l'action de la chaleur, d'après les observations de Berzelius et du comité formé par l'Académie des sciences. Pour une fois, on ne sent pas le dédain des mots «similaire à» et «semblable à». On déclare qu'il s'agit de «charbon naturel». En solution dans l'alcool, la matière tombée au cap de Bonne Espérance a d'ailleurs produit une résine jaunâtre (*Eclectic Magazine*, 89-71).

Fligth relate d'autres cas :

Matière carbonée tombée au Tennessee, en 1840 ; à Cranbourne en Australie, en 1861 ; à Montauban en France, le 14 mai 1864 (vingt morceaux, certains de la grosseur d'une tête d'homme, d'une substance «ressemblant à du lignite terreux, en plus terne») ; à Goalpara en Inde, vers 1867 ; à Ornans en France, le 11 juillet 1868 ; à Hessle en Suède, le 1er janvier 1860, une substance contenant «du combustible organique».

Selon Daubrée, un météorite charbonneux est tombé en Argentine et «ressemblait à certains types de lignite ou à du charbon d'algues» (*Knowledge*, 4-134). Un autre auteur précise que ce morceau tombé le 30 juin 1880 dans la province d'Entre Rios ressemble à du charbon brun, et à tous les autres morceaux carbonés tombés du ciel (*Comptes rendus*, 96-1764).

Matière tombée à Grazac en France, le 10 août 1885; sous l'action du feu, elle dégage une odeur de bitume (*Ibid.*, 104-1771).

Matière carbonée tombée à [Rajputana] en Inde, le 22 janvier 1911; friable, soluble à 50 pour cent dans l'eau (*Records of the Geological Survey of India*, 44-pt. 1-41).

Matière carbonée combustible tombée à Naples, en même temps que du sable, le 14 mars 1818 (*American Journal of Science*, 1-1-309).

Le 9 juin 1889, une substance très friable de couleur vert sombre tombe à Mighei en Russie. Elle contient 5 pour cent de matière organique qui, une fois pulvérisée et macérée dans l'alcool, donne après évaporation une résine jaune et brillante. Le résidu contient 2 pour cent d'un minerai inconnu (*Scientific American*, suppl. 29-11798).

Scories, cendres, mâchefer, coke, houille et charbon... et toutes ces choses qui heurtent parfois les poissons.

Dédain, déguisement et déni sous le couvert des expressions «similaire à» et «semblable à». L'intermédiarité est un état tout en gradations et pourtant, l'esprit qui anime ses créatures tente de réaliser la transition brutale, l'affranchissement des origines et du milieu, pour enfin devenir une créature vraie, distincte et définitive. Toute tentative d'être différent, d'inventer un état qui ne se résume pas à une simple extension ou modification de l'antécédent est un acte vers l'évidence et la dissociation. Si quelqu'un inventait un gobe-mouche absolument distinct des précédents pièges à insectes, il serait aspiré vers les cieux dans un fulgurant trait de lumière qui a fait dire jadis qu'Untel est parti dans un char de feu ou, en des temps plus modernes, qu'il a été frappé par la foudre.

Justement, je recueille des notes sur les personnes foudroyées. Il a dû arriver à certains de frôler l'absolu positif – passage instantané qui laisse derrière les résidus du négatif – créant l'impression d'une décharge électrique. Un jour, j'écrirai l'histoire de la *Marie Céleste* – «correctement» comme se plaît à dire *Scientific American* – disparition mystérieuse d'un capitaine de bateau, de sa famille et de son équipage.

Parmi les positivistes à risque de passage subit, je crois que Manet fut remarquable, mais que son élan fut entravé par son besoin de relations avec le public. Insulter et défier est aussi négatif que ramper et marchander. On se souviendra que Manet fit ses débuts dans la foulée de Courbet et d'autres peintres, et qu'il y eut entre lui et Courbet une influence mutuelle. L'esprit de la dissociation brusque est précisément l'essence du positivisme, et Manet scandalisa en abolissant les fondus de couleurs et les transitions de lumière. Un biologiste comme De Vries représentait le positivisme, la rupture avec la continuité, en concevant l'évolution par mutations, défiant le dogme de la lente gradation par «variations infimes». Un Copernic parlait d'héliocentrisme, ce que la continuité lui défendait. Comment osait-il renier le passé? On lui permit de publier son travail strictement à titre d'«hypothèse intéressante» [N.d.t.: Et commode pour certains calculs].

Ce que nous appelons évolution et progrès est une suite de tentatives visant à briser la continuité.

Notre système solaire fut témoin, un jour, d'une tentative des planètes de se libérer du noyau parental pour devenir entités autonomes. Faute d'y parvenir, elles ont épousé des orbites quasi régulières, manifestations de leur relation avec l'étoile, capitulation individuelle au profit d'une intégration dans un système supérieur.

Les roches et minéraux témoignent aussi de l'intermédiarité; c'est le fer se démarquant du soufre et de l'oxygène aussi nettement que possible, quasi homogène. Faute d'y parvenir, le fer élémentaire n'existe que dans les livres de chimie.

La biologie témoigne aussi de l'intermédiarité; ce sont les créatures sauvages, extraordinaires, singulières ou monstrueuses qui ont été conçues, parfois dans un effort spectaculaire d'émancipation. Faute d'y parvenir, la girafe offre une caricature de l'antilope.

Les créatures brisent une relation, semble-t-il, pour en établir une autre. Le cordon ombilical coupé, on s'accroche au sein.

De sorte que l'acharnement des exclusionnistes à maintenir le système classique – et à empêcher un passage subit loin du quasi admis – fait son œuvre. Durant le siècle qui a suivi l'admission des météorites, aucune inclusion de taille n'est survenue, hormis celle de la poussière cosmique que Nordenskiold, plus quasi réelle que les critiques opposantes.

Proctor, par exemple, a rejeté avec dédain l'hypothèse de Sir William Thomson à l'effet que les météorites pouvaient amener des micro-organismes sur Terre... «J'estime que la farce est bien bonne.» (*Knowledge*, 1-302.)

La vie n'est peut-être qu'une farce, un état intermédiaire entre le comique et la tragédie. Et si la mienne n'était pas une existence, mais une prise de parole?

Et si nous avions été inventés par le dieu Momos pour distraire l'Olympe? Il narre notre périple, construit une satire de la vie des divinités, réelle, celle-là, crée des religions, des arts, des sciences. Et des personnages si réalistes qu'ils prennent vie et se détachent de l'écrivain.

Si notre existence n'était pas une fiction, comment serait-il possible qu'avec toutes ces données accessibles sur les chutes de charbon (décrété roche sédimentaire fossile par la science), oui comment serait-il possible dans notre réalité (état quasi cohérent, habité de quasi-intelligence ou à tout le moins une forme de pensée qui ne frise pas l'absolue imbécilité), qu'il y ait eu pareille levée de boucliers quand le Dr Hahn annonça qu'il avait découvert des fossiles sur des météorites?

Données publiques accessibles à l'époque:

La substance tombée à Kaba en Hongrie, le 15 avril 1857, contenait de la matière «semblable à de la cire fossile ou ozocérite» (*Philosophical Magazine*, 4-17-425).

Et que dire du calcaire? De ce fameux bloc de calcaire supposément tombé à Middleburg en Floride, on préfère affirmer que même si le témoin a vu un objet tomber sur «une ancienne terre cultivée», il a couru pour ramasser «une chose depuis longtemps sur place» (*Science*, 11-118).

L'auteur de cette boutade, doué d'une imagination exclusionniste proche du mur de la stupidité (la stupidité absolue n'existe pas), pense que l'on peut accepter l'idée qu'une grosse roche ait pu trôner des années sur une terre cultivée sans gêner le labourage. Il avoue candidement que la roche pèse 90 kilos. Mes vieux yeux me disent qu'il est possible d'oublier une roche de 200 kilos dans un décor de salon au bout de vingt ans, mais pas sur une terre labourée ni sur un chemin passant.

Le Dr Hahn a dit avoir trouvé des fossiles sur des météorites. Une description des coraux, éponges, coquillages et crinoïdes, tous microscopiques, figure dans *Popular Science* (20-83), accompagnée de micro-photographies.

Hahn était un scientifique bien connu. Davantage encore après cet épisode.

Chacun peut spéculer sur l'existence d'autres mondes et des conditions qui y prévalent, peut-être similaires aux nôtres. Qui aurait la sagesse de présenter ses découvertes sous la forme d'une fiction ou d'une « hypothèse intéressante » éviterait les colères des puritains.

Mais Hahn a continué de clamer qu'il avait trouvé des fossiles sur des météorites, photos à l'appui. Son livre se trouve à la bibliothèque municipale de New York. Les reproductions indiquent clairement les caractéristiques de certains coquillages. Si ces choses ne sont pas des coquillages, les huîtres de votre poissonnier n'en sont pas non plus. Les striures sont apparentes et on peut même distinguer la charnière qui permet l'articulation chez les mollusques bivalves.

Et le Pr Lawrence Smith de rigoler : « Le Dr Hahn est à moitié fou, son imagination s'est égarée avec lui. » (*Knowledge*, 1-258.)

Conservatisme de la continuité.

Le Dr Weinland examine enfin lesdits spécimens. Son opinion est qu'il s'agit bien de fossiles et non de cristaux d'enstatite comme l'a prétendu le Pr Smith. Soit dit en passant, Smith pas vu les météorites.

Campagne de déni, condamnation à l'oubli.

Personne n'a donné suite à l'article du Dr Weinland, et le silence est retombé.

Chapitre 7

Et combien d'averses
de grenouilles et de poissons!

Des créatures vivantes sont tombées du ciel.

Prétendre le contraire n'est qu'une tentative du système pour se préserver. «Les grenouilles étaient là au départ», dit-on, ou «des crapauds ont été soulevés là par un tourbillon et déposés ici».

Si quelque part en Europe se trouvait une grande mare à grenouilles comme il existe une mer de sable, les scientifiques pointeraient du doigt Grenouilleville.

Pour commencer, j'aimerais souligner un point qui m'a frappé, sans doute parce que je suis encore primitif ou intelligent, ou en état de déséquilibre si vous préférez: je n'ai trouvé aucun registre de chute de têtards.

Bref, tout le monde a dit de ces animaux «qu'ils étaient là au départ».

Quelques comptes rendus de jeunes grenouilles et de crapauds supposément tombés du ciel figurent dans *The Leisure Hour* (3-779). L'auteur affirme que les témoins oculaires ont fait erreur; les batraciens sont forcément tombés des arbres ou des toits.

Ailleurs, des témoins ont vu une multitude de jeunes crapauds s'abattre d'un nuage sombre subitement formé dans un ciel clair. Selon une lettre du Pr Pontus à François Arago, cela s'est produit en août 1804, près de Toulouse en France (*Comptes rendus,* 3-54).

De nombreux cas de chutes de grenouilles ont été rapportés, les spectateurs jurant par écrit de leur bonne foi (*Notes and Queries,* 8-6-104).

«Une averse de grenouilles a assombri le ciel et a jonché le sol sur une grande distance, lors d'une forte pluie sur la ville de Kansas au Missouri.» (*Scientific American*, 12 juillet 1873.)

Encore et toujours là au départ, préfère-t-on dire.

De petites grenouilles ont été trouvées à Londres après un violent orage, le 30 juillet 1838 (*Notes and Queries*, 8-7-437).

Une averse a laissé une colonie de petits crapauds sur le sol d'une région désertique (*Ibid.*, 8-8-493).

D'emblée, j'avoue ne pas m'opposer catégoriquement à l'explication classique «soulevé et déposé». La chose a dû se produire, et j'ai d'ailleurs écarté moult notes concernant des cas équivoques. Le *Times* de Londres rapporte une averse de brindilles, de feuilles et de minuscules crapauds dans Les Apennins, en Italie. Il pourrait s'agir des éjectas d'un tourbillon de vent. J'ajouterai quand même avoir noté deux autres chutes de très petits crapauds durant 1883, l'une en France, l'autre à Tahiti. Également des poissons en Écosse. Dans le cas des Apennins, le mélange hétéroclite paraît typique d'un tourbillon. Les autres cas évoquent plutôt un regroupement... migratoire? Nombre et homogénéité. Les annales du condamnable mettent en lumière l'élément de ségrégation des objets. Pourtant, s'il y a bien un agent de brassage et de chaos – quasi-chaos s'entend – c'est un tourbillon de vent...

Dans le numéro de juillet 1881 de *Monthly Weather Review*, on peut lire ceci: «Un étang qui se trouvait dans la course d'un nuage a été complètement asséché; l'eau et la boue ont parsemé des champs dans un rayon d'un kilomètre environ.»

Soutenir que les grenouilles tombées du ciel ont été happées par un tourbillon de vent est bien commode,

mais c'est ne pas tenir compte des effets d'une turbu-
lence. L'imagination exclusionniste néglige les débris
du fond de l'étang, les plantes flottantes et toutes ces
petites créatures qui peuplent le bord de l'eau. Le vent
retiendrait-il uniquement la faune batracienne? De tous
les faits analogues que j'ai collectionnés, un seul compte
rendu situe l'origine du tourbillon. Il me semble que la
succion d'un étang est aussi curieuse qu'une averse de
grenouilles. Tourbillons, peut-on lire partout... mais
quels tourbillons? Où ça? Je crois qu'un propriétaire
dépossédé de son étang le crierait sur les toits. Symons
relate une chute de petites grenouilles près de
Birmingham en Angleterre, le 30 juin 1892, qu'il
attribue à un tourbillon particulier. Pas un mot cependant sur leur provenance. Le plus frappant, c'est que
l'on y décrit des grenouilles presque blanches (*Symons's
Meteorological Magazine*, 32-106).

Je crains ici n'avoir plus le choix et devoir amener la
civilisation terrienne à concevoir la possibilité d'autres
mondes. Eh oui.

Des lieux peuplés de grenouilles blanches.

Les faits entourant
la chute de créatures
insolites sont assez
fréquents et cette
révélation est riche
de possibilités: si
des créatures sont
tombées ici-bas et ont
survécu en dépit de la loi de
la pesanteur et de ce que nous croyons en savoir, elles
auraient alors pu se propager, l'exotique devenant
l'indigène. Nous retrouverons peut-être le familier dans
les endroits les plus inusités. Et si des nuées de

grenouilles sont venues d'ailleurs, la Terre fut peut-être... colonisée par des êtres du Dehors.

J'ai une donnée concernant une tempête précise :

Après le passage de l'un des plus terribles ouragans de l'histoire de l'Irlande, on a retrouvé des poissons « à treize mètres de la rive d'un lac » (*Annals and Magazine of Natural History*, 1-3-185).

Une autre, à saveur exclusionniste : La chute de poissons à Paris est associée à l'assèchement subit d'un étang de la région. Aucune mention de la date, mais l'information surgit ailleurs (*Living Age*, 52-186).

La plus célèbre des chutes de poissons est survenue le 11 février 1859 à Mountain Ash, dans la vallée d'Abedare du comté de Glamorgan. « Je reçois constamment des témoignages de chutes de grenouilles et de poissons », écrit l'éditeur du *Zoologist* (2-677).

Curieusement, seuls deux comptes rendus du genre semblent figurer dans la bibliothèque de cette revue. Quantité de faits ont sûrement été victimes de la discrimination orthodoxe. D'ailleurs, *Monthly Weather Review* est la seule publication américaine à avoir consigné plusieurs chutes de poissons aux États-Unis. Je dois cependant dire que la couverture par *Zoologist* relativement à cette chute étrange de Mountain Ash est somme toute correcte. Le Révérend John Griffith, vicaire d'Abedare, publie une lettre où il confirme l'événement qui a touché surtout la propriété d'un dénommé Nixon. Quelques pages plus loin, le Dr Gray, apôtre de l'exclusionnisme associé au British Museum, écrit que parmi les poissons qu'il a reçus encore vivants, « Il y avait de très jeunes ménés... À la lumière des faits, j'ai plutôt l'impression qu'il s'agit d'une plaisanterie ; l'un des employés de Nixon aura vidé un seau sur la tête d'un comparse et l'autre aura cru que ça venait du ciel ».

Un seau probablement rempli au ruisseau, renchérit-il (*Zoologist*, 1859-6493 et 6540).

Les poissons – toujours vivants – furent hébergés dans les jardins zoologiques du Regent's Park. L'éditeur précise qu'il y avait un méné et des épinoches. Et il ajoute, au passage, que le Dr Gray dit sûrement vrai. Quelques pages plus tard, il publie toutefois la lettre d'un autre correspondant désolé de contester « un homme de la trempe du Dr Gray ». Il explique avoir personnellement recueilli des poissons chez des paysans éloignés, nettement hors de portée d'un seau de farceur (*Ibid.*, 1859-6564).

Et les poissons étaient littéralement tombés à seaux (*Annual Register*, 1859-14).

En supposant que les poissons ne frétillaient pas dans l'herbe au départ, j'objecterai deux raisons contre l'argument du tourbillon : primo, les bêtes ont atterri sur un rectangle de terre d'environ 72 mètres par 11, une distribution discordante avec les effets évidents d'un tourbillon...

Secundo, un autre fait ouvre la porte à une idée insensée a priori, mais soutenue par de nombreuses données : celle d'une source fixe au-dessus de nous.

En effet, une deuxième averse de poissons est survenue dix minutes après, précisément sur ce rectangle.

Les scientifiques auront beau dire qu'un tourbillon peut rester stationnaire sur son axe, il se décharge quand même de manière circulaire. Et quelle que soit la provenance de ces créatures, je conçois mal que certaines se soient abattues, et que d'autres aient continué de tourbillonner même une minute de plus, pour ensuite emprunter l'exact chemin des premières. Devant l'invraisemblable, certains ont ri et prétendu à la plaisanterie ; un seau d'eau avec quelques jeunes ménés dedans, jeté sur la tête d'un pauvre diable.

Le *Times* de Londres publie le 2 mars 1859 une lettre de Aaron Roberts, vicaire de St. Peter à Carmathon. Il raconte que des poissons de dix centimètres de long sont tombés, et que l'on se questionne sur l'espèce. À mon avis, il s'agissait de ménés et d'épinoches. Croyant avoir affaire à une espèce marine, des gens les ont mis dans l'eau salée, d'expliquer le vicaire. «Les bêtes sont mortes dans le temps de le dire. D'autres, conservées dans l'eau douce, sont restées fringantes.» Quant à l'étalement de la chute, «ça ressemble au cas de chez M. Nixon, dit-on, car seul un secteur restreint du voisinage aurait été touché».

Le *Times* de Londres publie le 10 mars 1859 un commentaire du vicaire Griffith relativement à une chute similaire: «Des toits de maisons en ont été jonchés.» Sa lettre raconte que les plus gros poissons mesuraient près de treize centimètres de long; pas une bête n'avait survécu. «La preuve de la chute est concluante, et on a même exhibé l'un des spécimens: un *Gasterosteus leiurus*.» (*Comptes rendus de la BAAS*, 1859-158.)

Le *Gasterosteus* est une épinoche.

Tout n'est pas perdu, selon moi. Lorsque des experts en sont réduits par un subterfuge à invoquer une mauvaise plaisanterie pour balayer un fait aussi inusité – un seau d'eau contenant des milliers de poissons de dix à treize centimètres de long qui s'abattent sur des toits de maison tandis que d'autres restent à flotter dix minutes dans les airs – mon idée prend du galon.

Le fond d'une mare des contrées célestes a probablement cédé.

En dépit des réticences éditoriales à publier les cas de chutes de poissons ici ou là, j'ai une foule de notes à cet effet. Je retiens cependant celles qui concordent avec ma conception d'une cosmogéographie, c'est-à-dire avec les faits relatifs aux objets restés dans les airs plus longtemps que ne le permettraient les effets d'un tourbillon; ou aux objets qui se sont étalés sur un rectangle, ce qui ne coïncide pas avec le rayon d'action d'un tourbillon; ou encore aux objets qui se sont abattus pendant un bon moment sur un rectangle précis.

Ces trois indices alimentent mon hypothèse à l'effet que, au-dessus de nos têtes, se trouve une région qui n'obéit pas à la force gravitationnelle, mais qui subit parfois les flux et les variations intrinsèques des choses... Voyons où mon esprit hérétique finira par bifurquer.

Gentiment vers le bûcher, sans doute.

Les chutes de grenouilles m'impressionnent. Mon argumentation devra néanmoins tenir compte de l'absence apparente de chutes de têtards.

Bref, conservons ces trois indices, mais retenons aussi que des créatures tombent et survivent. Les disciples de Saint-Newton prétendront que l'herbe aura amorti la chute. En revanche, Sir James Emerson Tennant raconte, dans *History of Ceylon,* que des poissons sont sortis indemnes d'une chute sur du gravier. La fréquence des chutes peut surprendre au point de donner l'impression d'une certaine logique :

Meerut, Inde, juillet 1824 (*Living Age,* 52-186); comté de Fife, Écosse, été 1824 (*Wernerian Natural History of Society,* 5-575); Moradabad, Inde, juillet 1826 (*Living Age,* 52-186); comté de Ross, Écosse, 1828 (*Ibid.,* 52-186); Moradabad, Inde, 20 juillet 1829 (*Transactions of the Linnean Society,* 16-764); comté de Pert, Écosse (*Living Age,* 52-186); comté d'Argyle, Écosse, 9 mars 1830 (*Recreative Science,* 3-339); Feridpoor, Inde, 19 février 1830 (*Journal of the Royal Asiatic Society of Bengal,* 2-650).

À l'opposé de ceux qui y verront une suite mathématique, d'autres auront le réflexe de croire que les poissons trouvés en sol indien ne sont pas tombés du ciel, mais qu'ils ont plutôt été charriés par des pluies torrentielles, que les cours d'eau ont gonflé et débordé.

Tout comme il existe une zone neutre dans le champ magnétique d'un aimant, j'imagine pour ma part une zone d'inertie proche de la Terre, indifférente à la force gravitationnelle. Je vois des plans d'eau, des espaces libres (des mares dont le fond cède... mares très particulières puisque le fond n'est pas de terre) de vastes plans d'eau suspendus... des déluges et des poissons parfois en chute libre...

Je vois aussi d'autres espaces où les poissons (leur présence en ces lieux reste un mystère à résoudre) finissent par sécher ou se putréfier. Ils tombent à l'occasion, secoués par les perturbations atmosphériques.

À la suite d'un «terrible déluge, l'un des plus importants dans les annales indiennes», le sol de Rajkot «s'est retrouvé littéralement jonché de poissons». C'était le 25 juillet 1850 (*All the Year Round*, 8-255).

Le mot «retrouvé» sied au discours classique et à la notion de crue des eaux; toutefois, le Dr Buist a précisé que certains poissons ont été «trouvés» sur des meules de foin.

Ferrel relate la chute de poissons encore vivants, dont certains ont été conservés dans des réservoirs, chute survenue en Inde, à une vingtaine de milles au sud de Calcutta (*A Popular Treatise on the Winds*, p. 414). Un témoin du 20 septembre 1839 raconte:

«Le plus étrange, c'est que les poissons ne tombèrent pas en vrac ici et là. Ils s'abattirent plutôt à la queue leu leu, dans une colonne de la dimension d'un avant-bras.» (*Living Age*, 52-186.)

Selon un témoignage devant magistrat, la ville indienne de Feridpoor a reçu une averse de poissons de tailles diverses, certains entiers et frais, d'autres «mutilés et pourris». À ceux qui seraient tentés de dire que le climat indien favorise la putréfaction des poissons morts, je réponds qu'en altitude, l'air est loin d'être torride. Autre élément d'information, certains spécimens étaient beaucoup plus gros que d'autres. Là encore, je dis que si l'on invoque un tourbillon de vent comme agent de ségrégation – les objets les plus légers séparés des plus lourds – il faut se rappeler que certains de ces poissons pesaient le double des autres.

Voici la déposition de témoins (*Journal of the Asiatic Society of Bengal*, 2-650):

«Certains poissons étaient frais tandis que d'autres étaient pourris et étêtés.»

«Parmi les poissons tombés chez moi, cinq étaient encore frais; les autres étaient étêtés et empestaient.»

Cela me rappelle le témoignage de son Excellence, deux chapitres plus tôt.

Buist dit, pour sa part, que certains poissons pesaient trois quarts de kilo, et d'autres un kilo et demi. Il précise aussi qu'une autre chute de poissons est survenue à [Futtehpoor], en Inde, le 16 mai 1833. «Ils étaient tous morts et secs.» (*Living Age*, 52-186.)

L'Inde, c'est loin, 1830 aussi.

Un correspondant du Dove Marine Laboratory, à [Cullercoats] en Angleterre, raconte qu'il y a eu à Hendon, une banlieue de Sunderland, une averse de centaines de petites anguilles. La chose s'est produite le 24 août 1918 (*Nature*, 1918-46).

Étalement restreint familier, sur environ 27 mètres par 54. Il y avait eu une forte pluie accompagnée de tonnerre – indice de perturbation atmosphérique – sans foudre apparente, toutefois. Certes, Hendon est proche de la mer, mais s'il vous vient à l'esprit une colonie de poissons portée par un tourbillon marin, soupesez d'abord cette donnée exceptionnelle : selon les témoins, la chute de poissons sur cette parcelle de terre a duré pas moins de dix minutes. Voilà, selon moi, une bonne indication de source stationnaire.

De plus : « Quand ils ont été ramassés tout juste après l'averse, les poissons étaient non seulement morts, ils étaient raides morts. »

Je ne fais que commencer à accumuler les données à l'appui d'une source fixe au-dessus de nos têtes. Il faudra encore bien des faits avant d'embrasser l'idée et de la sauver, et l'incursion nécessitera la même rigueur de raisonnement qu'il en a fallu pour soutenir nos convictions actuelles.

J'ignore si le cheval et l'écurie peuvent servir la cause ici, mais je crois que si des objets ont effectivement été emportés un jour et laissés à flotter quelque part dans les airs, ces maudites choses sont sans doute là-haut.

Lors d'une tornade [à Mineral Point] au Wisconsin, le 23 mai 1878, « une écurie et un cheval ont été happés. On n'a retrouvé ni bête ni bâtiment, pas le moindre petit morceau » (*Monthly Weather Review*, mai 1878).

Et puis, il y a cette donnée qui trouble l'esprit encore fermé, cette donnée ayant trait à une tortue restée en suspension au-dessus d'un village du Mississippi pendant des mois et des mois.

Le 11 mai 1894, à Vicksburg au Mississippi, tombe un morceau d'albâtre ; à huit milles de là, à Bovina, c'est une tortue fouisseuse qui s'abat (*Ibid.*, mai 1894).

Les deux chutes ont coïncidé avec une averse de grêle. Elles ont fait couler de l'encre, notamment dans *Nature* (30 août 1894), et dans *Quarterly Journal of the*

RMetS (20-273). Aucune explication, cependant. La science marche avec le clergé et damne les monstres à l'éclosion. *Monthly Weather Review* lui fait un baptême discret, tente de soustraire la créature des limbes, mais autrement, de toute la littérature météorologique que j'ai consultée, seule une mention ou deux apparaissent.

L'éditeur de *Monthly Weather Review* déclare que «l'examen de la carte météo montre que ces averses de grêle surviennent au sud d'une région balayée par des vents du nord plutôt froids. Il y a eu toute une série de précipitations du genre; de toute évidence, des rafales et des tourbillons localisés ont soulevé des objets lourds jusqu'aux nuages de grêle.»

De toutes les incongruités rencontrées, je craque pour ce tourbillon qui sélectionne une tortue et un morceau d'albâtre. Car cette fois, les experts n'ont pu tenir le raisonnement gratuit voulant que «ces objets soient là au départ». En effet, ils ont été trouvés enveloppés de glace... au mois de mai et dans un état du Sud, de surcroît. S'il s'agit d'un tourbillon, on peut dire qu'il a été particulièrement chirurgical; deux objets, c'est tout. *Monthly Weather Review* ne tente même pas d'identifier un tourbillon.

Ces deux objets, liés par un étrange destin, étaient distants l'un de l'autre de huit milles.

Pour peu qu'un vrai raisonnement soit possible ici, disons qu'ils ont dû être portés à bonne altitude pour aboutir à une telle divergence horizontale. Ou alors, le vent a déporté le deuxième plus loin que le premier. Pour cela, il aurait fallu qu'intervienne un puissant tourbillon ou une perturbation exceptionnelle. Rien de ce genre n'a été consigné en mai 1894.

Néanmoins, je serai raisonnable en admettant que la tortue fouisseuse a été soulevée par le vent quelque part au voisinage de Vicksburg; c'est d'ailleurs une tortue commune des états du Sud.

Il me reste à vérifier si un ouragan a frappé le Mississippi quelque temps avant mai 1894. Pure formalité, puisqu'il en frappe toujours un.

Des objets peuvent être emportés dans un ouragan, et planer indéfiniment, ou être précipités de nouveau sur terre pendant une tempête. Les chutes étranges lors de tempêtes abondent, vous l'avez vu. Il n'est pas impossible que la tortue et l'albâtre proviennent d'endroits différents, de mondes différents, aient flotté ensemble dans une zone de suspension – longtemps, qui sait – aient finalement entrepris la descente au moment d'une perturbation atmosphérique, avec la grêle par exemple. Les gros grêlons témoignent d'une suspension prolongée; peu probable que les grêlons grossissent pendant leur chute.

Les indices d'odeur nauséabonde et de putréfaction ont été relevés maintes fois et corroborent l'idée d'une stagnation.

J'imagine une région au dehors qui n'obéit pas à la gravitation, où les corps ne s'attirent pas de manière inversement proportionnelle au carré de leur distance, un peu comme le magnétisme est presque négligeable dans une zone proche d'un aimant. Théoriquement, l'attraction exercée par un aimant devrait décroître en fonction de la loi du carré de l'inverse, mais l'influence cesse plutôt abruptement à faible distance.

Je pense que les objets soulevés en altitude y sont restés piégés jusqu'à ce qu'une perturbation les déloge.

Une mer des Sargasses du ciel.

Épaves, rebuts, débris de cargos interplanétaires naufragés; déjections de cataclysmes du temps des Alexandres, des Césars et des Napoléons de Mars, de

Jupiter et de Neptune. Sans compter les objets emportés par les cyclones terrestres : chevaux et écuries, éléphants, mouches et dodos, dinornis et ptérodactyles; tous tendant à retourner à l'état de poussière homogène, rouge ou noire ou jaune, un trésor pour paléontologues et archéologues. Bric-à-brac emporté dans les cyclones d'Égypte, de Grèce, d'Assyrie. Poissons séchés et rassis, récemment aspirés, d'autres en état de putréfaction avancée...

Encore et toujours l'omniprésence de l'hétérogène, manifeste dans ces poissons vivants, ces étangs d'eau douce, ces océans salés.

Quant à la loi de la gravitation, je me contenterai de faire valoir un seul argument :

L'orthodoxie accepte l'existence des corrélations et des équivalences entre les forces, la gravitation étant l'une de celles-ci. Toutes les autres forces produisent des phénomènes de répulsion et d'inertie indifféremment de la distance, ainsi que de l'attraction.

La loi de la gravitation universelle de Newton ne tient compte que de l'attraction. Elle ne devrait être admise qu'en partie, même par les orthodoxes, car elle fait fi des principes d'équivalences et de corrélations.

Plus simple encore, et voici les données... Vous en ferez ce que bon vous semble.

Dans ma croisade d'intermédiariste contre les explications uniformes ou réputées inconditionnellement valables, je dis que les généralités ne peuvent être moindres que l'universalité, soit l'absolu sans condition à satisfaire. Je pense aussi que l'idée de la supermer des Sargasses, bien qu'elle s'harmonise avec les chutes de poissons provenant d'une source stationnaire (d'autres faits suivront) ne convient pas à expliquer deux caractéristiques des chutes de grenouilles :

Que des têtards ne sont jamais tombés.

Que les grenouilles tombées sont jeunes.

L'affirmation paraît effrontément positive, mais s'il existe des registres contraires, je ne les ai pas trouvés.

Pourtant, sous l'action des tourbillons de vent, il serait plausible de voir tomber davantage de têtards que de grenouilles, petites et grosses. Et encore davantage si la supermer des Sargasses existe bel et bien.

Avant de formuler une hypothèse sur les chutes de créatures larvaires ici-bas, et donc de concevoir des phénomènes pour justifier leur apparente suspension, voire leur stagnation, je souhaite présenter d'autres faits du même ordre que les chutes de poissons.

«Durant un violent orage», de petits escargots sont tombés près de Redruth dans la région de Cornouailles, le 8 juillet 1886. Les gens les ont ramassés à pleines poches sur les routes et dans les champs. L'auteur du compte rendu ne les a pas vus tomber, mais dit de ces escargots «qu'ils diffèrent nettement des espèces locales. L'orthodoxie réagit aussitôt. Un correspondant riposte qu'il a eu vent de l'affaire, croyait ce genre d'anecdotes disparues avec les sorcières, a lu avec horreur un compte rendu de cette absurde histoire «dans un journal de réputation établie... J'ai pensé qu'il faudrait bien, un jour, remonter aux origines d'une de ces légendes» (*Science-Gossip*, 1886-238).

La justice n'existe pas dans l'intermédiarité; il ne peut y avoir qu'une approximation de la justice ou de l'injustice. Être juste revient à n'avoir pas d'opinion; être honnête est de n'avoir pas d'intérêt. Enquêter est une admission de préjugé; personne n'a jamais vraiment enquêté, les gens cherchant plutôt une preuve pour soutenir ou démolir l'hypothèse de départ.

«Comme je m'en doutais, de continuer le deuxième

correspondant, j'ai découvert que ces escargots appartenaient à une espèce terrestre connue.» Ils étaient donc «là au départ».

Il avait retenu que les escargots étaient apparus après la pluie et que «les paysans éberlués avaient vitement conclu qu'ils étaient tombés du ciel». Un témoin affirmait les avoir vus tomber. «Il fait erreur», d'insister l'investigateur.

Un compte rendu a été publié à l'effet que des escargots seraient tombés à Bristol, dans un champ de trois acres, en quantité telle qu'on les avait ramassés à la pelle. Ces mollusques terrestres «appartenaient à une espèce locale». Quelques pages plus loin, un autre collaborateur affirme que la quantité a été exagérée et qu'à son avis, les escargots étaient là au départ. Au travers de ses observations, il ajoute cependant que «ce jour-là, le Soleil arborait une curieuse couleur bleu azur» (*Philosophical Magazine*, 58-310).

Un étrange nuage jaune a survolé la ville de Paderborn en Allemagne, le 9 août 1892. L'averse torrentielle qui a suivi a entraîné avec elle des centaines de moules. Nulle mention de ce qui aurait pu être là au départ ou d'un possible tourbillon (*Nature*, 47-278, selon *Das Wetter*, décembre 1892).

Et puis des lézards que l'on dit être tombés sur les trottoirs de Montréal au Québec, le 28 décembre 1857 (*Notes and Queries*, 8-6-104).

À Granville Sud, dans l'état de New York, un correspondant livre son récit: Il a entendu un bruit étrange à ses pieds durant une forte averse, avant de trouver devant lui un serpent gris de 30 centimètres de long. La bête, en apparence estourbie par un choc, a finalement repris ses esprits (*Scientific American*, 3-112).

Ces faits vous parlent-ils? Vous inspirent-ils du

dégoût? Avouez que l'on peut s'interroger sur la chute survenue à Memphis au Tennessee, le 15 janvier 1877 : Après une pluie diluvienne restreinte entre deux pâtés de maisons, on a trouvé des colonies de serpents rampant sur les trottoirs, sur les parterres et dans les rues, mais «aucun sur les toits ni sur les paliers... Et personne ne les a vus tomber» (*Monthly Weather Review*, janvier 1877).

Si vous préférez croire que ces serpents étaient déjà dans les parages, et qu'une intempérie a causé toute cette commotion dans les rues de Memphis, un 15 janvier 1877, eh bien ça a du sens... le genre de bon sens qui fabrique un sens commun étroit.

Personne n'a dit s'il s'agissait d'une espèce connue, on sait seulement qu'ils étaient «d'un brun presque noir». Des serpents noirs, quoi.

Admettons pour un instant que ces serpents sont tombés – certes, il n'y a aucun témoin oculaire, les gens sortant peu par un temps pareil – et qu'ils n'étaient pas là au départ à ramper et à grouiller en paquets ;

Admettons qu'un tourbillon a transporté ces bêtes depuis une autre région terrestre ;

Admettons que ce tourbillon a happé des serpents ;

Alors nous devrons admettre aussi que le tourbillon a soulevé d'autres objets.

Cela voudrait dire que plus près du point d'origine, il est tombé des objets plus lourds, des objets capturés en même temps que les serpents : roches, piquets de clôture, branches. Disons maintenant que les serpents sont les objets de poids moyen ; ils sont donc tombés un peu plus loin durant la course du tourbillon. Et plus loin encore, les objets les plus légers tombent enfin : feuilles, ramilles, touffes d'herbe.

Dans *Monthly Weather Review*, aucune mention

d'autres chutes ailleurs en janvier 1877.

Je continue de m'objecter contre cette capacité de rapt sélectif par un tourbillon de vent. On peut imaginer qu'une bourrasque emporte une colonie de serpents en train d'hiberner, en même temps que du sol, des cailloux et toutes sortes de débris. Des douzaines de serpents, groupés dans une tanière, des centaines, tout au plus... Selon le compte rendu du *New York Times*, ce sont par milliers que les serpents ont été découverts, bien vivants, faisant de 30 à 46 centimètres de long. *Scientific American* rapporte également la chute et chiffre l'invasion à plusieurs milliers d'animaux. L'explication classique du tourbillon sauve encore les meubles, mais quelqu'un précise néanmoins qu'il est « mystérieux que des serpents puissent se trouver en telle abondance dans un seul secteur » (*Ibid.*, 36-86).

Le nombre rappelle les mouvements migratoires. Par contre, les serpents américains ne migreraient pas en janvier, si toutefois ils migrent.

Il y a aussi eu des chutes d'insectes ailés, mais il est normal en de telles circonstances de les voir survenir en essaims. Malgré tout, certaines données concernant les fourmis ont de quoi surprendre.

Chute de poissons le 13 juin 1889, en Hollande; de fourmis le 1er août 1889, à Strasbourg; de petits crapauds le 2 août 1889, en Savoie (*L'Astronomie*, 1889-353).

Chute de fourmis à Cambridge en Angleterre, durant l'été 1874, « certaines dépourvues d'ailes » (*Scientific American*, 30-193). Considérable chute de fourmis à Nancy en France, le 21 juillet 1887, aussi « aptères pour la plupart » (*Nature*, 36-349). Chute de fourmis d'une espèce inconnue – énormes comme des guêpes – au Manitoba, en juin 1895 (*Scientific American*, 72-385).

Voilà: je pense que des formes larvaires et aptères, en rassemblements tels qu'ils évoquent les migrations terrestres, sont tombées du ciel. Parmi ces «migrations» – si l'on retient l'hypothèse pour l'instant – certaines sont survenues à une époque où les insectes des régions nordiques s'enfouissent et hibernent. Le fait que les chutes se multiplient vers la fin de janvier revêt donc son importance; on ne peut affirmer sans s'étrangler que des tourbillons de vent ont prélevé ces créatures.

Je pense qu'il existe ici-bas des «vers de neige» à l'origine nébuleuse. On a décrit des groupes de vers jaunes et de vers noirs trouvés sur des glaciers d'Alaska. Il est quasi certain que ces champs de glace n'abritent aucune autre espèce d'insecte, pas plus que la végétation nécessaire à leur survie, si l'on fait abstraction des micro-organismes présents. Néanmoins, la description de ces vers, qui appartiennent sans doute à une même espèce polymorphe, concorde avec un type de larve tombée en Suisse, notamment (*Proceedings of the Academy of Natural Sciences of Philadelphia*, 1899-125). Aucune contradiction avec mes données, à supposer qu'elles soient exactes. Les grenouilles de nos mares ressemblent à celles tombées du ciel – exception faite des grenouilles blanches de Birmingham.

Cependant, les chutes de larves ne sont pas toutes survenues à la fin de janvier. En effet, dans la paroisse de Bramford Speke du comté de Devon, un grand nombre de vers noirs, longs de deux centimètres environ, sont tombés pendant une tempête de neige (*Times* de Londres, 14 avril 1837).

Des vers ont été trouvés en train de ramper sur le sol de Christiania en Norvège, durant l'hiver 1876. Surprenant phénomène sur un sol gelé. Leur présence a également été rapportée ailleurs dans le pays (*The*

Year-Book of Facts, 1877-26).

Nuée d'insectes noirs lors d'une tempête de neige, en 1827, à Pakrov en Russie (*Scientific American*, 30-193).

Chute de petits insectes noirs semblables à des moucherons, mais de type sauteur, pendant une averse de neige à Orenburg en Russie, le 14 décembre 1830 (*American Journal of Science*, 1-22-375).

Multitude de vers trouvés sur dix centimètres de neige fraîche près de Sangerfield dans l'état de New York, le 18 novembre 1850. L'auteur suppose que les vers ont émergé du sol pendant la pluie tombée avant la neige (*Scientific American*, 6-96).

« Le district de Valley Bend, dans le comté de Randolph en Virginie, a été le théâtre d'un phénomène étrange. La croûte de neige a été parsemée deux ou trois fois de vers de terre ordinaires. À moins qu'ils ne soient tombés avec la neige, leur présence est inexplicable. » (*Ibid.*, 21 février 1891.) L'éditeur de *Scientific American* relate, dans le numéro du 7 mars, que l'on a vu semblable apparition près d'Utica ainsi que dans les comtés d'Oneida et d'Herkimer de l'état de New York; que l'on a envoyé quelques spécimens au ministère de l'Agriculture à Washington. Se retrouve-t-on en présence de deux espèces ou d'une espèce polymorphe? Selon le Pr Riley, il s'agit bien de « deux espèces distinctes ». Personnellement, j'en doute: une créature est plus grosse que l'autre, et quant à la couleur, rien n'est clairement précisé. On étiquette l'une comme une larve de la famille des cantharides, tandis que l'autre « semble être une variété de lombric couleur bronze ». L'explication de leur présence sur la neige est escamotée.

Chute de quantités de larves de coléoptères près de Mortagne en France, au mois de mai 1858. Elles étaient inertes, comme en état d'hibernation (*Annales de la*

Société entomologique de France, 1858).

Averse de larves et de neige en Silésie, en 1806; «apparition de nombreuses larves sur la neige» à Saxony, en 1811; «larves vivantes sur la neige» en 1828; larves «tombées avec la neige» dans le massif d'Eifel, le 30 janvier 1847; chute d'insectes en Lituanie, le 24 janvier 1849; rassemblement de quelque 300 000 larves sur la neige en Suisse, en 1856. Le compilateur explique que la plupart de ces larves vivent sous terre ou s'enfouissent dans les racines des arbres, et que les tourbillons peuvent déraciner des arbres, emportant des larves comme on égrène des raisins secs – comme si elles n'étaient pas fixées dans la terre gelée (*Transactions of the Royal Entomological Society of London,* 1871-183). La chute du 24 janvier 1849 en Lituanie est aussi relatée dans *Revue et magazine de zoologie* (1849-72); on y parle de larves noires tombées en nombre prodigieux.

Des larves, que l'on a qualifiées de chenilles en croyant avoir affaire à une espèce de coléoptère, ont été vues en train de ramper sur la neige après une tempête à Varsovie, le 20 janvier 1850 (*All the Year Round,* 8-253).

Flammarion relate la chute de larves le 30 janvier 1869, pendant une tempête de neige en Haute-Savoie (*L'Atmosphère,* p. 414). «Elles ne pouvaient provenir de la région, puisqu'il avait gelé dans les jours précédents.» On parle plutôt d'une espèce commune au Sud de la France. Des insectes adultes se trouvaient parmi les larves (*Science pour tous,* 14-183).

Vers la fin de janvier 1890, au cours d'une grosse tempête de neige en Suisse, un nombre incalculable de larves s'abat, certaines noires et d'autres jaunes; leur abondance attire d'ailleurs une nuée d'oiseaux (*L'Astronomie,* 1890-313).

Cet exemple me paraît appuyer l'idée d'une origine

hors-terre, qui déconstruit l'explication du tourbillon de vent. Celui qui prétend que des larves ont été arrachées en nombre astronomique du sol gelé avec une précision chirurgicale invoque alors une force considérable, qui aurait assurément produit d'autres effets notoires. Et si le point d'origine et la zone de décharge du tourbillon sont rapprochés, qu'advient-il des autres débris? Sait-on combien de temps il faut à un tourbillon pour opérer une ségrégation d'objets?

Si par contre notre exclusionniste pense à un grand déménagement depuis le Sud de la France jusqu'en Haute-Savoie, il imagine peut-être un tri fin en fonction de la gravité spécifique de chaque objet. Ce qui signifierait que dans une sélection aussi précise, les larves auraient été séparées des insectes adultes.

À propos de gravité spécifique, les larves jaunes tombées en Suisse en janvier 1890 faisaient trois fois le poids des larves noires. Je souligne que la chute n'est nullement contestée.

Disons alors qu'un tourbillon n'a pas pu les happer ensemble, les transporter sur une bonne distance et les relâcher au même moment.

Elles viennent selon moi de Génésistrine.

C'est incontournable, et je serai persécuté pour l'avoir dit. Je l'assume.

Génésistrine... J'ai idée qu'il existe une place en altitude d'où origine la vie familière à la Terre. Peu importe qu'il s'agisse de la planète Génésistrine, de la Lune, d'une vaste région inerte superposée à la Terre, ou encore d'une île dans la supermer des Sargasses, cette recherche reviendra un jour aux cosmogéographes... ou aux exogéographes, si vous préférez.

Et si les premiers êtres unicellulaires avaient débarqué de Génésistrine? Et si des hommes ou des êtres anthropomorphiques avaient abouti sur Terre avant l'amibe? Peut-être que sur Génésistrine, il y a eu évolution biologique au sens où nous l'entendons, mais que l'évolution sur Terre s'est accomplie comme celle qu'a connue le Japon à l'ère moderne, bousculée par des influences extérieures. L'évolution terrienne résulterait alors davantage de migrations et de catapultages. J'ai quelques fiches en rapport avec des restes humains et animaux enclavés, couverts d'argile ou pétrifiés, à croire qu'ils ont été projetés ici-bas comme des obus. Je vous épargne le détail, mais je pense que cette projection régulière – une espèce d'acte réflexe, ou tropisme ou géotropisme pour être plus précis – vient d'un désir archaïque de perpétuation qui a persisté longtemps après les premières nécessités de la colonisation. Jadis, toutes sortes de créatures ont dû émigrer de Génésistrine, mais aujourd'hui, nous accueillons des insectes et des objets occasionnels, selon l'inspiration.

Pas une fois des têtards ne sont tombés du ciel. Un tourbillon pourrait sans doute happer une mare, avec ses grenouilles et tout le bazar, et larguer éventuellement les grenouilles. Mais il pourrait aussi happer une mare, avec ses têtards et tout le bazar, car les larves sont bien plus nombreuses que les adultes. La saison des têtards arrive tôt au printemps, à une époque tempétueuse. En matière de causalité (à condition qu'il existe des causes réelles), je pense que si X a davantage de chances d'impliquer Y que Z, et que Z survient sans l'intervention de X, alors X ne doit pas avoir causé Y non plus. Compte tenu de ces quasi-sorites, j'émets le raisonnement que les petites grenouilles qui sont tombées ici-bas ne résultent pas de l'effet de tourbillons; qu'elles viennent plutôt de Génésistrine.

Je songe à Génésistrine sous l'aspect des mécanismes

biologiques. Non pas que des individus recueillent des insectes à la fin de janvier ou des grenouilles en juillet et en août pour en bombarder la Terre... Personne ici ne sillonne les contrées nordiques l'automne venu pour attraper des oiseaux et les expédier dans le Sud.

Mécanisme héréditaire, vestige ou géotropisme à Génésistrine. Un million de larves rampantes, un million de grenouilles bondissantes, pas davantage conscientes du sens de leur vie que nous ne le sommes en rampant le matin jusqu'au boulot et en bondissant sur le chemin du retour à la maison.

Je conclurai pour ma part que Génésistrine est une région de la supermer des Sargasses, et que certaines de ses zones suivent par intermittence les influences de l'attraction terrestre.

Chapitre 8

Croire dur comme fer
aux pierres de foudre.

Je pense que des tempêtes font tomber des créatures inadmissibles, infâmes brebis galeuses aux yeux des croyants. Qu'elles viennent d'une région que j'ai baptisée provisoirement la supermer des Sargasses, pour les besoins de la cause.

Des choses s'abattent du ciel sous l'effet de tempêtes, tout comme d'autres remontent des abysses. Des esprits obstinés diront que les tempêtes influencent peu les fonds marins; mais le simple fait d'avoir une opinion revient à ignorer ou à écarter les éléments qui pourraient la nuancer ou la contredire.

À ce chapitre, il est mentionné que sur le littoral de la Nouvelle-Zélande, dans des secteurs exempts d'activité sismique sous-marine, des poissons de grands fonds remontent fréquemment à cause de tempêtes (*Symons's Meteorological Magazine*, 47-180).

Métal et cailloux tombés du ciel, «aucun lien» avec les perturbations atmosphériques, d'écrire Symons.

Selon la croyance orthodoxe, un objet qui pénètre dans l'atmosphère terrestre à une vitesse planétaire se moque bien d'un ouragan. Voyons! Une personne armée d'un éventail pourrait-elle faire dévier une balle de revolver? Le problème avec l'orthodoxie, c'est qu'elle repose sur des supports imaginaires, sur des mythes. Je vous ai présenté des données, et il y en aura d'autres, celles d'objets célestes dont la vitesse est influençable.

Les tempêtes sont nombreuses, les météores et les

météorites aussi; il serait extraordinaire de ne pas rencontrer de concomitances. Baden-Powell dresse une liste surprenante de ses observations : beaucoup de cas en 1850, tout autant en 1860 (*Comptes rendus de la BAAS*, 1850-54).

Fameuses chutes de cailloux à Sienne en Italie, «lors d'une violente tempête» en 1794.

Le catalogue de Greg foisonne. Un cas notamment, celui d'une «boule flamboyante pendant un ouragan en Angleterre, le 2 septembre 1786». Fait remarquable, le phénomène est resté visible 40 minutes, ce qui représente 800 fois la durée moyenne admise pour les météores et les météorites.

De nombreux cas figurent aussi dans *Annual Register*. La revue *Nature* du 25 octobre 1877 ainsi que le *Times* de Londres du 15 octobre de la même année ont décrit un objet tombé lors d'un cyclone : «une immense boule de feu vert.»

Devant cette fréquence, nous pouvons nous indigner que la science martèle encore la notion de coïncidence au détriment de toute causalité. S'il est inconcevable que des cailloux et des objets métalliques soient déviés de leur course fulgurante, alors imaginons un instant des objets au déplacement lent, voire en suspension à quelques kilomètres au-dessus de nos têtes, qui finissent par tomber en s'enflammant, délogés par une tempête.

Mais l'hypothèse de la coïncidence est si bien ancrée et la résistance intellectuelle si forte qu'il me faudra servir double portion :

Aérolite lors d'une tempête à St. Leonards-on-Sea en Angleterre, le 17 septembre 1885, tombé sans laisser de trace (*Annual Register*, 1885); météorite pendant un cyclone, le 1er mars 1886, décrit dans le numéro courant du *Monthly Weather Review*; météorite lors d'un orage près des côtes grecques, le 19 novembre 1899 (*Nature*, 61-111); chute d'un météorite durant une tempête le 7 juillet 1883, près de Lachine au Québec (*Monthly Weather Review*, juillet 1883; et *Nature*, 28-319); météore durant un tourbillon de vent le 24 septembre 1883, en Suède (*Nature*, 29-15).

Pendant une tempête le 17 décembre 1852, un nuage triangulaire apparaît; puis un noyau rouge, de la moitié du diamètre habituel de la Lune, suivi d'une longue queue. Le phénomène reste visible treize minutes avant que le centre n'explose (*Comptes rendus de la Société royale*, 6-276).

Il n'y a que la plèbe pour imaginer une interaction entre ces phénomènes, de décréter des gens de science (*Science-Gossip*, n.s. 6-65). Peu importe que tant de bolides soient tombés à l'occasion de perturbations.

Mais certains de nous, du petit peuple, avons parcouru les *Comptes rendus de la BAAS* de 1852. À la page 239, Buist, qui ne connaît pas la supermer des Sargasses, avoue qu'il est malaisé de lier les phénomènes, mais qu'il faut noter trois chutes d'aérolites en Inde dans un intervalle de cinq mois, et ce, durant des orages. Cela se passe vers 1851 ou 1852, comptes rendus de témoins à l'appui.

Ici, permettez-moi d'ouvrir le chemin à l'exploration des «pierres de foudre». Elle font ressortir l'état ambivalent de notre existence; rien n'est fondamental ni définitif au point de nous permettre des jugements inconditionnels.

Les paysans ont cru aux météorites.

La science a exclu les météorites.

Les paysans ont cru aux pierres de foudre.

La science a exclu les pierres de foudre.

Inutile de souligner que les paysans sillonnent les

champs pendant que les scientifiques s'enferment dans leurs labos et leurs salles de cours. Je ne prendrai pas pour certitude que les paysans sont plus près de la vérité que les scientifiques parce que plus proches du phénomène. Les paysans nourrissent bien des fables autour de la météo et des animaux.

Je dirai plutôt que notre existence ressemble à un pont – l'exemple étant pris au sens physique du terme – un pont comme celui de Brooklyn sur lequel des colonies d'insectes en quête d'une base trouveraient un plancher d'apparence solide et fini. Le plancher lui-même est pourtant édifié sur des supports. Des supports d'apparence finie. Eux-mêmes montés sur de plus vastes structures. Aucun support du pont n'est complet en soi, pas davantage que ce pont jeté entre Manhattan et Brooklyn. Si notre existence est un lien entre le Rien et le Tout, il me semble que la quête de la finitude soit stérile. Si le tout apparent n'est pas la totalité, mais bien une manifestation de relation, il en va de même pour chacun de ses éléments.

J'ai pris une attitude d'ouverture que je soutiendrai grâce à ce pseudoargument :

Les cellules d'un embryon constituent le stade reptilien d'un être en devenir. Puis des pressions s'exercent sur les cellules pour qu'elles se spécialisent. Si la finalité des plans conduit à un mammifère, les cellules briseront des résistances pour se différencier; mais elles poursuivront un objectif intermédiaire car il reste encore des freins à vaincre et des étapes à franchir pour réaliser des caractéristiques toujours plus sophistiquées.

Si nous-mêmes sommes au seuil d'un stade nouveau, d'une ère où le règne exclusionniste doit cesser, nous ne méritons pas le titre de bâtards.

Je m'insurge, à ma manière rudimentaire et bucolique,

contre l'outrage fait à une intuition commune qui sera un jour, je pense, un lieu commun: qu'il existe des objets fabriqués, minéraux et ferreux, qui tombent du ciel; qu'ils se sont abattus après une période de suspension dans une région où la gravité ne joue pas, précipités par des intempéries.

La pierre de foudre est généralement «une pierre olivâtre en forme de coin et savamment polie», a écrit un auteur du *Cornhill Magazine* (50-517). À mon sens, ce n'est pas tout à fait exact: on retrouve toutes sortes de roches façonnées en coins à refendre, certaines témoignant d'une grande dextérité. Bien entendu, l'auteur précise qu'il s'agit d'une légende, de peur de passer pour un pauvre colon mal équarri, comme vous et moi, gens du peuple.

Le coup classique de l'orthodoxie consiste à affirmer que ces outils lithiques «étaient là au départ», qu'ils ont été trouvés au lieu d'impact de la foudre. Des paysans hébétés, modérément intelligents par-dessus le marché, ont cru les voir tomber au moment de la décharge électrique.

Certains énoncés de la science sont à ranger au rayon de la mauvaise fiction. Comment reconnaître la fiction de pacotille? Le suremploi des coïncidences est un indice. Pris individuellement, les auteurs n'abusent pas de la coïncidence, non, l'excès se manifeste plutôt dans l'ensemble. C'est vrai, le correspondant du *Cornhill Magazine* relate brièvement les croyances paysannes sans trop insister. Pour ma part, j'insisterai.

Possible que la foudre frappe le sol à proximité d'un

coin à refendre déjà là dix fois, cent fois. Foudre qui frappe le sol près d'un coin à refendre en Chine; foudre en Écosse et en Afrique centrale; et coïncidence aussi en France, à Java et en Amérique du Sud.

Malgré mon esprit conciliant, ma fébrilité refait surface. Car il apparaît clairement que la science riposte par réflexe devant ces pierres de foudre et leur chute fulgurante.

Pour en revenir aux pierres olivâtres, les Jamaïcains parlent de haches en pierre verte qui tombent du ciel «avec la pluie» (*Journal of the Institute of Jamaica*, 2-4). «Elles sont fabriquées d'une roche que l'on ne trouve nulle part en Jamaïque.» (*Notes and Queries*, 2-8-24.) Peut-être qu'une prochaine fois, je me pencherai sur la notion d'objets étranges très localisés.

J'ai moi-même tendance à exclure et à me sentir comme le paysan ou l'indigène qui refuse d'être associé à ses semblables. C'est dire que je n'ai pas de parti pris pour les interprétations locales, allez savoir pourquoi. Si l'opinion du chef sioux Taureau assis a moins de poids que celle de Lord Kelvin, c'est peut-être parce qu'il ne mange pas avec une fourchette en argent. Pour ma part, mon snobisme de citadin s'incline devant l'étendue de la croyance indigène pour les pierres de foudre. La notion de pierres de foudre est du reste planétaire.

Blinkenberg explique que les autochtones de la Birmanie, de la Chine et du Japon croient aux objets de pierre taillée tombés du ciel. Parce qu'ils les ont vus tomber, ils les appellent «haches de foudre». Les désignations varient: «pierres de foudre» en Moravie, en Hollande, en Belgique, en France, au Cambodge, à Sumatra et en Sibérie; «pierres de tonnerre» dans la région du Neisse; «flèches du ciel» en Slavonie; «haches de foudre» en Angleterre et en Écosse; «pierres d'éclair» en Espagne et au Portugal; «haches du ciel» en Grèce; «éclats d'éclair» au Brésil; «dents de foudre» à Ambon (*The Thunder Weapon in Religion and Folklore*).

Les pierres de foudre leur sont aussi familières que les fantômes et les sorcières, que seuls les superstitieux osent encore nier aujourd'hui.

Concernant les croyances des Amérindiens, Tyler énumère des sources (*Primitive Culture*, 2-237). Les Indiens d'Amérique du Sud affirment également que, «certaines haches de pierre sont tombées des cieux» (*The Journal of American Folk-lore*, 17-203).

Si vous aussi, cher lecteur, contestez la thèse abusive des coïncidences, mais que vous vous cassez la dent sur mon interprétation des pierres de foudre, je vous invite à déchiffrer l'explication formulée par [Tollius] en 1649:

«Les naturalistes disent qu'elles sont produites dans le ciel par l'exhalaison d'une fulguration qui reste circonscrite dans le nuage par une humeur.»

Pour en revenir à l'auteur de l'article paru dans *Cornhill Magazine*, il n'avait manifestement pas l'intention d'explorer le sujet; l'exercice visait à ridiculiser la notion que des pierres façonnées sont un jour tombées du ciel. Un autre auteur commente son texte et salue le fait «qu'un homme raisonnable se donne enfin la peine de nier l'existence farfelue des pierres de foudre. Est-il même nécessaire de rappeler au lecteur intelligent que les pierres de foudre sont un mythe?» (*American Journal of Science*, 1-21-325).

Raisonnable je ne suis pas, je me sens donc flatté.

Permettez-moi de relever ici l'usage erroné du mot intelligent; en fait, seuls vous et moi sommes intelligents sur cette question, si par intelligence nous entendons un état de déséquilibre à corriger. L'assimilation dans l'intellect est un conditionnement mécanique. Bien sûr, l'intelligence est un travail structuré, moins organisé et limité, cependant. Lorsqu'un individu assimile, il passe de l'état d'intelligence à celui de réflexes conditionnés. Ironiquement, l'intelligence est perçue comme une valeur, mais c'est surtout un aveu d'ignorance. Les abeilles, les théologiens et les scientifiques dogmatiques sont des intellectuels aristocrates. Le commun des mortels est loin d'être diplômé du nirvana, et son intelligence sauvage n'a rien de l'illumination.

Blinkenberg évoque les superstitions entourant les pierres de foudre dans des régions aux mentalités rustaudes, c'est-à-dire partout selon moi. À Malacca, à Sumatra et à Java, les autochtones prétendent que beaucoup de haches de pierre ont été trouvées au pied d'arbres foudroyés. Coïncidence, de seriner Blinkenberg: conclusion fautive bien paysanne, des pierres forcément là au départ. En Afrique centrale, on prétend avoir souvent trouvé, plantées dans des arbres portant des marques de carbonisation, des pierres polies en forme de coin que l'on a qualifiées de «haches». Ces autochtones se seraient tout simplement mépris, à l'instar des habitants de Memphis envahis de serpents après une tempête. Livingstone dit ignorer que des ancêtres africains aient fabriqué de l'outillage lithique (*The Last Journals of David Livingstone,* pp. 83, 89, 442 et 448). Un autre auteur précise qu'il y en a bien eu quelques-uns (*Report of the Smithsonian Institution,* 1877-308).

Bref, les autochtones affirment que ces pierres sont tombées avec la foudre.

Sur la question de la luminosité, rustaud que je suis, j'admets que des objets qui traversent l'atmosphère s'accompagnent souvent d'une traînée lumineuse semblable à un éclat ou à un éclair, même s'ils ne sont pas chauffés à blanc. Détail important, et j'y reviendrai.

En Allemagne, dans l'ancien état de Prusse, on a trouvé deux haches de pierre dans des troncs d'arbre, l'une logée sous l'écorce. Les observateurs ont sauté à la conclusion que ces coins étaient tombés (Blinkenberg, *The Thunder Weapon in Religion and Folklore*, p. 100).

Une autre pierre en coin a été découverte dans un arbre apparemment foudroyé (*Ibid.*, p. 71).

Que de conclusions fautives.

Blinkenberg raconte aussi l'histoire d'une Suédoise de Kulsbajaergene qui a trouvé un silex près d'un saule à proximité de sa maison, un saule qui lui était familier donc, tout à coup fendu par un objet. Elle a dû sauter aussi à la conclusion que l'on sait.

Puis une vache tuée par la foudre, ou par un phéno-mène analogue, sur l'île de Sercq près de Guernsey. En creusant le sol près de l'animal, le fermier a trouvé une petite hache de pierre verte. Blinkenberg se surprend que l'homme attribue au projectile lumineux la mort de sa bête.

Après une épouvantable tempête, un fermier trouve un silex à proximité d'un poste de transmission qui semble avoir été percuté. Notons encore une fois que ce sont des lieux familiers à l'observateur. Il a sans doute fait fonctionner son intelligence, mais je crains qu'il ait été taxé d'irréfléchi (*Reliquary*, 1867-208).

Prochain cas, mettant en vedette un autre rustaud, chez les scientifiques cette fois. Certes, il est impossible de trancher entre l'orthodoxie et l'hérésie, puisqu'elles se fondent quelque part, mais ici le propos est extrême. La plupart des rapports relatifs aux météorites font état de leur odeur sulfureuse particulière. Sir John Evans affirme – sur la base d'un raisonnement rare – que « ce silex est bien la pierre tombée avec la foudre étant donné son odeur caractéristique lorsqu'on le brise » (*The*

Ancient Stone Implements, Weapons, and Ornaments of Great Britain, p. 57).

Si tel est le cas, l'affaire est close. Si l'on prouve qu'un seul objet de pierre taillée est tombé du ciel, inutile d'empiler les données. J'ai toutefois convenu qu'une conclusion définitive n'existe pas; pas plus que les conflits de la Grèce antique ne peuvent se dénouer aujourd'hui. Car c'est dans l'état d'absolu positif qu'il ne reste plus rien à prouver ou à résoudre ou à asseoir. J'aspire seulement à m'approcher davantage de la vérité que mes adversaires. L'ampleur étant un aspect de l'universel, je travaille dans l'amplitude. Comme je vois les choses, l'homme gros frise l'état divin davantage que le maigrichon. Mangez, buvez et assimilez, et vous tendrez vers l'absolu positif. Mais prenez garde au piège négatif de l'indigestion.

La grande majorité des pierres de foudre sont qualifiées de «haches» ou de «coins à refendre». Meunier raconte en avoir eu une en sa possession. Supposément tombée à Ghardaïa en Algérie, sa forme de poire contraste «nettement» avec les lignes anguleuses habituelles des météorites (*La Nature,* 1892-2-381). Processus de durcissement en goutte d'une matière en fusion, professera l'orthodoxie, mais je note en souriant qu'elle est tombée lors d'un orage, donnée qui fera ronchonner le bon météorologiste.

Peu soucieux des convenances, Meunier mentionne une autre pierre de foudre soi-disant tombée en Afrique du Nord. Il cite un soldat chevronné qui prétend que ce type d'objet pleut souvent dans les déserts africains.

Au rayon du divers :

Pierre de foudre supposément tombée à Londres, en avril 1876; pas un mot sur la forme, mais elle pèse 3 kilos 600 grammes (*Year-Book of Facts,* 1877-246).

Pierre de foudre supposément tombée à Cardiff, le 26 septembre 1916 (*Times* de Londres, 28 septembre 1916); un éclair a zébré le ciel, mais ce serait pure coïncidence (*Nature*, 98-95). Pierre pendant une tempête à Saint Albans en Angleterre; admise au musée local, mais déclarée par le British Museum «de nature non météoritique» (*Nature*, 80-34). Météorite de fer pendant une forte pluie le 20 avril 1876, près de Wolverhampton (*Times* de Londres, 26 avril 1876); H.S. Maskelyne, qui le considère authentique, en publie un compte rendu (*Nature*, 14-272 et 13-351). Trois autres cas figurent dans *Scientific American* (47-194, 52-83 et 68-325).

Quant aux objets en forme de coin trop gros pour être appelés «haches»:

Le 27 mai 1884, à Tysnas en Norvège, un météorite tombe. La tourbe a été arrachée au point d'impact présumé. Deux jours plus tard, on trouve à proximité «un caillou très étrange», que l'on décrit comme «un coin de la taille d'un quart de gros fromage Stilton» (*Nature*, 30-300).

Je pense que de multiples créatures se sont abattues lors de perturbations atmosphériques, en provenance de ce que j'appelle pour l'heure la supermer des Sargasses. Mais ce sont les objets en apparence fabriqués qui m'intéressent surtout.

Description de pierres tombées en Birmanie: on prétend que ces «haches de foudre», appelées ainsi par les autochtones, diffèrent de toutes les roches de la contrée. Ces termes sont expressément choisis, et il aurait été risqué pour un auteur du 19e siècle d'aller plus loin sans subir lui-même quelques foudres (*Proceedings of the Royal Asiatic Society of Bengal*, 1869-183).

Toujours en Birmanie: une pierre décrite comme

une «hache de charpentier» a été exhibée par le Capitaine Duff. Celui-ci a précisé qu'il n'y avait pas de roche semblable dans la région (*Proceedings of the Society of Antiquaries of London*, 2-3-97).

De là à dire qu'une roche inusitée est extraterrestre, il y a un monde. Je craindrais de copier les géologistes qui ont fait la preuve du grand voyage des roches erratiques en tenant pareil raisonnement. Je me préserve comme je peux des travers abusifs et scientifiques.

À mon avis, les textes scientifiques à lire entre les lignes abondent. On a pas tous le sans-gêne d'un Sir John Evans. Voltaire pratiquait l'art de l'écriture implicite, je soupçonne le Capitaine Duff de s'en être inspiré pour semer des indices et se protéger du Pr Smith, dit la Gâchette. Quelle que fût son intention, il aura peut-être ricané comme Voltaire en choisissant ses mots. Le capitaine précise que «la roche était un peu tendre pour servir d'arme offensive ou défensive».

Les faits damnés nous introduisent dans le gratin; un riche Malaisien a vu un objet frapper un arbre durant un orage. Après avoir examiné les alentours, il a découvert une pierre de foudre. Personne ne sous-entend que l'homme a sauté à la conclusion de sa chute, les gens sont peut-être plus affables sous les tropiques (*Nature*, 34-53).

Nous sommes sur le point d'expérimenter l'insolite, en survolant des faits extraordinaires étudiés par un homme de science; son travail se sera sans doute approché davantage de l'enquête véritable que de l'indifférence totale. Les cas fascinants se sont multipliés, mais ont été écartés sans remords. Hormis pour quelques rares mentions, on les a condamnés et ensevelis vivants. Savant travail de dissimulation, confinant le remarquable à l'anonymat.

D'abord, il y a eu cet homme qui, dans l'affaire des escargots, a parcouru une bonne distance pour vérifier son hypothèse. Puis le Pr Hitchcock qui n'a eu qu'à frapper Amherst de sa baguette de connaissances magiques et ah! deux champignons ont poussé avant la nuit. Et que dire du Dr Gray et de ses milliers de poissons sortis d'un seau d'eau. Mais ces prochains cas se distinguent par l'effort senti d'une enquête.

J'ai en ma possession plusieurs notes de faits ayant été examinés. Concernant les créatures présumément tombées du ciel, j'établirai deux catégories très scientifiques: substances et objets variés, par opposition à objets symétriques et travaillés par des êtres tels que les humains, et dans lesquels je regrouperai coins, sphères et disques.

Au début de juillet 1866, un correspondant écrit qu'un objet est tombé du ciel pendant l'orage du 30 juin, à Notting Hill (*Quarterly Journal of the RMetS*, 14-207). G.T. Symons, auteur du *Symons's Meteorological Magazine*, se penche sur le cas avec l'objectivité et l'ouverture d'esprit de tout bon enquêteur.

De son avis, la créature est un vulgaire morceau de charbon; le voisin du correspondant en a justement reçu un approvisionnement la veille. C'est cette candeur irréfléchie du touriste qui lui permet de remarquer que le charbon soi-disant tombé est identique au charbon déchargé le jour précédent. Des gens du quartier, trop benêts sans doute pour reconnaître du bête charbon, ont acheté des fragments de l'objet au correspondant. Je sais bien que la crédulité est sans borne, mais lorsqu'il s'agit de débourser de l'argent – surtout à une époque où le charbon est monnaie courante – je me questionne sur cette prétendue naïveté.

Le problème avec l'efficacité, c'est qu'elle tend vers

l'excès. Avec une conviction débordante, Symons introduit un autre personnage dans sa pièce de théâtre:

Il s'agit maintenant d'un tour joué par un élève de chimie qui aurait bourré d'explosif une capsule «lancée par lui durant l'orage, celle-ci s'enflammant et tombant dans le caniveau, sorte de hache de foudre artificielle».

Même Shakespeare n'aurait pas eu l'idée saugrenue d'écrire *Le Roi Lear* pour mieux achever *Hamlet*.

Il se peut que j'introduise à mon tour un élément sans rapport, mais je trouve singulière cette tempête du 30 juin. Le *Times* de Londres relate le 2 juillet que «durant l'orage, des éclaircies ont zébré le ciel ici et là tandis que la pluie et la grêle tombaient». Cela revêt un sens pour peu que l'on croit à l'origine non terrestre de certaines averses, à plus forte raison quand le ciel est clair. Simple suggestion de ma part, ça vaut ce que ça vaut, Londres a connu le 30 juin 1866 des averses provenant du Dehors.

Scories supposément tombées à Kilburn, le 5 juillet 1877, pendant une tempête. Aux dires de Symons, cité dans le *Kilburn Times*, une rue en a été «littéralement jonchée». Il y en a eu pour environ 70 litres, certaines grosses comme une noisette, d'autres comme un poing. «Des spécimens ont été exhibés dans les bureaux du journal.»

Si ces scories ou ce mâchefer qui s'abattent à l'occasion sont des déchets d'un chantier du ciel – coke, charbon, cendres y compris – qui transitent peut-être par la supermer des Sargasses avant d'être délogés par des perturbations atmosphériques, alors l'esprit intermédiariste admettra que le phénomène externe a rencontré un phénomène local sur les lieux de la précipitation. Si un poêle brûlant devait tomber du ciel de Broadway, il y aurait quelqu'un pour expliquer qu'au même moment, un camion de déménagement passait dans le secteur et que deux types se sont soudain débarrassés d'un poêle non brûlant, mais néanmoins encore chaud à cause de l'étourderie de leur client. Dans un pareil cas, la science se retrouverait avec beaucoup moins de fil pour broder.

Revenons à nos scories. Symons avait appris que sur cette rue – une petite rue avait-il précisé – logeait une caserne de pompiers. Je me suis amusé à imaginer l'homme en train de fouiller le quartier et de répertorier les chargements frais de charbon, sonnant aux portes, allumant l'effervescence comme à Notting Hill, lançant des cailloux aux fenêtres, interpellant les passants, tout excité à l'idée de pincer un étudiant de chimie un peu délinquant. Et après tout ce remue-ménage, il se rend probablement chez les pompiers et demande: «On m'a dit que des scories s'étaient abattues sur votre rue à 16 h 10, le 5 juillet. Pourriez-vous consulter votre registre et me dire où était votre véhicule à 16 h 10, le 5 juillet?»

Symons de conclure: «Je pense que du combustible s'est échappé d'un véhicule d'incendie à vapeur.»

Le 20 juin 1880, on rapporte qu'une pierre de foudre est tombée dans la cheminée d'une maison située au 180, rue Oakley, à Chelsea, et qu'elle a fini sa course dans la hotte de cuisine.

Après enquête, Symons a décrit la pierre comme «un aggloméré de brique, de suie, de charbon imbrûlé et de scorie». Selon lui, la foudre a frappé l'intérieur de la cheminée et a fait fondre un morceau de brique.

Malgré tout, il s'étonne que la foudre n'ait pas fait éclater les éléments de la hotte qui témoignent du seul choc d'un objet lourd. J'admettrai que pour un homme de son importance, il peut s'avérer impossible de se faufiler dans la cheminée et de vérifier son hypothèse, mais je déplore l'étroitesse de son point de vue. « J'ose croire, dit-il, que l'idée d'une briqueterie dans le ciel n'effleure l'esprit de personne. »

Que voilà des paroles déraisonnables à une époque où le positivisme a reçu quelques leçons, et que l'improbable côtoie le commun. L'absurde se mesure à l'acceptable, avec lequel il est forcément contigu. Par exemple, des mottes d'argile ont pu tomber du ciel à une vitesse provoquant la combustion... Elles cuisent, des briques tombent du ciel.

Je commence à croire que Symons s'est éreinté à Notting Hill. Que cela serve d'avertissement aux fanatiques de l'efficacité.

À ce propos, trois mottes de matière terreuse ont été découvertes sur un chemin passant de Reading, après un orage le 3 juillet 1883. Il existe tant de registres de chutes de terre que personne n'aurait la bêtise de les nier. Enfin, c'est sans compter l'obstination des orthodoxes, une attitude louable au plan métaphysique, mais lamentable en terme de succès.

J'aurais pu énumérer cent chutes de matière terreuse, si cela avait été utile. En réfutant toute causalité entre les perturbations atmosphériques et les chutes d'objets, Symons s'endort lui-même. L'homme balaie du revers de la main la substance tombée à Reading : « Non météoritique ». Mais comment se former une opinion sans critère réel d'évaluation ? S'il avait établi des critères, des absurdités l'auraient frappé. Les météorites carbonés, reconnus mais discriminés, sont plus étrangers aux météorites que cette substance tombée à Reading. Symons préfère soutenir que les trois mottes étaient « là au départ ».

Quel que soit le verdict entourant ce fait, le plaidoyer

de Symons mérite une vitrine au musée des excommuniés. Il s'insurge contre l'idée d'origines extérieures, allant jusqu'à dire : « Il en va de l'honneur des Anglais. » C'est un patriote et je pense que les créatures exotiques ont peu de chance de l'émouvoir « au départ ».

Puis « une boulette de fer » de cinq centimètres de diamètre tombe apparemment durant un violent orage à Brixton, le 17 août 1887. Symons dit n'avoir pas pu mettre la main sur la chose.

Aucun doute, sa prestation de Notting Hill était bien meilleure.

Un correspondant relève le cas de la petite boule ferreuse trouvée dans le jardin de Brixton après l'orage. James J. Morgan, chimiste de son état, prend soin de l'analyser, mais ne peut l'identifier avec certitude à une matière météoritique. Qu'il s'agisse ou non d'un objet de fabrication humaine, on le qualifie de sphère aplatie, faisant au maximum cinq centimètres de diamètre (*Times* de Londres, 1er février 1888).

Jardin... endroit familier. Je suppose que Symons a pensé pour lui-même qu'un tel objet symétrique était « là au départ ». Il emploie sciemment le terme de « masse » qui évoque non pas la sphéricité et la symétrie, mais plutôt une matière amorphe. Tactique pour banaliser les cas futurs. Si un autre objet sphérique venait à tomber, les gens auraient fait le lien... Non, mieux vaut noyer le poisson.

Puis, un « boulet de fer ». Trouvé dans un tas de fumier à [Surrey], à la suite d'un orage.

Je dois dire que Symons tiendra un argument plutôt raisonnable, vu l'étrangeté d'un boulet dans un tas de fumier ; là au départ, la foudre attirée par le boulet, semble frapper le tas, et voilà l'esprit peu agile qui saute bêtement à la conclusion d'une chute.

C'est dire que les fermiers connaissent peu leur ferme et encore moins leur fumier, pourtant si familier à Symons, assis derrière son bureau.

Autre cas, celui d'un homme de Casterton à Westmoreland, de sa femme et de leurs trois filles qui contemplent leur terre pendant un orage. Ils «pensent voir», pour reprendre les termes de Symons, une roche tomber du ciel, tuer un mouton et pénétrer dans le sol.

Creusent, trouvent une boule de pierre.

Et Symons de dire: coïncidence, l'objet était là au départ. M. Carus-Wilson exhibe l'objet à une réunion de la Société royale des météorologues de Londres. Le compte rendu de la Société consigne une boule de grès. Symons parle simplement de grès.

On peut sans doute trouver quelques boules de grès dans le sol. Mais j'ai découvert, animé de mon insatiable esprit fouineur, que ledit objet était plus complexe qu'il n'y paraissait. Une lecture m'a appris que cette pierre était entre les mains de Carus-Wilson. Celui-ci a rapporté le récit de la famille témoin: le mouton tué, la pénétration d'un objet dans le sol, la fouille et la découverte. L'objet était une boule dure de quartzite ferrugineuse de la grosseur d'une noix de coco, et pesait près de cinq kilos et demi. Peut-être que j'y cherche une signification, mais la mention d'une structure, outre la symétrie, m'a interpellé. La boule semblait être une coquille renfermant un noyau mobile. Carus-Wilson attribue cette séparation à un refroidissement inégal de la roche (*Knowledge*, 9 octobre 1885).

Je pense que les scientifiques ne font pas exprès de se gourer. Au fond, ils sont innocents comme des sujets sous hypnose. L'esprit habité de croyances lira qu'une boule de pierre est tombée du ciel. Par réflexe, il visualisera une masse ronde, puis du grès, deux éléments courants, classera la chose parmi ses impressions d'objets terrestres familiers.

Pour un intermédiariste, l'acte de l'intellect est un processus universel qui se manifeste localement dans l'esprit humain. Le processus appelé explication n'est qu'un aspect à l'échelle locale du travail d'assimilation entrepris à l'échelle universelle. Cela ressemble à une matérialisation, bien que pour l'intermédiariste, il est irrationnel d'interpréter l'immatériel en termes de matériel, ou bien de faire l'inverse. La quasi-existence se caractérise par des approximations de l'immatériel et du matériel, et le raisonnement quasi hypnotique n'y échappe pas: concret versus abstrait. Tantôt Symons saute, tantôt il bondit, prouvant que les athlètes ne détiennent pas le monopole de la souplesse. Ici, il donne l'impression que les masses de grès rondes sont courantes, il encourage l'assimilation. De sorte que l'étrange objet est tout bonnement une boule de grès.

La mentalité humaine est là: les individus sont des commodités, faut-il s'en soucier? Il est possible que Symons ait écrit son article avant que l'objet ne soit présenté aux membres de la Société. Je ferai preuve de charité au nom de la diversité, je dirai poliment qu'il a peut-être «enquêté» sans avoir pu apprécier l'objet. Mais la personne chargée de classer la créature a été laxiste: du grès, pour toute étiquette.

D'un autre côté, je montre peut-être trop d'indulgence. Mais à force de procession, nous semblons moins condamnables, mes données et moi. On ne peut pas continuer de se prosterner aveuglément devant des dieux emplis de maladresse.

Si nous étions des personnes réelles dans une existence réelle, évaluée sur des critères authentiques, je pense qu'il faudrait sévir contre ces «symoneries».

Mais l'existence étant ce qu'elle est, il vaut mieux la prendre avec un grain de sel. Laissez-moi quand même sourire en repensant à cet homme et à sa famille anonymes qui crurent voir tomber une pierre. Il s'agissait du révérend Carus-Wilson lui-même, personnage bien en vue à l'époque.

J'enchaîne avec le cas rapporté par W.B. Tripp, aussi membre de la Société royale des météorologues de Londres: Lors d'un orage, un fermier aurait vu le sol ployer devant lui sous l'impact d'un objet lumineux. Il avait creusé. Avait découvert une hache de bronze.

Je suis d'avis que des scientifiques auraient dû visiter cette ferme et s'intéresser au phénomène plutôt que de se lancer dans une expédition au pôle Nord. Dommage, le fermier est demeuré inconnu, tout comme le lieu et la date de l'événement. Numéro de prestidigitation.

Ma galerie de l'étrange s'enlumine aussi d'un commentaire de *Nature* sur ce genre de faits: «Ils sont amusants, démontrant ainsi leur nature terrestre plutôt que céleste.» Pourquoi la nature céleste serait-elle moins divertissante, je vous pose la question. D'accord, il n'y a rien d'hilarant dans un coin ou une sphère, sinon Archimède et Euclide auraient été les rois de l'humour. Mais il serait juste de dire que ces objets ont été décrits avec dérision. Le commentaire est d'ailleurs représentatif de l'opinion orthodoxe: «Ils sont amusants...»

Je crois – sans fanatisme – avoir été aussi complaisant avec Symons que sa prestation scientifique le méritait. Peut-être ai-je un préjugé défavorable vis-à-vis de lui, du simple fait de le ranger avec les saint Augustin, Darwin, Saint-Jérôme et Lyell. Quant aux pierres de foudre, Symons a probablement fait enquête pour laver «l'honneur des Anglais», à l'instar du comité créé pour étudier le Krakatoa et les soleils verts, ou comme l'Académie des sciences de l'Institut de France vis-à-vis de la question des météorites. Un auteur scientifique a un jour souligné que l'intention du comité affecté au Krakatoa n'était pas de trouver les origines du phénomène de 1883, mais plutôt de prouver que le volcan en était responsable (*Knowledge*, 5-418).

Ceci dit, cet autre commentaire de Symons illustre sa tendance à soutenir une idée préconçue : d'entrée de jeu, il explique avoir entrepris une enquête autour des pierres de foudre – les haches, préfère-t-il dire – «avec la foi de découvrir le pot aux roses, puisque les haches de foudre n'existent pas».

Une autre chute de boulet a été signalée, mais Symons escamote la créature. Il y a eu enquête, néanmoins, un compte rendu rendant publique cette «pierre de foudre tombée en principe à Hampshire, en septembre 1852». Il s'agissait d'un boulet de fer, ou d'une «grosse masse arrondie de pyrite, ou d'un autre type de sulfure de fer». Aucun témoin de la chute ; un passant a trouvé l'objet dans une allée de jardin après un orage. On avait alors parlé d'une «supposée chose qui ne ressemblait à aucun météorite» (*Proceedings of the Royal Society of Endinburgh*, 3-147).

Le chimiste George E. Bailey publie une lettre à ce sujet. L'objet est tombé dans le jardin de M. Robert Dowling, résident d'Andover dans le comté de Hampshire, à seulement «cinq mètres de la maison». L'orage passé, c'est Mme Dowling qui a ramassé cette espèce de boule de criquet pesant près de deux kilos. Personne ne l'a vue tomber. La revue précise que l'orage du 15 septembre a été particulièrement violent (*Times* de Londres, 16 septembre 1852).

J'ai d'autres données concernant la boule de quartz trouvée par Carus-Wilson. Des données ridicules au regard de la science, des fantômes pour ainsi dire. Sauf que les spectres, par le nombre, peuvent se donner substance – tout comme les créatures apparentes de la quasi-existence sont peut-être un concentré d'illusions. D'autres cas d'objets de quartz tombés du ciel ont été rapportés. N'empêche. Ne perdons pas de vue l'idée que si la boule de Westmoreland avait été fracturée et séparée de son noyau mobile, il en serait resté une sphère de quartz vide. Je fais donc valoir que deux occurrences extraordinairement semblables se sont produites, une en Angleterre, l'autre au Canada.

À la réunion du Royal Canadian Institute (RCI) du 1er décembre 1888, J.A. Livingstone a exhibé une masse ronde de quartz qu'il disait être tombée du ciel. Elle s'était cassée et s'était révélée creuse à l'intérieur (*Proceedings of the RCI*, 3-7-8).

Les autres membres présents avaient décrété l'objet suspect puisqu'il n'était «pas de nature météoritique».

Ni date, ni lieu. Simple mention d'une possible géode, là au départ bien entendu. L'intérieur cristallisé de la gangue ressemblait à celui d'une géode.

Le quartz figure au tableau des proscrits. Un moine pris à lire Darwin ne pècherait pas davantage qu'un scientifique affirmant que du quartz est tombé du ciel par un jour sans vent. Et pourtant, la contiguïté persiste et signe. Le quartz n'est pas excommunié s'il se trouve dans un météorite baptisé... celui de Santa Catarina au Mexique, je pense. C'est faire une distinction toute épicurienne, comme seuls les théologiens savent le faire. Fassig rapporte qu'un galet de quartz a été trouvé dans un grêlon (*Bibliography of Meteorology*, 2-355). «Soulevé là, déposé ici», évidemment. Une autre roche de quarzite est supposément tombée à Schroon Lake dans l'état de New York, à l'automne 1880 (*Scientific*

American, 443-272). La revue a qualifé de fraude la chute de l'objet inusité. Aux alentours du 1er mai 1899, des journaux ont repris l'histoire d'un météorite «blanc comme neige» tombé à Vincennes dans l'Indiana. L'éditeur du *Monthly Weather Review* a demandé à un observateur de la région de mener sa petite enquête, et a fini par annoncer dans le numéro d'avril 1899 que l'objet était un fragment d'un bloc de pierre. Quiconque a fréquenté l'école, a-t-il expliqué, sait que le quartz ne tombe pas du ciel.

Le Musée national des antiquités de Leyde exhibe un disque de quartz de [six centimètres par cinq environ]. Tombé dans une plantation des Antilles, après l'explosion d'un météorite (*Notes and Queries*, 2-8-92).

Des briques.

Je crois que je plonge ici dans le vice. Que ceux qui veulent commettre un péché d'un nouveau genre me suivent. Au départ, certaines données m'ont paru si grotesques et effrayantes que j'ai failli les bouder. Mais j'en ai eu pitié. Et maintenant, je crois que je suis mûr pour les briques. Vous me suivez?

Mon allusion de tantôt à la terre qui tombe et cuit comme la brique nécessite quelque raffinement. Pour ce, je garde à l'esprit les bateaux de ciment construits par les humains, en imaginant que si certains font naufrage, les poissons des grands fonds découvriront de nouveaux matériaux... à ignorer.

Un objet tombé à Richland en Caroline du Sud, de couleur jaune et gris, a été qualifé de brique (*American Journal of Science*, 2-34-298).

On rapporte des fragments de «brique cuite au feu» tombés lors d'une averse de grêle à Padua, en août 1834 (*Edinburgh Philosophical Journal*, 19-87). L'auteur fournit une explication qui a rallié des adeptes: la grêle aurait arraché des morceaux de brique à des édifices. Sauf qu'il y a ici une concomitance qui fera grincer des dents quiconque voudrait glisser la créature sous le tapis alors qu'elle est à naître. Oui, des briques sont tombées du ciel; [deux des grêlons] renfermaient des morceaux de brique et de la poudre grisâtre.

Concernant un caillou tombé pendant un orage dans le village italien de Supino, en septembre 1875, le père Sechi explique pour le compte de la Royal Astronomical Society (RAS) que l'objet a forcément été délogé d'un toit (*Monthly Notices of the RAS*, 335-365).

On rapporte qu'un caillou visiblement fabriqué et de bonne taille est tombé à Naples, en novembre 1885. Après examen, deux professeurs napolitains ont conclu que la chose était inexplicable, mais véritable. Ils ont alors reçu la visite du Dr H. Johnstone-Lavis, collaborateur de la revue *Nature*, convaincu par la description faite qu'il s'agissait d'une «pierre de cordonnier» (*Nature*, 33-153).

Pour vous et moi qui sommes maintenant ouverts à des horizons plus vastes, la notion de cordonnier d'un autre monde ne nous jette pas par terre. Mais je soupçonne l'homme d'avoir fait des contorsions.

Cette pierre façonnée, sans doute une pierre à lisser le cuir, était de lave. Lave du Vésuve, de l'avis de Johnstone-Lavis, probablement de la lave de l'éruption de 1631 extraite de la carrière La Scala. Le terme «probablement» pèche par incertitude, selon moi. Quant aux deux experts ayant affirmé que l'objet était tombé, «je leur sais gré de reconnaître leur erreur», d'ajouter l'auteur.

Heureusement, il existe des touristes capables de distinguer la lave de La Scala. Son explication: l'objet avait dû être délogé ou lancé depuis un toit. Évitons de préciser comment cela aurait pu arriver. Mais le bon docteur a qualifié la pierre façonnée de «pierre de cordonnier», comme Symons avait parlé de «boulet» au lieu d'objet sphérique. Ou la détermination de discréditer l'étrange.

Cordonnerie et marche céleste.

Dire que les pierres de foudre et les coins à refendre découverts étaient là au départ est chose facile, tout comme invoquer la coïncidence d'une luminosité. Or, la coïncidence perd son statut de hasard devant la fréquence, il me semble. On finira par parler de coïncidence de coïncidences. Néanmoins, des pierres et des coins à refendre bien fichés dans les arbres donnent du fil à retordre aux orthodoxes. Par exemple, Arago admet que l'on a trouvé des haches de pierre dans les troncs d'arbre; mais il ajoute que l'on a aussi trouvé des crapauds dans des souches d'arbres. Cela veut-il dire pour autant qu'ils soient tombés là?

Assez vif d'esprit pour quelqu'un sous hypnose.

Je considère pour ma part que les Irlandais sont bénis entre tous; en fait, les Irlandais et la quasi-existence sont à l'unisson. Répondre à une question par une autre, c'est la seule réaction possible dans une existence irlandaise. Arago a dû s'en inspirer.

François Arago
(*Les nouvelles conquêtes de la science*, L. Figuier, autour de 1885).

Aux Santals de l'Inde qui prétendaient que des objets de pierre taillée étaient tombés du ciel et s'étaient plantés dans des arbres, le Dr Bodding a objecté la notion de vitesse des corps en chute libre. Il a sans doute raté quelques-unes des notes que j'ai dénichées sur les gros grêlons, certains tombant avec une impossible lenteur malgré leur taille. Bodding avance que tout ce qui tombe du ciel se «désintègre». Toujours est-il qu'il avance une explication à propos des objets de pierre découverts dans des troncs :

Il est propre à ces aborigènes de voler des arbres, mais ils débitent le bois de manière à faire moins de bruit; ils insèrent un coin de pierre dans le tronc, puis cognent sur l'objet. S'ils sont surpris en plein travail, le coin à refendre est moins compromettant qu'une hache.

Comme quoi un homme de science raisonnable peut agir désespérément.

Un voleur à la tire pris la main dans le sac s'expose-t-il à des accusations réduites s'il porte un gant? Un juge fera-t-il preuve de clémence devant une main gantée?

Entre raison et absurdité, il n'y a que l'intermédiarité. Avouons que la construction de nos raisonnements est particulièrement laborieuse devant l'étrange.

Au fil des ans, Bodding a collectionné une cinquantaine de pierres façonnées censées venir du ciel. L'homme a aussi déclaré que les Santals, maintenant avancés, ne font plus usage d'outillage lithique, sauf en ces commodes occasions.

Il reste qu'une explication est une description du particulier; elle s'efface devant le général. Difficile de dissocier les pluies noires de l'Angleterre de la pollution industrielle. Moins difficile à illustrer en Afrique du Sud. L'absurdité du raisonnement de Bodding m'inquiète peu, car si l'absurdité existe quelque part, elle est présente partout, à divers degrés. Chaque jour, nous vivons entre l'absurdité totale et la vraisemblance ultime, mais jamais aux pôles. Je dirai donc que l'explication savante de Bodding ne s'applique pas aux objets trouvés dans les troncs d'arbres d'autres contrées, en avançant par le fait même qu'une explication locale ne s'adapte pas au général.

Quant aux pierres de foudre non lumineuses ou qui n'ont pas terminé leur course dans un arbre, les experts rappellent avec sagesse que des paysans restent parfois hébétés de trouver des silex préhistoriques charriés par la pluie; qu'ils les croient à tort tombés des nuages. Pourtant, d'autres objets anciens, tels les grattoirs, poteries, couteaux, marteaux ont été découverts et j'avoue n'avoir trouvé aucun registre de poterie ou de bol que la paysannerie imputerait au ciel.

Tout me porte à croire que des objets de pierre d'apparente fabrication humaine sont tombés du ciel. Peut-être portent-ils des inscriptions. Je crois qu'on les a appelés «haches» pour les discréditer; comme si un nom familier conjurait les démons de l'étrange.

Un auteur écrit qu'il a rapporté une pierre de foudre de la Jamaïque. Il décrit bien là un objet en forme de coin, et non une hache: «Rien n'indique qu'il ait été fixé à un manche.» (*Notes and Queries*, 2-8-92.)

Parmi dix pierres de foudre illustrées dans le livre de Blinkenberg, neuf paraissent n'avoir jamais été fixées à un manche; la dernière est perforée.

Le Dr C. Leemans, directeur du Musée national des antiquités de Leyde, emploie le terme «coin à refendre» dans un rapport sur des objets supposément tombés au Japon. *Archaeologic Journal* (11-118) publie un article sur les pierres de foudre de Java, qui traite aussi des «coins à refendre» et non des «haches de pierre».

Je pense que ce sont les paysans et les autochtones qui ont utilisé le mot «hache». Quand la fin justifie les moyens, les hommes de science résistent au verbiage et à la pédanterie, adoptent la simplicité. Autrement dit, ils sont compréhensibles lorsqu'un brin condescendants.

Tout cela risque de nous projeter dans une confusion accrue. Nous étions sortis presque stables des anecdotes de chutes de beurre, de sang, d'encre, d'amadou, de papier et de soie, nous voilà maintenant devant des boulets, des haches et des disques, si l'on range la pierre de cordonnier parmi les disques ou les pierres plates.

Bien des scientifiques sont des impressionnistes: ils fondent les détails dans l'ensemble. Si Bodding avait été de nature plus crue et contrastée, il n'aurait pas pu expliquer avec autant de flou la présence des pierres en coin dans les troncs d'arbre.

Pour un réaliste, cependant, l'histoire aurait été ainsi peinte: Dans une jungle fournie où, pour quelque obscure raison, personne n'était partageux, était un homme qui avait grand besoin d'un arbre. Il avait imaginé que d'abattre du bois en cognant sur une pierre en coin ferait moins de bruit que d'utiliser sa hache. L'homme et ses descendants, au fil des ans, abattirent les arbres au moyen de coins à refendre tout en échappant à la justice, car il ne vint jamais à l'idée du procureur qu'un objet en coin fût une tête de hache.

C'est l'histoire d'une tentative vers le positif, qui nous paraît complète et belle jusqu'au moment où l'on constate la disparition d'éléments. Incomplète, elle perd de son attrait, mais pas entièrement, car elle n'est pas dénuée d'un charmant soupçon de fondement. Un Santal un peu déficient aurait pu, un jour, se comporter de la sorte. Mais Bodding écrit le dogme à partir d'une aberration.

Finalement, je me sens prêt à riposter. J'aurais été un chef iroquois jadis devant ces têtes scientifiques foisonnantes, j'aurais rêvé de lever une chevelure ou deux. J'avancerai donc mes modestes hypothèses sans prétention. J'ai liquidé les explications avec les croyances. Et s'il est vrai qu'en vertu de l'unité celui qui scalpe risque d'être scalpé, alors vive la perruque!

Des boulets et des coins à refendre, et ce qu'ils pourraient signifier selon moi...

Bombardements sur la Terre?

Tentatives de communication?

Des visiteurs d'hier et d'ailleurs (ou de la Lune?) emportant avec eux des objets fabriqués par les humains de la préhistoire. Un naufrage interplanétaire, un cargo d'objets terrestres flottant dans la supermer des Sargasses, des objets qui s'égrènent lors d'intempéries...

À la lumière des descriptions, je n'imagine pas que ces pierres en forme de coin s'attachaient à des manches ou servaient de haches.

Et s'il y a eu des tentatives de communication avec la Terre au moyen d'objets capables de pénétrer dans la vase et les matières terrestres gélatineuses, un compte rendu pourrait nous éclairer. Une pierre en coin est tombée du ciel près de Cashel à Tipperary, le [12] août 1865. La science ne conteste pas, mais préfère parler d'un objet en forme de pyramide (*Proceedings of the Royal Irish Academy*, 9-337). Une autre roche pyramidale est tombée à Segowolee en Inde, le 6 mars 1853 (*Comptes rendus de la BAAS*, 1861-34). Pour en revenir à cet objet de Cashel, le Dr Haughton explique: «La roche pyramidale possède une caractéristique insolite; les arêtes sont arrondies et la croûte noire est marquée de lignes nettes et parfaites comme celles que l'on tire à la règle... elles résultent sans doute d'une compression anormale durant le refroidissement de la roche. » Anormal c'est le mot, surtout que cette caractéristique n'avait jamais été observée sur les aérolites de forme non pyramidale. Après l'époque de Haughton, deux ou trois cas analogues sont survenus, évoquant même un processus de stratification, caractéristique non admissible des météorites.

Une idée germe dans mon esprit, une idée énorme qui finira néanmoins par prendre les proportions ordinaires du bouton à quatre trous.

Si d'aventure quelqu'un se penchait sur le caillou de Cashel avec autant d'intérêt que Champollion pour la pierre de Rosette et ses hiéroglyphes, il trouverait sans doute – assurément, même – un sens à ces lignes, un sens qu'il traduirait à notre intention.

Une idée a donc germé dans mon esprit, dis-je, plus subtile, plus ésotérique que celle de cailloux gravés projetés ici-bas pour tenter de communiquer avec nous. Car la notion d'autres mondes en correspondance avec la Terre est déjà répandue. Pour ma part, je crois que cette communication est établie depuis des siècles.

Disons plutôt que j'aimerais faire circuler un compte rendu à l'effet qu'une pierre de foudre est tombée, au New Hampshire, par exemple... et que j'en profite pour suivre la trace de qui examinerait cette pierre, prenant en note ses affiliations, ses activités.

Puis je ferais circuler un rapport à l'effet qu'une pierre de foudre est tombée à Stockholm, cette fois.

L'observateur intervenu au New Hampshire se manifesterait-t-il à Stockholm? Et s'il ne possédait aucune affiliation avec une organisation anthropologique, géologique ou météorologique? S'il appartenait plutôt à une société secrète?

Incrédulité secouée.

De tous les objets symétriques tombés – ou pas – du ciel, il me semble que l'idée de disques est la plus frappante. Les «pierres de cordonnier» pourraient bien entrer dans cette catégorie, car elles présentent des formes diverses. Toujours est-il que le disque de quartz tombé il y a quelque temps dans les Antilles appartient pour sûr à l'impur.

Je vous propose maintenant une créature de la caste des intouchables.

Lors d'une violente tempête le 20 juin 1887, deux mois avant la chute de la boulette ferreuse de Brixton, une petite pierre est tombée du ciel de Tarbes en France : treize millimètres de diamètre par cinq millimètres d'épaisseur, pour un poids de deux grammes. M. Sudre, professeur à l'école normale de Tarbes, a exhibé le monstre devant l'Académie des sciences (*Comptes rendus*, 1887-182).

L'explication «là au départ» ne pouvait pas tenir la route, car l'objet était enrobé de glace. Il avait été façonné et poli d'une manière apparemment très humaine. «Il s'agit d'un disque de pierre très régulier. Il a été assurément travaillé», de dire Sudre.

Aucune note relative à un tourbillon de vent dans les parages; aucune note concernant une chute d'objets ou de débris ailleurs en France à cette époque. L'objet était tombé seul. Réaction machinale, on publie dans *Comptes rendus* une explication à l'effet que le caillou a été soulevé par un tourbillon et déposé.

Tout au long du 19e siècle, il n'y a peut-être pas eu d'événement plus important que celui-ci. Dans l'édition de 1887 de *La Nature* et de *L'Année scientifique et industrielle*, on souligne cette chute étrange. L'un des numéros de *Nature* en fait aussi mention cet été-là. Fassig consigne le cas dans l'*Annuaire de la Société météorologique de France* de 1887.

Mais pas un mot d'explication, aucune mention que je puisse trouver par la suite.

Un commentaire de ma part est-il nécessaire? Faut-il attendre une hypothèse de la part de l'Académie des sciences? Ou de l'Armée du Salut?

Un petit disque de pierre façonnée est tombé du ciel de Tarbes en France, le 20 juin 1887.

Chapitre 9

Des objets fabriqués anachroniques
avec les temps fossiles.

Voici ma pseudodéduction :

Les données que je défends ont été damnées par des colosses aux pieds d'argile, c'est-à-dire par des principes et des notions de science irréels. De petites putains ont tenté de nous séduire. Des clowns nous ont lancé des seaux d'eau en prétendant y faire tenir des milliers de poissons de bonne taille; ils nous ont méprisés pour nous être moqués, car tout clown qui se respecte souhaite secrètement être pris au sérieux. Une foi aveugle s'est penchée sur des microscopes, incapable de discerner chair et nostoc, frai de poisson et frai de grenouille. Elle a jeté un voile sur nos yeux. Nous avons été damnés par des zombies et des momies qui grouillent aux incantations des convenances.

Tout autour règne l'hypnose. Finalement, les damnés sont ceux qui ont conscience de leur condamnation.

Si nous sommes plus proches du réel, nous sommes des consciences en train de comparaître devant un jury endormi.

De tous les météorites accueillis au musée, bien peu ont été vus en train de tomber. On considère la preuve suffisante si le spécimen ne peut être justifié autrement que par sa provenance céleste. Comme si au milieu de cette confusion qui auréole toute chose – et la confusion est bien l'essence des choses – on pouvait discerner nettement un objet d'un autre et le qualifier pour l'éternité. Scientifiques et théologiens décrètent que si l'on peut donner des attributs spécifiques à une chose, on peut la définir. La logique serait ce qu'elle prétend si ses propositions et ses lois existaient véritablement dans la quasi-existence. Personnellement, je suis d'avis que la logique, la science, l'art et la religion sont, dans notre condition actuelle, préludes à un éveil prochain, comme l'est la reprise de conscience au sortir d'un songe.

Tout vieux morceau métallique correspondant à peu près au « matériau météoritique de référence » est admis au musée. Il est farfelu que les conservateurs se contentent de ces prémisses, mais je crois que l'on peut lire le journal du jour et refuser la modernité. Le répertoire constitué par Fletcher révèle, par exemple, qu'une douzaine des plus célèbres météorites ont été découverts en asséchant un terrain, en construisant une route ou en labourant un champ. Un pêcheur a ramené un objet en levant son filet dans le lac Okeechobee. On n'avait jamais vu de météorite tomber dans la région. Le Musée national américain a admis l'objet.

Si nous avons accueilli un seul objet qui ne soit pas de nature météoritique conforme, un cas de matière carbonée (le charbon reste tabou), nous pouvons dire que l'exercice d'inclusion-exclusion servant à se former une opinion a conduit les conservateurs de musée à pratiquer la discrimination négative.

Il y a quelque chose d'infiniment pathétique, de cosmiquement triste dans cette quête du standard universel, dans la conviction d'avoir trouvé une règle, par illumination ou analyse. Également dans la persistance de cette parodie malgré l'insuffisance de la preuve. Espoir tenace et faux que le particulier puisse être généralisé, que le local puisse être universalisé. Comme si le « matériau météoritique de référence » était une « pierre des âges » aux yeux de certains scientifiques. Ils s'y accrochent à deux mains. N'ont plus de mains pour étreindre le neuf.

L'énoncé et son objet, viables en apparence seulement, sont le résultat d'une illusion, d'une ignorance ou d'un renoncement. Toutes les sciences sont des toupies, tournent jusqu'à l'épuisement ou à la panne. Puis elles nécessitent d'être de nouveau propulsées, du moins c'est ce que l'on espère. Alors elles redeviennent tranquillement dogmatiques et prennent pour critères des positions qui n'étaient que des points de rupture. Considérez la chimie, par exemple : elle a divisé et sousdivisé la matière jusqu'à l'atome. Pour sécuriser la quasi-construction, elle a bâti un système. Quiconque est assez absorbé par sa propre hypnose pour résister aux effets hypnotiques de l'édifice chimique y voit une sorte de repos intellectuel, couché sur des sottises infinitésimales.

E.D. Hovey, du Musée américain d'histoire naturelle, avoue avoir souvent reçu des échantillons de calcaire fossilifère et de scories. Les expéditeurs ont juré avoir vu ces objets tomber sur des parterres, des routes, des trottoirs (*Science*, n.s. 31-298).

Comme ils ne sont pas de nature météoritique admise, c'est le rejet... Étaient là au départ... Pure coïncidence si la foudre a frappé à cet endroit, ou si un météorite véritable – mais introuvable – est tombé à proximité d'un fragment de calcaire ou d'une scorie.

Il serait trop long d'en faire la liste et de surcroît inutile, de dire Hovey. Comme il titille mon imagination! Pour ma part, je serais curieux de savoir quels sont ces objets étranges, damnés excommuniés, que des gens de bonne foi ont pris le risque d'envoyer aux musées, persuadés de leur bien-fondé, assez convaincus pour écrire une lettre, faire un paquet et payer les frais de poste. Je suppose qu'il est écrit sur l'enseigne de ces musées : « Ici, l'espoir n'est pas conservé. »

Si un Symons mentionne un cas de scorie ou de charbon soi-disant tombé du ciel, nous penserons peut-être aux météorites carbonés, mais cela ne suffit pas à soutenir ma théorie que du charbon peut tomber, surtout d'une centrale spatiale au charbon.

Je note que M. Daubrée tient le même discours que son collègue Hovey. Ma fantasmagorie trouve tout à coup appui sur la multitude, car Daubrée parle de toutes ces choses étranges et irrecevables qui sont expédiées aux musées français, accompagnées de garanties écrites de leur chute. Il mentionne charbon et scories (*Comptes rendus*, 91-197). La complainte des conservateurs doit être plus répandue qu'on ne le pense.

Bannis. Enfouis, anonymes et sans âge dans la terre à potier de la science.

Je ne dis pas que les faits bannis devraient jouir des mêmes droits que les faits admis. Ce serait justice, ce serait l'absolu positif. Bien qu'elle poursuive cet idéal et dénonce les transgressions, la quasi-existence exprime seulement des forces dominantes, signes de déséquilibre, d'incohérence et d'injustice.

Je suis d'avis que le déclin de l'exclusionnisme est un phénomène du 20e siècle ; que les divinités modernes considéreront mes hypothèses bien qu'elles soient encore mal dégrossies. En vertu de la cohésion de la quasi-existence, mes propres raisonnements sont limités au contexte des méthodes orthodoxes qui servent à établir et à préserver sa mystification élégante et rusée. Je pense toutefois que je bénéficie d'un stimulus particulier, produit de ce 20e siècle. Mais je n'ai pas la présomption de présenter des faits absolus. J'ai même l'impression d'être souvent aussi superstitieux et crédule que les logiciens, les indigènes, les conservateurs et les paysans.

Voici une démonstration orthodoxe qui servira de base à mon hérésie : si l'on trouve des objets dans le charbon qui sont là parce qu'ils y sont forcément tombés, c'est qu'ils y sont tombés.

Des cailloux ronds ont été découverts dans du charbon, des « aérolites fossiles », dit-on. Ils ont dû tomber du ciel à une époque reculée où le charbon était encore tendre et pouvait se refermer. Cela explique l'absence de trace de pénétration (*Memoirs of the Manchester Literary and Philosophical Society*, 2-9-306).

D'accord.

On découvre une gaillette de charbon qui renfermait un outil de fer. « Soulignons la singularité d'une telle découverte dans un gros morceau de charbon extrait à plus de deux mètres sous terre. » (*Proceedings of the Society of Antiquaries of Scotland*, 1-1-121.)

Si vous et moi acceptons que l'instrument était plus sophistiqué que les outils des hommes préhistoriques de l'Écosse à l'époque du charbon en devenir, alors...

« L'outil est qualifié de moderne », dit-on encore. Réponse conventionnelle : à une époque contemporaine, un ouvrier aura procédé à un forage dans du charbon, et sa mèche se sera brisée dans le minerai.

Verdict cocasse dans le compte rendu de cette société d'antiquaires ; je trouve mon opinion plus vraisemblable. Et pourquoi aurait-on abandonné ce gisement de charbon durant son exploitation ? Je rappelle qu'il n'y avait aucune trace de forage, que l'outil était emprisonné dans une gaillette et que sa présence a été remarquée à la fracture du morceau de charbon.

Aucune mention de ce maudit objet ailleurs dans la littérature scientifique. Il existe bien une explication de rechange : peut-être que l'objet n'est pas tombé du ciel. Si en Écosse, à l'époque carbonifère, l'homme primitif était incapable de telle fabrication, l'outil a pu être abandonné là par des visiteurs d'autres mondes.

Comme j'admets au départ que rien ne peut être immuablement prouvé, je fais cette prochaine observation avec un grand souci d'équité et de justice :

Une rondelle de cuivre de la grosseur d'une pièce d'un penny a été découverte dans un bloc de craie extrait à deux mètres de profondeur. La chose s'est passée à Bredenstone, en Angleterre. On dit que l'objet était frappé du dessin d'un prêtre agenouillé devant Vierge et enfant, et portait l'inscription « St. Jordanis Monachi Spaldingie » (*Notes and Queries*, 11-1-408).

Satané objet, il me plaît.

Un autre fait coupable intéresse la science, que je repousse à mon tour. En vertu de l'unité, le damné peut aussi exclure. C'est une coupure de journal qui a retenu l'attention : Aux environs du 1er juin 1851, une explosion survenue à Dorchester, au Massachussets, éjecte d'un bloc de pierre un vase en cloche réalisé dans un métal inconnu. Des motifs floraux sont incrustés d'argent. « De l'orfèvrerie raffinée. » L'éditeur de la revue estime que l'objet a été fabriqué par Tubal Cain, fondateur de Dorchester. Je trouve la déduction un peu arbitraire, mais je me retiendrai de contester (*Scientific American*, 7-298).

Puis un cube de métal est mis au jour dans un gisement de charbon autrichien, en 1885. Il est exhibé au musée de Salsbourg (*Nature*, 35-36).

Face au positivisme de clocher, je réagis : la science, dans sa tentative de vérité, emploie un critère tel que « matériau météoritique de référence ». La matière carbonée est moins fréquente, mais constitue un matériau tout aussi admissible. Les composés de carbone sont si nombreux que le critère devient subjectif devant un éventail aussi diffus. Par conséquent, le repère ne permet pas de tracer de limite précise, il n'oppose pas de discrimination réelle. La science ne valide que les chutes de «matériau météoritique de référence». Mais cette donnée concerne un matériau de référence pourtant frappé d'interdit. Une créature qui se renie elle-même est un juge peu crédible.

Un doute s'installe. J'ai admis, pour ma part, un objet géométrique sculpté dont la fabrication précède l'être humain ou correspond à ses tout premiers balbutiements. Voyons voir comment ont réagi les croyants à ce bloc de métal.

«Matériau météoritique de référence.» Géométrie parfaite, matière si caractéristique du météorite que la possibilité d'une intervention humaine est exclue. Quant au gisement d'où il a été extrait, il date de l'âge tertiaire. Composition: fer, carbone et un peu de nickel. Surface piquée caractéristique des météorites admis (*L'Astronomie*, 1887-114; et *Comptes rendus*, 103-702).

Les scientifiques chargés d'examiner l'objet n'ont pu s'entendre et sont parvenus à des compromis ainsi qu'à des omissions:

Qu'il s'agit bien d'un matériau météoritique véritable, non façonné par l'homme.

Ou qu'il s'agit de fer d'origine non météoritique, façonné par l'homme.

Ou qu'il s'agit de matériau météoritique véritable façonné ensuite par l'homme.

Les données, dont une ou deux sont écartées dans la formulation de chaque compromis, sont les suivantes: matériau météoritique véritable; surface caractéristique des météorites; forme géométrique; découverte dans un gisement fossile; matériau dur comme l'acier; absence de civilisation à cette époque capable de travailler l'acier. En fait, on dit qu'il s'agit de matériau météoritique de référence, mais que l'objet est pratiquement d'acier.

Saint Augustin, qui a toujours placé la foi un peu au-dessus de la connaissance, ne s'est jamais trouvé en si troublante posture que nos orthodoxes du moment. En écartant une donnée ou deux, on évite de soumettre l'esprit au fait qu'un objet d'acier est tombé du ciel durant l'âge tertiaire. Mon admission de la créature est la seule à faire la synthèse de ses éléments.

Une autre revue qualifie l'objet de météorite. Rien d'alarmant pour le croyant, puisque l'on omet de préciser sa surprenante géométrie. L'objet est un cube, marqué d'une profonde incision tout autour. Deux des faces opposées sont arrondies (*Science-Gossip*, 1887-58).

J'ai conscience que même si mon interprétation embrasse tous les éléments visibles de l'ensemble, elle n'est qu'une approximation de la vérité. Ma démarche me paraît complète, mais elle pourrait se déconstruire si des données ont échappé à mon œil appliqué. Je me rétracterais si démonstration était faite que la créature est un cube de pyrite de fer, seul objet à pouvoir se cristalliser ainsi. L'analyse ne mentionne toutefois aucune trace de sulfures. Impossible néanmoins d'être absolu; qui voudrait y trouver des sulfures en trouverait. Et en vertu de l'intermédiarité, les sulfures représentent des manifestations locales de ce qui est de toute façon présent, mais silencieux, dans l'universel.

Finalement, on a trouvé – ou pas – des objets tombés du ciel ou abandonnés ici par des civilisations du Dehors.

Entrefilet dans le *Times* de Londres du 22 juin 1844 : Des ouvriers ont découvert dans une carrière à proximité du fleuve Tweed, à un demi-kilomètre de

Rutherford Mill, un fil d'or encastré dans une roche à deux mètres et demi de profondeur. Un fragment du fil a été envoyé aux bureaux de *Kelso Chronicle*.

Belle petite chose toute propre, mais condamnable.

Un jour, un dénommé Hiram De Witt, de Springfield au Massassuchets, est rentré de Californie avec un morceau de quartz aurifère de la grosseur d'un poing. L'objet s'est fracassé en tombant : dedans, un clou de fer de cinq centimètres environ, légèrement corrodé. « La tige était droite et la tête parfaite. » (*Times* de Londres, 24 décembre 1851.)

Peut-être qu'en Californie, à une époque reculée, le quartz aurifère se formait tandis qu'un menuisier du ciel échappait un clou.

Seul un intermédiariste peut se réjouir d'un phénomène immoral, voire impubliable, qui témoigne selon lui de la rencontre de phénomènes exclus du temple scientifique.

Dans une lettre, Sir David Brewster relate ceci : Un clou a été découvert dans un bloc de pierre de la carrière Kingoodie, en Grande-Bretagne du Nord. On ne sait pas dans quel secteur de la carrière et à quelle profondeur ce bloc de 23 centimètres de haut a été extrait, mais la carrière est un dépôt de strates de roche et de moraine en exploitation depuis une vingtaine d'années. La pointe du clou, rongée par la rouille, pénétrait dans la moraine, tandis que la tige s'enfonçait sur une longueur de deux centimètres et demi dans la roche (*Comptes rendus de la BAAS,* 1845-51).

Bien que le fait ne puisse être consacré, pas davantage qu'un brahmane dans l'église baptiste, Brewster a rendu compte des éléments d'information de manière correcte. Cependant, il n'y a eu aucune discussion sur le sujet devant l'Association britannique pour l'avancement des sciences. Silence complet. Un autre fait sous le tapis.

Mais cet escamotage nuit à l'orthodoxie tout autant qu'à mon exploration, car l'inclusion d'un tel objet dans du quartz ou du grès témoigne bien de l'ancienneté du phénomène. Si l'on devait admettre la créature, la science devrait-elle réviser sa datation des roches? Dire que la révolution tenait à un simple entrefilet de journal. Les deux faits honteux se sont évanouis d'un seul coup de cette prochaine baguette.

Selon le journal *Carson Appeal*, on a découvert dans une mine des cristaux de quartz qui auraient pu se former en une quinzaine d'années seulement. Qu'à l'époque de la construction d'une usine, on avait trouvé du grès; qu'à la démolition de cette usine douze ans plus tard, le grès avait durci; que dans ce grès était restée une planche avec «un clou planté dedans» (*Popular Science News*, 1884-41).

Alors continuons notre pèlerinage.

Lors d'une autre assemblée de l'Association britannique en 1853, Brewster annonçait qu'il allait présenter aux membres un objet «si incroyable qu'il fallait trouver des éléments incontestables pour pouvoir émettre un rapport d'expertise plausible» (*Annals of Scientific Discovery*, 1853-71).

Une lentille de cristal avait été découverte dans la maison historique de Ninevah.

De par le monde, un grand nombre de maisons et de sanctuaires historiques érigés sur les lieux de civilisations disparues ont préservé des objets tombés du ciel, des météorites, devrait-on dire.

Notre brahmane chante. Cet objet est enterré vivant sur la propriété du British Museum.

Un certain Carpenter en a fait deux dessins dans *The*

Microscope and Its Revelations. L'homme déclare qu'il est impossible que des civilisations anciennes aient pu fabriquer des lentilles optiques. De toute évidence, ça ne lui a pas traversé l'esprit que quelqu'un, un million de kilomètres au-dessus de nos têtes, ait pu regarder dans son télescope et perdre sa lentille. Non, Carpenter préfère dire qu'il doit s'agir d'un ornement.

Pourtant, Brewster insiste : l'objet n'a rien d'un bijou, il s'agit «d'une véritable lentille optique».

Alors disons simplement que dans les restes d'une civilisation disparue, on a trouvé un objet sophistiqué condamnable, que l'on ne peut attribuer à aucune civilisation terrienne ancienne.

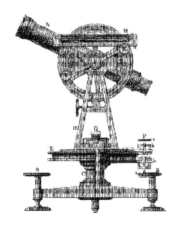

Chapitre 10

Des comètes surprises qui font mentir
les prédictions astronomiques.

Les pionniers de l'exploration ont cru trouver un passage vers la Chine entre la Floride et Terre-Neuve. Et la confusion était plus grande encore à une époque antérieure. Elle tient au simplisme du raisonnement. Les tout premiers découvreurs pensaient que la terre qui s'étendait à l'ouest – les Indes, dans leur esprit – était d'une seule pièce. Lentement, la conscience d'autres terres et de l'Inde s'est développée. Je n'ai pas le sentiment, pour l'instant, que les choses accueillies ici-bas viennent d'un monde particulier. C'était néanmoins mon impression en entamant mes recherches. Comme si toute observation commençait d'abord dans un lieu commun, je pense que l'intellect se construit à partir d'un lieu homogène. C'est l'un des préceptes de Spencer : nous percevons l'homogénéité dans les choses distantes et mystérieuses. Progresser de l'homogène indéfini à l'hétérogène différencié est au cœur de la philosophie spencerienne, si toutefois on peut parler de sa pensée, car il la partageait avec von Baer qui, lui aussi, marchait sur les traces des spéculateurs évolutionnistes.

Personnellement, je suis plutôt d'avis que les créatures visent l'homogène ou tentent à tout le moins de l'exprimer à l'échelle du particulier. L'homogénéité est une facette de l'universel et elle représente, selon moi, la réalisation de l'absolu. Mais je crois aussi que les frustrations infinies que produit ce désir d'absolu positif se manifestent dans un éventail de réactions également infini. De sorte qu'en tentant de produire l'homogénéité à l'échelle locale, les choses ne font qu'amplifier une hétérogénéité démesurée, responsable d'une confusion généralisée.

Les concepts sont de modestes tentatives d'absolu; ils doivent invariablement céder au marchandage, au changement, à l'annulation, au mouvement de confusion. Mais il y a peut-être eu, dans l'histoire du monde et pendant une seconde, un dogmatiste apte à se préserver de toute influence, intrusion ou discordance, touchant alors l'absolu positif et se transportant aussitôt au nirvana.

Je m'étonne que Spencer n'ait jamais perçu les mots « homogénéité », « intégration » et « définition » comme les caractéristiques d'un même état, l'état que j'appelle « positif ». À mon sens, il a considéré à tort l'homogénéité comme négative.

J'avais donc pris pour prémisse l'existence d'un autre monde, duquel tombait des objets et des substances; un monde qui jouait, ou qui joue, un rôle de tuteur à la Terre; qui tentait de communiquer avec nous. Et les données se sont accumulées pour influencer ma perception jusqu'à me faire dire qu'il ne tente plus, mais qu'il communique bel et bien – et depuis des siècles – avec une secte, ou une société secrète, ou quelques élus éveillés de notre civilisation terrienne.

Mon pouvoir hypnotique s'effritera à ne pas pouvoir concentrer votre esprit sur l'existence d'un monde précis.

J'ai déjà admis faire travailler mon intelligence et être en opposition avec l'orthodoxie. Je n'ai pas le dédain d'un conservateur de musée ni la langueur d'un sorcier guérisseur. Or donc, je vais ouvrir mon esprit à la possibilité de plusieurs autres mondes; certains aux proportions lunaires, d'autres incommensurables, d'autres plus susceptibles d'être qualifiés de régions interplanétaires que de planètes. Et des chantiers ou superchantiers du ciel, l'un d'entre eux de la taille de Brooklyn, à vue de nez. Des mondes toroïdaux, s'étendant sur des kilomètres.

En me voyant ainsi brasser toutes ces visions, il est possible que vous ayez ressenti une espèce d'indignation ou de refus. Si de tels mondes existaient, les astronomes ne les auraient-ils pas vus? L'idée vous a traversé l'esprit, avouez, mais elle ne vous privera pas de continuer l'exploration. Comment stopper une histoire en plein développement? Dans la narration cosmique, les points n'existent pas; l'illusion des points tient à une lecture partielle des points-virgules et des deux-points.

Impossible donc de se laisser arrêter par l'idée que de tels phénomènes auraient été observés par les astronomes s'ils s'étaient produits. Néanmoins, vous et moi avons pu constater que la dissimulation et la discrimination existent, et je soupçonne des astronomes d'avoir détecté de telles régions; des navigateurs et des météorologues aussi; des gens de science et des observateurs idem. Le système en a exclu les données.

Quant aux lois de la gravitation et aux équations astronomiques, gardez à l'esprit que ces formules, encore en usage aujourd'hui, fonctionnaient à l'époque de Laplace qui ne connaissait qu'une trentaine d'objets célestes. Au début de 1900, on en dénombrait environ 600, et la pouponnière grandit. Alors quelle différence pourraient faire une centaine de mes nouveaux venus?

Du reste, que signifient les percées géologiques et biologiques aux yeux d'un théologien? Ses formules à lui sont toujours actuelles.

Si les lois de la gravitation étaient réelles, elles freine-raient mes réflexions. Mais on nous a appris que la gravitation universelle est simplement la gravitation. Pour un intermédiariste, impossible de définir une chose autrement que par elle-même. Mais pour l'orthodoxe, la définition d'une chose strictement en termes d'elle-même est fausse. Je crois que l'orthodoxie a fait preuve sans le savoir de grande lucidité, prélude au réel. La science dit de la gravitation qu'il s'agit d'une attraction proportionnelle à la masse et inversement proportionnelle au carré de la distance. La masse se rapporte à la cohésion interne qui unit les particules ultimes, à supposer que les particules élémentaires sont ultimes*. D'ici à ce que l'on découvre d'autres particules ultimes, un seul terme décrit l'état, la masse est une attraction. Et la distance n'est qu'un étalement autour de la masse, à moins que quelqu'un ne puisse démontrer un vacuum complet entre les planètes, ce que je pourrais réfuter à grand renfort de données. Pas moyen donc d'exprimer la gravitation autrement que par l'attraction. Autrement dit, il n'y a en travers de mon chemin qu'un fantôme; la gravitation est la gravitation des gravitations, proportionnelle à la gravitation (la masse) et inversement proportionnelle au carré de la gravitation (la distance). Dans une quasi-existence, c'est ce qu'on fait de mieux comme définition, mais un raisonnement plus valable doit exister.

---

* N.d.t.: Pour illustrer la clairvoyance qui pousse Charles Fort à regarder au-delà du visible, voici de quoi soutenir cet exemple. Au moment où l'auteur couchait ces lignes, seuls le proton, le neutron et l'électron permettaient de décrire les phénomènes connus. Dès 1932, le modèle a explosé: le bestiaire des particules comprend aujourd'hui 12 fermions et 12 bosons (sans compter l'hypothétique boson de Higgs), la gravitation pose toujours problème à l'échelle quantique de même que pour les objets galactiques qui nécessitent de faire intervenir une matière sombre dans les calculs (Source: *L'univers des particules*, Michel Crozon).

Néanmoins, quand un système règne, il assure sa poigne grâce à un Dr Gray ou à un Pr Hitchcock. Ils ont d'ailleurs influencé ma perception de l'homogène. Quant à l'exactitude du système astronomique et à la précision de ses mathématiques (pour peu que les mathématiques soient réelles dans un monde où deux et deux ne font pas toujours quatre), je rappelle l'incrédulité des deux découvreurs de Neptune.

Sentier connu, sur lequel je me lance de nouveau. J'ai le sourcil qui frétille à la vue des mots «découverte triomphale de Neptune», ou «prouesse de l'astronomie théorique» dans un ouvrage savant. Impossible de résister à la curiosité.

Les ouvrages que j'ai lus escamotent ceci: l'orbite neptunienne diffère largement des calculs d'Adams et de Le Verrier, à tel point que Le Verrier lui-même a dit que l'objet n'était pas la planète de ses recherches.

On a préféré clore rapidement le sujet. En 1846, qui savait différencier un sinus d'un cosinus jouait volontiers de la sinusoïde pour trouver une planète audelà d'Uranus, de sorte que deux chercheurs avaient fini par deviner juste.

Même en considérant la boutade de Le Verrier, le terme «deviner» pourra paraître un peu mesquin aux yeux de certains. Mais de l'avis du Pr Pierce, de Harvard, les calculs d'Adams et de Le Verrier décrivaient bien la position de la huitième planète... à de nombreux degrés près.

Heureux accident, a sans doute voulu dire Pierce (*Proceedings of the American Academy of Sciences*, 1-65). Pour plus de détails, on peut consulter *The Evolution of Worlds*, de Lowell.

Puis il y a les comètes, embêtants petits astres. En ce qui concerne les éclipses, j'ai des notes sur plusieurs d'entre elles légèrement désobéissantes au calendrier, et une autre, pauvre âme de perdition dans les registres de la Royal Astronomical Society, qui s'est tout bonnement éclipsée. Sur ce petit démon attrayant et malicieux, je reviendrai tantôt.

Depuis l'avènement de la théorie astronomique, chaque réapparition de comète à l'heure prévue a connu son lot de battage publicitaire, quoique l'on peut se questionner sur l'utilité de prédire l'arrivée du facteur demain. C'est ainsi que se bâtissent des réputations de cartomanciens. Une comète dissidente? Explications et tours de passe-passe. La comète d'Encke, revenue à intervalles croissants. Les astronomes ont fourni des explications. Et ils savent expliquer, croyez-moi! Démonstration du ralentissement, reformulation des équations. Au même moment, la maudite chose s'est mise à [ralentir encore davantage].

Et la comète de Halley.

L'astronomie, «la science parfaite, nous plaisons-nous à dire chez les astronomes» (Jacoby).

Je pense que dans une existence réelle, un astronome qui ne saurait calculer correctement une longitude serait redirigé vers le purgatoire, c'est-à-dire avec le commun des mortels, jusqu'à sa réforme.

Un jour, l'astronome Halley a pour tâche de calculer la longitude du cap de Bonne Espérance. Il s'est fourvoyé dans les degrés, donnant à la célèbre pointe un retroussement capable de défriser un Africain.

Nous avons souvent entendu parler de la comète Halley. Elle est périodique. Sans doute. Rien cependant sur les météorites appelés Léonides, à moins de fouiller dans la littérature passée. Pourtant, ce sont les mêmes méthodes de calculs qui ont permis d'en prévoir le retour tous les 33 ans environ. Novembre 1898, pas de

Léonides. On avait expliqué pourquoi : perturbations. Elles devaient réapparaître l'année suivante. Novembre 1899, pas de Léonides, pas davantage en 1900 [N.d.t. : Et ce, jusqu'en 1966].

Voici ce que je pense de la précision astronomique : tout le monde est un tireur d'élite quand on enregistre seulement les bons coups.

Revenons à notre comète Halley. En 1910, tout le monde jurait l'avoir vue, quitte à se parjurer. Sinon, c'était faire outrage à un phénomène grandissime que nul ne pouvait décemment ignorer.

Mais à bien y penser, l'espace est sans cesse sillonné de comètes puisqu'on en découvre chaque année. Les comètes abondent, puces luminescentes sur un gros chien noir. Le système solaire en est infesté.

Si une comète déroge à sa période, on invoque une perturbation. Un an de retard pour Halley... perturbée. Lorsqu'un train retarde d'une heure, nous nous scandalisons. Halley traîne un an, et nous implorons les astronomes. Ronronnement de suffisance. Loin de nous imposer leurs vues, ils répandent plutôt du baume. Là où les prêtres ne nous donnent plus le sentiment de toucher à la perfection et à la certitude – l'absolu positif – les astronomes ont pris le relais. Un relais illusoire, bien entendu, mais avec des acteurs préoccupés de réel. Le progrès vient-il davantage de la nécessité de combler

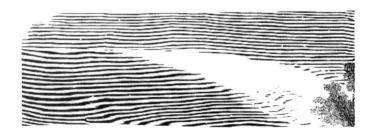

une lacune que du désir d'avancer? Un verre vide est bien plus facile à remplir. C'est parce que les affirmations des astronomes sont utiles à la société que nous tolérons leurs étourderies, leurs subterfuges et leurs manipulations, que nous leur donnons l'absolution. Ni conséquence ni sanction. Imaginons que la comète Halley ne soit pas réapparue...

Au début de 1910, une comète bien plus lumineuse que la pâlotte Halley traversa le ciel. Si Halley avait disparu pour de bon, l'honneur des astronomes aurait été sauf. La nouvelle venue dérogerait-elle aux prévisions? Perturbation. Admettons que vous alliez à la plage en promettant de ramener à un ami une roche magmatique, je crois qu'une roche métamorphique ne vous ferait pas tomber dans le déshonneur. La pauvre créature observée en 1910 ressemblait autant aux habiles prévisions astronomiques qu'un gravier blanc se confond avec un rocher brun.

Je prédis donc que mercredi prochain un Chinois athlétique en tenue de soirée traversera Broadway à l'angle de la 42e rue, à 21 heures. Zut, c'est plutôt un Japonais tuberculeux en costume de marin qui franchit Broadway, à l'angle de la 35e, vendredi après-midi. Un Japonais est aussi un Asiatique, et des vêtements sont des vêtements, non?

Je me souviens des terribles prédictions d'astronomes honnêtes et crédules qui nous ont royalement hypnotisés en 1909, sans doute sous hypnose eux-mêmes à l'approche de Halley. On fit son testament, le règne humain tirait peut-être à sa fin. Dans un monde de quasi-existence qui cherche fortune et bonheur comme tout bon Irlandais, il est sage d'écrire ses dernières volontés. Bref, les moins impressionnables d'entre nous s'attendaient au moins à un mémorable feu d'artifice.

Je dois admettre qu'à New York, on prétend avoir aperçu une lumière dans le ciel. Aussi terrifiante que le craquement d'une allumette sur un fond de culottes deux rues plus loin. À l'heure dite, la chose se faisait désirer. J'ai appris qu'elle avait tardé de plusieurs jours.

Bande d'imbéciles hypnotisés que nous fûmes à braquer nos yeux sur le ciel, comme des chiens de chasse sur une perdrix.

L'événement eut pour effet d'imprimer chez chacun la certitude d'avoir vu la comète Halley et que le jeu en valait la chandelle.

Je donne peut-être l'impression de vouloir discréditer les astronomes parce qu'ils dissimulent mes petites protégées, mais ce n'est pas le cas. Mes données sont logées dans le temple brahmanique de l'enfer des baptistes. Presque toutes les données que je ferai défiler proviennent d'observations d'astronomes professionnels, quelques-unes d'amateurs. Mais le système mate l'hérésie. Il supprime certains astronomes, et je les plains, coincés comme ils sont. Je suis un chevalier sans un grain de malice; des astronomes tristes sont prisonniers de leur tour... et je surgis à l'horizon.

J'ai dit ne pas associer mes données à un monde particulier. Ma réflexion s'apparente à celle d'un indigène insulaire, méditant au milieu de l'océan, spéculant non pas sur une terre quelconque, mais sur des complexes de terres et leurs activités: des villes, des usines, des moyens de communication.

La tribu a conscience des navires qui sillonnent la mer. L'esprit indigène est enclin, de cette même inclination universelle, à croire que ces vaisseaux constituent l'entière flotte, l'absolu positif. C'est donc cet énergumène qui détonne, insensible aux idéaux de ses congénères, âme contrariante et incrédule. Du genre à ne pas prier, à ne pas se prosterner devant de magnifiques bâtons de bois, à prendre un malhonnête plaisir à explorer la magie noire pendant que les vrais patriotes traquent les sorcières. Bref, les indigènes ennoblis de leur savoir connaissent l'horaire des navires, expliquent mieux les uns que les autres les variances dues aux conditions atmosphériques.

Ils se font une réputation ainsi. Les livres des indigènes transpirent l'acharnement à tout expliquer : mouvements maritimes soumis à l'attraction des bâtiments entre eux, une loi de gravité découverte un jour qu'un singe tomba d'un palmier. Mais si ce n'est pas cela, ce sont les démons qui poussent les navires. Puis des flots tumultueux déposent sur la rive des débris qui ne proviennent pas des navires. On les ignore. Comment penser le contraire de ce que l'on pense ?

Je suis l'indigène sur la plage, admiratif devant les débris laissés par cette tempête de la veille : morceaux flottants d'un piano, rame rudimentaire, soie des Indes et manteau de fourrure de Russie. Toute science, bien qu'elle cherche à étendre ses approximations au plus vaste, continue de concevoir l'Inde comme une île, et la Russie comme une dépendance de l'Inde. Même si je tente d'envisager l'Inde et la Russie dans un vaste monde, je crois que ce réflexe – celui de généraliser le particulier – diffère de l'objectif cosmique. L'idéaliste résolu est le positiviste qui tente plutôt d'intégrer l'universel dans le particulier, obéissant à l'objectif cosmique : c'est l'indigène foncièrement dogmatiste qui affirme sans sourciller que le piano est en réalité un tronc de palmier dans lequel un requin a laissé ses dents. Je crains pour l'âme du Dr Gray qui n'a pas tout tenté pour défendre sa thèse, possible ou impossible peu importe : que des milliers de poissons bien dodus peuvent tenir dans un seau d'eau.

Malheureusement pour moi, à supposer que le salut soit le sommet à atteindre, je pose un regard ouvert dans le flou et l'indéfini. En disant que j'imagine un monde secrètement en contact avec des Terriens initiés, j'avance aussi que d'autres mondes tentent d'établir un contact avec tous les Terriens. Mon intellect réagit aux données que je découvre. C'est, il me semble, la méthode logique et scientifique de faire, qui résiste au désir spontané de formuler et de systématiser.

Puis j'imagine d'autres mondes, d'autres structures qui nous frôlent sans intention de contact, à l'instar des vaisseaux qui longent des îles sans s'y intéresser. J'ai des données qui m'incitent à penser qu'une superstructure a souvent visité la Terre, s'est enfoncée dans la mer pour un temps, est ensuite repartie. Pourquoi? Je l'ignore. Comment un Inuit aurait-il expliqué jadis le passage d'un navire en quête de charbon – abondant sur certaines plages arctiques, mais inutilisé par les autochtones – puis son départ sans que les prospecteurs n'aient établi le contact?

De la difficulté de comprendre les particularités d'une superstructure désintéressée de nous.

L'idée vaniteuse que nous soyons intéressants.

J'ai l'impression que même si les étrangers évitent les Terriens en général, possiblement pour des raisons d'ordre moral, il y a eu des époques où des visiteurs sont venus. Je pense que la notion de visiteurs du ciel dans la Chine ancienne n'aura pas l'air si absurde une fois le nez dans les données.

Je pense aussi que certains mondes du Dehors ressemblent au nôtre, alors que d'autres se différencient au point où un visiteur ne s'adapterait à notre milieu qu'avec des moyens artificiels.

Ceux qui viendraient d'une atmosphère gélatineuse auraient peine à respirer notre air.

Des masques. On en a retrouvé dans des gisements anciens. La plupart d'entre eux sont en pierre et ont servi à des rites primitifs, dit-on.

Mais le masque découvert en 1879 dans le comté de Sullivan, au Missouri... était de fer et d'argent (*American Antiquarian*, 3-336).

Chapitre 11

Chutes d'objets gravés...
messages secrets?

Un champion s'apprête à défiler dans notre immoral cortège de damnés.

Personne ne donne l'absolution à un accusé occupé à salir l'accusateur. De toute façon, est damné celui qui accepte la condamnation, et devant tant d'inertie et d'hypnose, je pense qu'il vaut mieux admettre la sentence. En m'approchant de la vérité, je pourrai peut-être triompher.

Faire accepter le tout serait une tâche considérable, de sorte que je procéderai cas par cas. L'ouverture est un aspect de l'universel et du réel; si mon analyse rejette moins de données que les synthèses adverses – souvent restreintes à un seul fait ou à une circonstance – mon interprétation holiste devrait gagner en matérialité. L'unité aussi est un aspect de l'universel et donc du réel. En prenant en compte les multiples manifestations d'une créature, et donc son unité, je mettrai en lumière les contradictions et les manques chez mes opposants. La cohésion aussi est un aspect du réel. Je ferai alors défiler plusieurs damnés de front, pour qu'ils s'agglu-tinent et se tiennent.

N'empêche que l'inertie et l'hypnose règnent au détriment des légions de maudits.

À propos d'un fait particulièrement inadmissible, Charles F. Holder écrit: «Il y a quelques années, une étrange roche similaire à un météorite est tombée dans la vallée de Yaqui, au Mexique. Bientôt, tout le pays a su

qu'une pierre gravée d'inscriptions était tombée du ciel.»
(*Scientific American,* 10 septembre 1910.)

Chose extraordinaire, Holder a admis que la roche était tombée. Il voulait sans doute dire qu'elle s'était délogée d'une paroi, s'abattant dans la vallée. D'un autre côté, si cette pierre aux graffitis inusités pendait depuis longtemps à flanc de montagne, elle aurait été connue des habitants de la région. Mais peut-être Holder a-t-il été négligent dans sa formule.

Le major britannique Frederick Burnham avait été celui à en faire rapport. Il s'était rendu sur les lieux, en compagnie de Holder, tous deux avec l'intention de décrypter les inscriptions.

«Il s'agit d'une roche ignée de couleur brune, longue de deux mètres et demi. Sur une de ses faces, qui présente un angle de 45 degrés environ, se trouve une inscription tracée en creux.»

Holder a dit y reconnaître des symboles de l'écriture maya. La méthode consistant à «identifier» toute chose avec une autre semblait lui plaire; cela revient à retenir un élément opportun. La plupart des symboles appartenaient donc à la langue maya, affirmait-il. L'un des pseudoprincipes de l'intermédiarité veut que toute démonstration soit interchangeable. Grâce à la méthode de Holder, nous pourrions prouver que nous sommes nous-mêmes mayas. Toujours est-il que l'un des symboles représentait deux cercles concentriques, signe qu'il avait croisé dans des manuscrits mayas, tout comme le chiffre 6 qui apparaissait deux fois. Puis une double arabesque, des points et des tirets. À mon tour, je peux faire abstraction des cercles concentriques et des spirales, pour me concentrer sur les 6 qui apparaissent dans le présent ouvrage, tout comme les points et les tirets. Bingo! vous et moi devons être mayas.

Croire qu'il s'agissait d'une belle pièce archéologique confortait les esprits. Et l'homme d'ajouter : «J'ai soumis des photos au Field Museum, au Smithsonian Institution ainsi qu'à une ou deux autres organisations et, à ma grande surprise, on m'a répondu ne pouvoir confirmer l'origine des signes.»

Ce que je comprends tranquillement, c'est que trois expertises de musée n'ont pu assimiler les graffitis à aucune langue terrienne connue, à l'encontre d'une opinion individuelle. En outre, la pierre est censée être tombée du ciel.

Autre trivialité : Un objet, possiblement un météorite, est tombé le 16 février 1883 près de Brescia, en Italie. Apparemment, un rapport erroné a circulé à l'effet qu'un fragment de la roche portait l'impression d'une main. C'est toute l'information disponible. De mon point de vue d'intermédiariste, je conçois que l'Histoire n'a jamais connu de réel menteur, seulement de remarquables approximations. Un authentique menteur ne survivrait pas à l'entre-deux. Il aurait été transfiguré et transporté dans l'absolu négatif. J'en conclus donc qu'il y avait dans ce rapport poliment balayé un élément de vérité, des marques ou des signes inusités. Impossible cependant de conclure à des caractères cunéiformes ou à des empreintes digitales (*Scientific American*, 48-261).

À ce stade-ci, je crois avoir formulé quelques notions utiles, tout en travaillant à partir de bribes incertaines, comme M. Symons. Je me penche sur des objets découverts, surtout aux États-Unis, qui pourraient évoquer le passage d'une ou de plusieurs civilisations non natives de la Terre. Difficile de dire si ces objets sont tombés du ciel ou s'ils ont été abandonnés ici. J'ai émis l'hypothèse qu'il s'est produit des catastrophes au-dessus de nos têtes ; je pense que des pièces sont tombées; que des Terriens les ont trouvées ou les ont vues tomber pour ensuite les copier; ou que des objets ont été jetés sur nous par une puissance tutrice désireuse de nous faire passer du troc à la monnaie. Si ces pièces devaient être assimilées à la monnaie romaine, notre expérience de «l'identification» nous permettrait de reconnaître un fantôme à son apparition. Comment des pièces romaines auraient-elles pu se retrouver en Amérique du Nord, loin dans les terres, ensevelies sous une croûte de centaines d'années? Et si elles étaient plutôt tombées du berceau des premiers Romains?

Ignatius Donnelly énumère dans *Atlantis* des objets mis au jour dans des mounds que l'on estime plus anciens que la présence européenne en Amérique: objets fabriqués au tour semblables à ceux que des marchands en visite offriraient aux indigènes, les indices du tour étant non équivoques, dit-on. Je suis néanmoins conscient qu'un attribut n'est jamais totalement distinctif.

Charles C. Jones rapporte la découverte de deux croix d'argent en Georgie. Elles sont richement travaillées et ornées, mais diffèrent des crucifix conventionnels par quatre bras égaux. Positiviste convaincu, Jones affirme que l'explorateur De la Sota s'est arrêté sur les lieux «exacts» de ces deux vestiges. Bémol négatif à cette précision prétentieuse, l'une des deux croix porte une inscription qui ne ressemble en rien à l'espagnol ni à aucune langue connue:

«IYNKICIDU.» C'est l'inscription que nous donne Jones, un nom de consonance indigène, selon lui. Il pense peut-être aux lointains Incas, se disant que le propriétaire espagnol a gravé le nom de l'Amérindien à qui il l'a donnée. J'ai vu l'inscription de mes yeux et je peux vous dire que les lettres « C » et « D » sont inversées latéralement, et que le « K » est non seulement inversé, mais également couché (*Annual Report of the Smithsonian Institution*, 1881-619).

Difficile aussi d'admettre que les fameuses mines de cuivre de la région du Lac Supérieur furent l'œuvre d'aborigènes, tant l'excavation est monumentale. De plus, la région ne montre aucun indice de peuplement: « ... ni vestige d'habitations, ni squelettes, ni ossements. » Les Amérindiens n'ont aucune tradition entourant l'exploitation minière (*American Antiquarian*, 25-258). Je pense que des visiteurs sont venus; qu'ils ont cherché du cuivre, entre autres.

Et pour discréditer les reliques de leur passage, une nouvelle tendance: accusation de supercherie.

Des perruques qui ressemblent aux vrais cheveux. Des dentiers à des dents. De la fausse monnaie à de l'argent. C'est le mauvais sort des recherches sur le psychisme. Si un phénomène psychique extraordinaire survient, il s'agit probablement d'un trucage, de penser bien des gens. Déclaration désespérée: Carrington insiste que si la médium Eusapia Palladino a été prise à tricher, cela ne signifie pas qu'elle a tout le temps bluffé. Personnellement, je pense que rien n'est indicateur de rien et qu'il n'y a rien dont on puisse attester. Toute chose dite authentique doit s'apparenter à divers degrés aux choses prétendues fausses, le vrai et le faux étant deux expressions contiguës dans une existence toute en gradations. Bref, les antiquités bidon sont courantes, mais pas davantage que les contrefaçons de peintures.

W.S. Forest raconte qu'en septembre 1833, des ouvriers de Norfolk creusaient un puits lorsqu'ils remontèrent une pièce trouvée à neuf mètres de profondeur. La pièce ovale avait la taille d'un shilling anglais. Elle était frappée de signes et d'une gravure «de guerrier ou de chasseur, un Romain probablement» (*Historical Sketches of Norfolk Virginia and Vicinity*).

Pour renier cette créature, il suffit de dire que des hommes ont creusé un trou, que l'un d'eux a échappé une pièce à l'insu de tous – d'où lui vient cette pièce étrange, peu importe – la pièce finit par surgir... Pauvres bougres tous ébahis. Fin de l'histoire, la pièce a dû être jetée aux oubliettes.

Passons à une autre pièce, et à une étude de cas sur la genèse d'un prophète.

Un correspondant du *Detroit News* raconte que l'on aurait trouvé dans un tumulus du Michigan une pièce de monnaie en cuivre. La nouvelle est reprise dans une revue d'antiquaires; l'éditeur déclare du bout des dents ne pas endosser la découverte (*American Antiquarian*, 16-313). C'est sur ce semblant de base qu'il écrit, dans le numéro suivant: «La pièce se révèle être un faux, comme nous l'avions prédit.»

Le prophète Élie a dû se retourner dans sa tombe.

Toute créature subit son procès en fonction de la seule jurisprudence de la quasi-existence: innocence jusqu'à preuve du contraire. Mais presque coupable s'il y a présomption de fait.

Comme moi, ou comme saint Paul ou Darwin, le rédacteur en chef construit son pseudoraisonnement sur une illusion de logique. Pour lui, la pièce est condamnable parce qu'elle vient de la même région que des poteries décrétées frauduleuses quelques années auparavant. Les poteries, quant à elles, ont été bannies parce que inadmissibles.

Un fermier du comté de Cass, en Illinois, a trouvé sur sa terre une pièce de bronze qu'il a envoyée au Pr F.F. Hilder, de St-Louis (*Scientific American*, 17 juin

1882). Celui-ci explique qu'il s'agit d'une pièce du temps d'Antiochos IV. L'inscription, en grec antique, se traduit par «Roi Antiochos IV Epiphane (L'illustre), le Victorieux». Cela paraît convaincant... mais nous ne sommes pas au bout de nos interprétations.

Une pièce de cuivre a été découverte au Connecticut en 1843. Les deux faces de l'objet affichent des caractères semblables à ceux découverts sur la pierre de Grave Creek, dont je parlerai plus loin (*American Pioneer*, 2-169).

Au début de 1913, on découvre dans un mound de l'Illinois une pièce de facture romaine. Elle est expédiée au Dr Emerson, du Art Institute of Chicago. Selon lui, la pièce appartient à «une frappe restreinte d'une monnaie à l'effigie de Domitius Domitianus, proclamé empereur en Égypte» (*Records of the Past*, 12-182). Sur sa présence en Illinois, il préfère ne pas se prononcer. Ce qui me laisse perplexe, c'est qu'un plaisantin ne se serait pas contenté de révéler une pièce de monnaie romaine. Du reste, où aurait-il trouvé l'objet rare? Le collectionneur volé n'aurait-il pas réagi? La lecture des revues numismatiques m'a appris que les pérégrinations des pièces précieuses sont étroitement surveillées. Disons alors qu'il s'agit d'une autre «identification».

En juillet 1871, un certain Jacob W. Moffit de Chillicothe, en Illinois, envoie à une société savante une lettre accompagnée d'une photographie. Il dit avoir découvert une pièce de monnaie à quelque 35 mètres sous terre, lors d'un forage (*Proceedings of the American Philosophical Society*, 12-224).

Une telle profondeur est significative pour la science. Paléontologues, géologues et archéologues se considèrent comme des gens raisonnables lorsqu'ils concluent à l'ancienneté du profondément enfoui. La profondeur est aussi une pseudonorme que j'accepte, et selon moi, seul un tremblement de terre pourrait plonger un objet dans le sous-sol.

Aux dires de l'auteur du compte rendu, la pièce a une épaisseur uniforme et ne porte aucun signe de martèlement primitif. « Comme une pièce produite dans un atelier d'usinage. » Par contre, selon le Pr Leslie, il s'agit d'une amulette astrologique. « On y reconnaît les signes du zodiaque Poissons et Lion. »

Avouons que l'on peut, en fermant les yeux sur ceci ou cela, trouver une caractéristique de votre grand-mère, ou d'un chevalier des Croisades, ou d'un Maya sur n'importe quel bibelot trouvé à Chillicothe ou dans un marché aux puces. Avec un peu de distorsion, ce qui ressemble à un chat et à un poisson rouge peut bien rappeler les signes du Lion et des Poissons. Bon, je sens que je m'emporte. Être damné par des géants endormis, des petites putains maquillées, d'augustes clowns, passe encore ; mais les anthropologues vivent dans les souterrains du divin, sortent de la prématernelle de la connaissance archaïque. Plutôt dégradant de subir le jugement de bambins d'une époque antédiluvienne.

Leslie décrète, avec la perspicacité d'un touriste qui affirmerait que seul un plaisantin allemand a dû laisser traîner la tour Effeil là où elle est, que « la pièce de monnaie a été déposée là par un voleur pour jouer un tour. Elle a été fabriquée assez récemment, sans doute au 16e siècle, et vient d'un peuple américain de souche hispanique ou française ».

Grossière tentative d'assimiler une chose, tombée ou

non du ciel, avec un phénomène admis des anthropologues, celui des débuts de l'exploration française et espagnole dans l'état de l'Illinois. Malgré qu'il soit presque ridicule de trouver des raisons à cette présence, je m'appliquerai à la recherche d'explications plus proches de la réalité, moins burlesques.

À la défense de Leslie, je note qu'il jette les bases d'un raisonnement. Mais il escamote le fait que la pièce ne dénote rien de français ni d'espagnol. Elle porte une légende dont on dit qu'elle «rappelle l'arabe et le phénicien, sans être ni l'un ni l'autre». Le Pr Winchell décrit les dessins de la pièce comme les gribouillis d'un animal et d'un guerrier, ou d'un chat et d'un poisson rouge, au besoin. Il dit que la pièce n'a été ni estampée ni gravée, mais plutôt «imprimée à l'acide» (*Sparks From a Geologist's Hammer*, p. 170). La méthode est étrangère aux numismates de ce monde. Quant à l'aspect rudimentaire des dessins, et même si le guerrier est un chat ou un poisson rouge, il me semble que sa coiffure est typique des Amérindiens. Cela pourrait s'expliquer, mais par crainte d'être transporté instantanément dans l'absolu positif, je préfère rester imprécis sur ce sujet.

Autre donnée plus condamnable encore: Des tablettes de pierre gravées des dix commandements en hébreu, supposément retrouvées dans des mounds aux États-Unis. Puis des emblèmes des francs-maçons aussi mis au jour dans des tumulus américains.

Nous sommes vous et moi à la limite du concevable. Les doutes m'habitent, les suppositions se multiplient. D'une part, la société bannit froidement ces faits, peut-être par habitude. D'autre part, elle admet que d'autres objets gravés ont été découverts dans des mounds américains. L'inclusion et l'exclusion de certains objets est très souvent arbitraire; je n'y vois que cette tendance individuelle à sortir du néant, un peu comme Kepler, Newton et Darwin se sont matérialisés dans des affirmations positives bien qu'illusoires. Évidemment, chacun s'applique à démontrer que ses choix sont fondés et éclairés.

Si nous acceptons que des objets gravés d'origine ancienne ont été trouvés aux États-Unis, qu'ils ne sont pas attribuables à des aborigènes de l'hémisphère occidental, qu'ils n'évoquent aucune langue de l'hémisphère oriental, alors il nous reste à nous tourner vers la géométrie non-euclidienne et à tenter de concevoir un troisième «hémisphère», ou à admettre qu'il y a eu interaction entre l'hémisphère occidental et un monde du Dehors.

Une particularité de ces objets marqués a attiré mon attention. Ils me rappellent les carnets d'expédition laissés par Sir John Franklin en Arctique, de même que les tentatives des équipes de secours de communiquer avec la mission. Les explorateurs perdus avaient enfoui leurs journaux de bord dans des buttes; les équipes de secours avaient lancé des ballons destinés à larguer des messages. Les faits qui nous intéressent se rapportent à des objets enfouis et à des objets largués.

Ou une expédition en détresse, venue d'Ailleurs.

Des explorateurs du Dehors, incapables de rentrer au bercail; puis un effort soutenu, dans cet esprit qui motivait les secours en Arctique, pour renouer contact. Et si cela avait réussi?

Je pense à l'Inde, à ces millions de natifs qui obéissent à une poignée d'initiés ayant reçu des directives du ciel... Enfin, d'ailleurs, ou de l'Angleterre [N.d.t. : jusqu'en 1947, date de son indépendance].

En 1838, A.B. Tomlinson, propriétaire du fameux tumulus de Grave Creek en Virginie-Occidentale, s'est mis à creuser la butte. Il a dit avoir découvert, témoins à l'appui, un petit disque de pierre gravé de lettres.

Le colonel Whittelsey, spécialiste de ces questions, a déclaré que « les archéologues ont unanimement reconnu un canular ». Tomlinson se sera laissé berner par les apparences, a-t-il conclu.

Lord Avebury d'ajouter : « Je mentionne la chose, car elle a fait jaser, mais le consensus est qu'il s'agit d'un faux. Elle porte des caractères hébreux, mais le faussaire a utilisé l'alphabet moderne plutôt que l'ancien. » (*Prehistoric Times*, p. 271.)

Les anthropologues m'irritent avec leur manière d'opprimer. Je me sens comme un esclave face à un maître sans morale. Lorsque je renverserai les rôles, c'est à la queue que se retrouveront les anthropologues. Un Dr Gray a au moins la décence de voir un poisson rouge avant de trancher sur l'origine de l'objet. Avebury aurait pu en tirer quelques leçons.

La pierre de Grave Creek a été largement discréditée par la communauté scientifique qui n'a pas pu correctement l'identifier. À mon sens, une opinion bâclée résulte d'une ignorance ou d'une inertie. Comme la pierre appartient aux phénomènes méprisés par le système, elle en sera radiée. Donnons-lui pour porte-parole un systématicien comme Avebury et la simple mention de l'objet provoquera une réaction classique semblable : électroscope devant corps radioactif, Mormon devant verre d'alcool. La science a entre autres idéaux de distinguer les objets les uns des autres avant de pouvoir construire une opinion. Mais la diversité généralisée entrave cette ambition.

Un objet. Il exerce une attraction ou une répulsion. S'ensuit une réaction classique.

Or donc, j'en arrive à vous dire que ce n'est pas la

pierre de Grave Creek qui porte des caractères hébreux; c'est une pierre de Newark en Ohio, dont le faussaire aurait, dit-on, commis l'erreur d'écrire en hébreu moderne. Vous verrez que l'inscription de la pierre de Grave Creek n'est pas de l'hébreu.

Innocence jusqu'à preuve du contraire... mais sont finalement coupables les choses non assimilables.

Le colonel Whittelsey écrit que la pierre de Grave Creek a été qualifiée de fausse par Wilson, Squires et Davis. Puis il se présente au Colloque de 1875 des archéologues, à Nancy en France, et se surprend qu'une si respectable assemblée authentifie la pierre. Pour sauver la face, il tricote comme Symons, en déclarant que le découvreur de la pierre «a tant et si bien insisté» auprès des participants du colloque que ceux-ci ont plié (*Western Reserve Historical Tracts,* n° 33).

La pierre a également été examinée par Schoolcraft. Verdict d'authenticité.

N'y a-t-il qu'une méthode, celle du jeu de bascule? Trois ou quatre gros experts contre nous, quatre ou cinq experts aussi pesants de notre côté. La logique et le raisonnement ne sont-ils que la victoire du poids?

Des philologues ont parlé d'authenticité et ont même traduit l'inscription. La méthode de l'orthodoxie – et je me permets de m'en inspirer – est de recourir à une sommité, un gros canon. Là, j'avoue me sentir écrasé par une compétence aussi rebondie que négative.

Traduction de [Levy Bing]: «Tes ordres font loi et tu brilles d'un impétueux élan tel un rapide chamois.» Celle de Maurice Schwab: «Le chef de l'Émigration qui a rejoint ces lieux (ou cette île) a fixé ces caractères à jamais.» Et celle de Jules Oppert: «Ici la tombe d'une victime d'assassinat. Puisse Dieu le venger en frappant son meurtrier, amputant la main de son existence.»

J'aime bien la première traduction. Il me vient à l'esprit l'image d'une personne astiquant à toute vitesse une lampe de laiton. La troisième est plus dramatique. Bref, elles sont toutes bonnes. Des perturbations les unes des autres, sans doute.

Le colonel Whittelsey récidive, livrant la conclusion du major von Helwald, au Congrès [des Américanistes] de Luxembourg en 1877 : « Si le Pr Read et moi-même avons raison de conclure qu'il ne s'agit pas d'écriture de source runique, phénicienne, cananéenne, hébraïque, libyenne, celtique ou de quelque autre langage alphabétique, on a fait beaucoup trop de cas de cette découverte. » (*Ibid.*, no 44.)

Un enfant, ou toute autre personne capable de penser, trouverait justement que l'importance de l'objet réside dans ce fait.

Apparemment, l'un des objectifs de la science est d'explorer la nouveauté, mais si on ne peut expliquer le neuf par l'ancien, c'est « sans importance ».

« Inintéressant », de dire Hovey.

Et puis il y a eu cette hache, ce coin à refendre gravé mis au jour près de Pemberton au New Jersey, en 1859. Selon le Dr John C. Evans dans un communiqué à la American Ethnological Society, les caractères de l'objet évoquent ceux de Grave Creek. Mais ils ressemblent aussi, pour peu que l'on ferme les yeux sur ceci et cela, à des traces de pas dans la neige après une cuite, ou à votre écriture. On balaie mieux à tout mettre en tas.

Le Dr Abbot décrit l'objet et dit ne pas croire à son authenticité (*Annual Report of the Smithsonian Institution*, 1875-260).

Le progrès, c'est de passer de l'inadmissible au banal. Ou la quasi-existence commence dans la violence, puis écrit des berceuses. J'ai beaucoup appris en parcourant les périodiques réputés et en suivant les combats entre positivistes sur des questions insolubles. Bousculades dans la porcelaine des théories, brigandage, sonnettes d'alarme de la science pour préserver ce qui est plus cher que la vie elle-même, c'est-à-dire la soumission à la communauté des idées. La fidélité de Pénélope. Tant de malotrus et de saltimbanques ont été méprisés, finalement plaints et étreints, puis ramenés à l'ordre. Pas une donnée de ce livre n'est plus effroyable et plus indésirable que celle d'empreintes de pieds humains dans la roche tertiaire, fait initialement rapporté par des brutes et des clowns heureusement ramenés à la raison. Quiconque ne travaille pas pour la science comprend difficilement que l'on parte en guerre contre de telles bagatelles, mais la réaction d'un gardien du système devant pareil intrus équivaut à celle que vous et moi aurions si un voyou forçait notre porte et s'installait à notre table. Nous savons maintenant ce que peut l'hypnose; laissez le voyou se réclamer votre invité pendant des heures et vous finirez par y croire. Croire qu'il détient la vérité. Les maîtres de la prohibition en avaient fait une spécialité.

Levée de boucliers devant la pierre de Grave Creek. Mais le temps et l'accumulation des données font leur œuvre. Éloquence du nombre. D'autres rapports de pierres gravées ont surgi.

Cinquante ans plus tard, le révérend Gass a creusé des mounds près de Davenport. Quant à moi, j'ai idée que ce sont des caches (*American Antiquarian*, 15-73). Plusieurs tablettes de pierre ont été mises au jour. Sur l'une d'elles, les lettres assez précises «IFTOWNS». Aucune allusion à la fraude – force du temps et accumulation des données – on se rabat plutôt sur la méthode d'assimilation :

La tablette était probablement d'origine mormone. Pourquoi? Parce qu'à Mendon dans l'Illinois, on avait trouvé une plaque de laiton portant des caractères similaires. Mais encore? Parce que cette plaque fut trouvée «aux abords d'une maison jadis occupée par un Mormon».

Dans le monde réel, un réel météorologiste qui soupçonnerait des cendres d'être tombées d'une voiture de pompiers demanderait l'avis d'un pompier.

Quant aux tablettes de Davenport, il n'existe aucun registre montrant qu'un archéologue d'une société d'antiquaires se soit renseigné à un Mormon.

D'autres tablettes furent exhumées; sur l'une d'elles, deux «F» et deux «8». Une autre tablette plus grande, de 30 centimètres par 25, portant des «chiffres romains et arabes». Parmi les caractères, trois «8» et sept «O». «Compte tenu de ces symboles familiers et d'autres caractères analogues aux anciens alphabets, c'est sans doute du phénicien ou de l'hébreu.»

Peut-être que la découverte de l'Australie se serait avérée moins importante que les secrets de ces tablettes.

Mais où trouver l'information subséquente? Qu'ont fait les archéologues pour tenter d'en comprendre le sens, d'en connaître l'origine et ce, dans une terre que l'on disait peuplée d'indigènes de tradition orale?

Ces choses que l'on exhume pour mieux les ensevelir dans le silence.

Un dénommé Charles Harrison, président de la American Antiquarian Society, avait trouvé une autre tablette à Davenport. «...Le chiffre 8 ainsi que d'autres hiéroglyphes y figurent.» Personne pour parler de contre-façon, l'attitude est sportive. Acceptons, se disent-ils, puis expliquons comme il nous convient. Tout ce qui peut être assimilé à une explication doit pouvoir s'assimiler à autre chose, puisque les explications sont toutes contiguës quelque part. On se cramponne de nouveau aux Mormons, mais en vain: «Les circonstances ne permettent pas d'éclaircir la présence de ces tablettes.»

Beaucoup d'esbroufes pour garder l'attention sur les Mormons, et tant pis si rien ne peut étayer l'hypothèse. Rien finalement qui m'empêche de penser qu'il s'agit de messages largués sur Terre, ou de messages cachés dans des tumulus. Permettez-moi de revenir à l'expédition de Franklin. On peut imaginer que dans quelques siècles, on trouvera encore des objets tombés de ballons envoyés par les secours, ou enfouis par Franklin pour ses successeurs. Ce serait saugrenu d'attribuer ces vestiges aux Inuits, et pourtant c'est ce que des experts font en liant aux aborigènes d'Amérique les tablettes et les pierres gravées. Je finirai bien par montrer que des mounds étranges ont été élevés par des explorateurs d'Ailleurs, des découvreurs coincés lançant des signaux de détresse. Qu'un vaste tertre en forme d'épée a été découvert sur la Lune. Objets gravés, double possibilité de sens...

Singulière créature tirée de la morgue scientifique: Un compte rendu est envoyé au Pr Silliman relativement à une bizarrerie trouvée dans un bloc de marbre d'une carrière proche de Philadelphie, en novembre 1829. En découpant le bloc en dalles, une indentation de près de quatre centimètres de haut par un centimètre et demi de large apparaît, indentation géométrique qui révèle deux lettres en relief: un «I» et un «U», la base du U étant plutôt anguleuse. Le bloc a été extrait d'une profondeur de 20 à 24 mètres, preuve de son ancienneté (*American Journal of Science*, 1-19-361).

On peut se surprendre que des tonnes de calcaire se soient empilées et comprimées sans venir à bout de cette insolite protubérance, mais on se rappellera les célèbres empreintes de pieds humains au Nicaragua, aussi découvertes sous onze strates de roche dure. Ces empreintes n'avaient soulevé aucune discussion, je ne fais que les aérer.

Quant aux pierres gravées qui ont pu tomber autrefois sur l'Europe, il est douteux qu'elles soient l'œuvre d'aborigènes. Beaucoup ont été trouvées dans des grottes, transportées là sans doute par des hommes préhistoriques, à titre de curiosités ou d'ornements. De grandes pierres comme celle de Grave Creek: «Plates, ovales, épaisses de cinq centimètres». Des caractères y ont été peints. C'est Piette qui a fait le premier la découverte dans la grotte du Mas-d'Azil à Ariège. Selon Sollas, elles sont peinturées de lignes rouges et noires qui partent dans toutes les directions. «Sur quelques-unes, des caractères plus complexes évoquent des majuscules de l'alphabet romain.» Il y a un cas où les lettres «F E I» figurent seules et clairement. L'archéologue Cartailhac a corroboré les observations de son confrère Piette, et Boule a révélé d'autres exemples. «Il s'agit de l'un des secrets les mieux gardés de la préhistoire», de dire [Hoernes] (Sollas, *Ancient Hunters and Their Modern Representatives*).

Je suis d'avis que les caches ont rempli deux fonctions: signalisation et cellier. Des documents sont enfouis dans des monticules bien visibles, voilà à quoi servent selon moi les tumulus de l'Arctique.

Un jour, un certain J.H. Hooper, du comté de Bradley au Tennessee, a remarqué un curieux rocher au milieu du boisé de sa ferme. En creusant, il a mis au jour un long mur sur lequel était gravée une suite de caractères alphabétiques. «On a examiné 872 symboles; bon nombre sont des doublets, certains évoquent des formes animales, la lune et d'autres objets. Les ressemblances avec des caractères orientaux sont également nombreuses (*Transactions of the New York Academy of Sciences*, 11-27).

Détail qui me paraît important : les lettres avaient été cachées derrière une couche de ciment.

Refusant la séduction de l'homogène et des concepts généralisés, je peux envisager qu'il y a eu des expéditions du Dehors qui se sont égarées sur cette Terre sans espoir de retour, et d'autres qui sont rentrées au bercail, à l'instar des expéditions polaires de Franklin et de Peary.

Naufrage de missions...

Butins perdus...

Les sceaux chinois d'Irlande.

Non pas les seaux remplis de poissons de Gray, mais des tampons encreurs.

J. Huband Smith relate la découverte d'une douzaine de timbres chinois en Irlande. De forme cubique, les timbres sont à l'effigie d'un animal et portent des idéogrammes très anciens (*Proceedings of the Royal Irish Academy*, 1-381).

Trois éléments ont contribué à reléguer la chose aux oubliettes. Premièrement, les archéologues s'entendent pour dire que la Chine et l'Irlande n'entretenaient aucun rapport dans un lointain passé. Deuxièmement, aucun autre objet de la Chine antique, allègue-t-on, n'a été trouvé en Irlande. Troisièmement, une grande distance séparait chacun de ces timbres.

Smith avait enquêté – on espère qu'il ne s'est pas contenté de consigner – pour constater que beaucoup d'autres timbres avaient fait surface, tous en sol irlandais sauf un. En 1852, on en dénombrait 60. De toutes les découvertes archéologiques en Irlande, « aucune n'est plus mystérieuse ». Selon l'auteur du journal, l'un de ces timbres avait été déniché dans une boutique de raretés de Londres. Questionné, le commerçant avait raconté que l'objet venait d'Irlande (*Chamber's Journal*, 16-364).

Si ma vision candide vous laisse tiède, je suis au regret de vous dire que l'orthodoxie débouche sur une impasse. À cause de l'étonnante dispersion de ces timbres dans les champs et les forêts, l'énigme plane. «C'est à croire qu'ils ont été éparpillés dans le pays à la volée et c'est si étrange que je n'ai aucune explication à proposer,» d'écrire le Dr Frazer (*Proceedings of the Royal Irish Academy*, 10-171).

Voici ce qu'il aurait pu dire si l'époque le lui avait permis: «Le compte rendu de leur découverte ici et là fait croire qu'ils ont été échappés accidentellement...»

Trois furent découverts dans Tipperary; six dans Cork; trois dans Down; quatre dans Waterford; le reste, un ou deux à la fois dans d'autres comtés.

Mais l'un de ces timbres chinois fut découvert dans le lit de la rivière Boyne, près de Clonard dans le comté de Meath, alors que des ouvriers râtelaient du gravier.

Difficile de dire qu'il n'était pas tombé là.

Chapitre 12

Là où l'on croise des empreintes
de géants et des traces de fées.

L'astronomie.

Un veilleur de nuit absorbé par dix feux de signalisation dans une rue barrée. Au diable les réverbères, les lampes à pétrole, les ampoules électriques, les allumettes qui craquent, les feux de poêle, les feux de camp, la bâtisse incendiée au coin de la rue, les phares d'automobiles, les enseignes au néon... Le veilleur se concentre sur son petit système.

Conduite et éthique.

Quelques jolies filles tournent autour d'un vieux professeur d'université à un colloque. Derrière la porte d'à côté, drogues, divorce et viol. Maladies vénériennes, ivresse, meurtre.

Mieux vaut exclure.

Le rigoureux et le précis, l'exact, l'homogène, l'unique, le mathématique, le pur et le parfait. Nous pouvons toucher l'illusion de cet état, à condition de fermer les yeux sur les écarts infimes. C'est une goutte de lait dans un bain d'acide. C'est le positif grugé par le négatif. Là dans l'intermédiarité, l'affirmation individuelle est une contre-réaction au moins égale au négatif. Je pense que dans la quasi-existence, nous avons une conduite prémonitoire et prénatale, une conscience naissante, prélude en quelque sorte au réel.

L'intuition du réel, à cause de l'illusion qu'elle engendre de vivre dans la réalité, freine ironiquement les efforts pour se réaliser. Je ne m'insurge pas contre la science, mais plutôt contre son attitude, sa prétention de pouvoir cerner le réel. Je m'oppose aux croyances qui remplacent l'ouverture. À ces insuffisances trop fréquentes qui mènent à l'insignifiance et à l'infantilisme des dogmes et des standards scientifiques. Si des voyageurs partaient de Vancouver à destination de Montréal, et que l'un d'entre eux entretenait l'illusion d'être revenu au point de départ, il nuirait certainement à l'élan collectif.

Voilà le petit système astronomique imbu de prétentions à l'exactitude.

J'ai pourtant des données qui me laissent entrevoir des mondes tantôt sphériques, tantôt fusiformes; des mondes en forme d'anneau ou de faucille; certains réunis en essaims ou reliés entre eux par des filaments, et d'autres, à l'opposé, solitaires; quelques-uns constitués de matière semblable à celle de la Terre, à côté de chantiers spatiaux de fer et d'acier.

Outre les cendres, les scories, le charbon et les déchets huileux, du fer en quantité est aussi tombé.

Naufrages, épaves et débris de vastes constructions...

De l'acier. Il nous faudra bien aborder cette notion que de l'acier, non pas du fer, mais de l'acier résultant d'un traitement mécanique ou thermique, est peut-être tombé du ciel.

Mais un poisson des grands fonds heurté par la plaque d'acier d'une épave se livrerait-il à une déduction? Nous autres, humains, baignons dans une mer de conventionnalisme, presque un vase clos. Parfois, je me sens comme l'insulaire ramassant un objet sur la plage D'autres fois, je suis le poisson des grands fonds au museau endolori.

Ultime mystère: pourquoi les créatures d'autres mondes ne se manifesteraient-elles pas à découvert?

Poser la question, c'est insinuer que nous sommes intéressants. Elles restent peut-être à distance pour des raisons d'ordre moral, ce qui n'exclut pas qu'il puisse exister parmi elles des êtres moins scrupuleux.

Ou alors, des motifs de nature physique empêchent le contact.

Lorsque nous entrerons dans le vif du sujet, vous verrez que l'une de mes suppositions, ou incertitudes si vous préférez, est fondée sur l'idée qu'une approche matérielle de deux mondes pourrait causer une catastrophe. Les mondes navigateurs éviteraient donc toute proximité, préférant une orbite éloignée sécuritaire de par sa régularité, une régularité qui n'a toutefois rien de la précision chimérique des croyances populaires.

Mais avouez qu'il est tentant de croire que nous sommes des créatures dignes d'intérêt. Insectes, bactéries et autres petites choses du genre, tout ça nous intéresse, parfois même beaucoup.

Restent les dangers d'une approche. Néanmoins, un navire prudent peut toujours lancer une chaloupe.

Jouons le jeu, imaginons des relations diplomatiques entre l'Amérique et Cyclorée, monde en forme d'anneau dans l'astronomie «fortéenne». Ou peut-être est-ce un chantier. Voilà que ce monde dépêche des missionnaires pour nous sauver de nos pratiques primitives et de nos tabous, nous entraîner dans un troc, extrabibles contre whisky, extraparures contre panaches indiens.

Devant ce dilemme, une réponse toute simple s'impose à moi (et comme on dit souvent, la solution la plus simple est souvent la meilleure, à moins que l'on ne préfère se torturer les méninges ou se laisser hypnotiser). Voici donc ce que je pense :

Ferions-nous l'éducation d'un cochon, d'une oie, du bétail? Serait-il souhaitable d'établir des relations diplomatiques avec les poules instinctivement attelées à leur travail?

Je pense que nous sommes du bétail. Que nous appartenons à quelque chose. Que jadis, la Terre fut une zone neutre, que d'autres mondes l'ont explorée et colonisée, qu'ils se sont disputé les lieux. Mais qu'aujourd'hui, la Terre est la propriété de quelque chose.

Une créature détient les droits sur la planète bleue, avis aux aspirants. Durant notre époque contemporaine, rien n'aurait débarqué de manière ostensible comme Colomb au San Salvador, ou Hudson sur la rivière éponyme. Mais il y aurait eu quelques récentes visites subreptices sur Terre, des émissaires et des voyageurs d'Ailleurs désireux de repartir. J'aurai bientôt des données aussi solides que celles entourant les substances huileuses et le charbon, qui m'ont amené à envisager les chantiers du ciel.

Le sujet est un vaste champ et je devrai à mon tour négliger quantité d'information. Il me serait impossible dans ce livre de disserter sur les multiples usages qu'une civilisation exotique pourrait faire de l'humanité, à supposer vaniteusement que nous ayons une valeur.

Cochons, oies et bétail. Et les propriétaires qui les élèvent pour des raisons évidentes.

Tout bien compté, oui nous sommes peut-être utiles; des négociations ont eu lieu entre revendicateurs et notre primitif propriétaire a cédé ses droits, soit par la force, soit en échange de notre poids en verroterie. Que les conquistadors se le tiennent pour dit. La chose se sait depuis longtemps, du moins chez certains Terriens membres de sociétés secrètes, des gens que l'on considère précurseurs et locomotives, mais qui constituent en fait l'élite des esclaves, une élite chargée de nous conformer aux directives étrangères et de préserver notre mystérieuse utilité.

Je crois aussi que dans un passé reculé, avant que les titres de propriétés ne soient rédigés, des créatures du Dehors ont débarqué sur notre planète, ont sauté, volé, roulé, marché, ont été poussées sur la Terre ou happées par elle, tout est possible. Seuls ou en hordes, ces voyageurs sont venus chasser, faire du troc, garnir leurs harems, prélever des minerais. Certains ont passé leur chemin, d'autres ont établi des colonies, d'autres encore sont restés piégés. Des créatures tantôt avancées, tantôt primitives : créatures jaunes, noires, blanches...

Je dispose de données très convaincantes sur le fait que les Britanniques de la préhistoire étaient bleus.

Bien évidemment, les anthropologues classiques rétorqueront que ces humains se peignaient, mais selon mes notions d'anthropologie progressiste, ils étaient profondément bleus.

Il existe un registre concernant un enfant bleu né en Angleterre (*Annals of Philosophy*, 14-51).

Atavisme : l'hérédité de caractères ancestraux.

Des géants et des fées. J'accepte qu'ils existent, et je me sens l'âme d'un découvreur. Il me faudra cependant faire un grand bond dans le passé pour étayer mon affirmation. La science d'aujourd'hui est le folklore de demain, la fable d'aujourd'hui est la science du futur.

Un autre registre, celui-là concernant un coin à refendre en pierre de 43 centimètres de long par 23 centimètres de large (*Proceedings of the Society of Antiquarians of Scotland*, 1-9-184).

Un coin à refendre en pierre a été trouvé à Birchwood, au Wisconsin ; la pièce, qui figure dans la collection de la Missouri Historical Society, a été trouvée « la pointe enfoncée dans le sol » – ma foi, est peut-être tombée là – longue de 46 centimètres, large de 36 centimètres et épaisse de 28 centimètres, pour un poids de 135 kilos (*American Anthropologist,* n.s. 8-229).

Ou les traces de pieds dans du grès aux abords de Carson, au Nevada. Chaque empreinte mesure entre 48 et 51 centimètres de long (*American Journal of Science,* 3-26-139).

Ces traces, nettes et définies, sont illustrées dans la revue, mais le système les a assimilées, comme on fait de la confiture d'oranges amères. Le Pr Marsh, fidèle aux dogmes, déclare : « La taille de ces empreintes et en particulier la longueur des enjambées montrent qu'elles n'ont pas été laissées par un homme, contrairement à la rumeur générale. »

Rois de l'anathème. Barbares chez les Romains. Desperados du kidnapping. Au sommet, c'est-à-dire en dessous de tout, les anthropologues. Marsh est un fossile du système. Mais je préfère encore me jeter dans la contemplation de ces empreintes ; j'abonde dans le sens de Marsh, ce ne sont pas des empreintes d'homme ; conditionné, il jongle, mais ne jette que des futilités.

Raisonnement de somnambule au panthéon des dormeurs. Ce que l'homme conclut, c'est qu'il n'y a jamais eu de géants sur Terre, parce que des empreintes de géants seraient plus grandes que des empreintes d'hommes qui ne sont pas des géants. Et ces empreintes-là, alors ?

J'imagine des géants visiteurs. Prenez Stonehenge ; avec le temps, nous admettrons sans doute qu'il reste d'incroyables vestiges d'habitations démesurées sur le globe, et que ces voyageurs vinrent plus d'une fois. Quant à leurs ossements, ou à l'absence d'ossements...

À moins que... Une visite au Musée américain d'histoire naturelle me remplit toujours d'enthousiasme, mais je reste quand même cynique devant les fossiles; ossements préhistoriques exhumés de la terre, choses gigantesques reconstituées en reptiles terrifiants, mais «convenables». Scepticisme et cynisme.

C'est la faute au dodo.

Sur un étage du musée, on présente le dodo recréé. C'est clairement une restitution fictive, sa description en témoigne, mais l'œuvre est si habile et convaincante...

Histoires de fées.

«Croix de fées.»

Un fait relaté en Virginie: Dans le col entre les monts Blue Ridge et Allegheny, dans le nord du comté de Patrick, bon nombre de petites croix de pierre ont été découvertes (*Harper's Weekly*, 50-715).

Une race lilliputienne. Elle crucifiait des insectes. Des êtres exquis, d'une sublime cruauté, des humains minuscules pratiquant la crucifixion.

L'auteur du *Harper's Weekly* explique que les «croix de fées» pèsent entre un quart d'once et une once. Certains de ces objets ne sont pas plus gros qu'une tête d'épingle, ajoute-t-on ailleurs. Les spécimens de la Virginie sont tous groupés sur la montagne de Bull et aux alentours, mais on en a trouvé d'autres dans deux états voisins (*Scientific American*, 79-395).

Souvenir des timbres chinois surgis en Irlande. À mon avis, les croix sont tombées là.

Des croix latines, des croix de Saint-André, des croix de Malte. Pour une fois, on nous fait grâce des commentaires d'anthropologues pour tâter plutôt le terrain chez les géologues, mais je crains que mon optimisme ne s'envole. Les experts interrogés ont apparemment démystifié les «croix de fées». Tropisme scientifique: «De l'avis des géologues, il s'agit de cristaux.» Le rédacteur du *Harper's Weekly* souligne que cette explication (ou anesthésie, si la science théorique s'est donné pour mission d'apaiser les élancements de l'inexpliqué) ne permet pas de comprendre la concentration de ces objets en si peu d'endroits. Qui examine leur répartition peut facilement imaginer la fuite par à-coups d'une cargaison dans un vaisseau spatial naufragé.

Croix latines, croix de Saint-André et croix de Malte.

Un minéral cristallise selon différentes structures géométriques, et peut épouser quelques formes de croix reconnaissables. Quant aux flocons de neige, ils prennent mille et un visages, mais sont toujours restreints au système hexagonal. Froids comme les astronomes, les chimistes et les poissons de grands fonds, bien que moins enfoncés dans le pseudodélire que ces parias d'anthropologues, les géologues ont escamoté la donnée dérangeante:

Que les «croix de fées» ne sont pas toutes faites du même matériau.

Encore et toujours le même réflexe conditionné pour éluder, puis assimiler au système: les cristaux sont des formes géométriques; les cristaux sont admis par la science; alors les «croix de fées» sont des cristaux. Mais que des minéraux forment des macles de terminaisons différentes d'une région à l'autre, voilà un raisonnement carrément bancal, moins plausible que mes propres hypothèses.

Voici d'autres petites créatures condamnées malgré le travail d'évangélisation scientifique:

Les «silex lilliputiens». Impossible de les renier, impossible de les sauver.

Les silex lilliputiens sont de minuscules outils préhistoriques. Certains mesurent tout juste six millimètres de large. On en a déniché un peu partout sur la planète: Angleterre, Inde, France, Afrique du Sud. Tombés là, ou pas. Dans le paysage des damnés, ils culminent. Le sujet a d'ailleurs fait couler de l'encre. Pour tenter de les justifier et de les incorporer à la bouillie dogmatique, on a avancé qu'il s'agissait de jouets préhistoriques. Supposition raisonnable. J'entends par là qu'une hypothèse contraire aussi raisonnable n'a pas encore été formulée. Bien que rien ne soit totalement raisonnable, il faut admettre que certaines approximations de la vraisemblance sont supérieures à d'autres.

Pour soutenir l'antithèse des jouets, il me faudra vérifier que là où l'on a découvert des silex lilliputiens, tous les silex sont miniatures. S'ils sont séparés des autres silex par des strates rocheuses distinctes, cela apporterait de l'eau à mon moulin, en Inde notamment, où l'on a découvert de l'outillage lithique de taille courante accompagné de petit outillage (Wilson).

Je pense que les silex miniatures sont l'œuvre d'êtres de la taille d'un cornichon à cause d'une donnée, et c'est le Pr Wilson qui la souligne : non seulement les silex sont minuscules, mais la taille par éclat est très « minutieuse » (*Annual Report of the U.S. National Museum*, 1892-455).

Acrobatie autour d'une expression pour décrire, au 19e siècle, le sentiment d'un anachronisme.

R.A. Galty va même un peu plus loin : « La taille par éclat est si précise qu'il faut une loupe pour en apprécier toute l'exécution. » (*Science-Gossip*, 1896-36.)

L'allusion ouvre grand la porte à la conclusion que si des créatures miniatures n'ont pas façonné ces silex, des hommes préhistoriques ont travaillé à la loupe.

Je m'apprête donc à avancer une idée presque inadmissible, effrontément osée, âme errante aux allures de chevalier. Dans la foulée des méthodes scientifiques classiques, je procéderai à une assimilation. J'assimilerai ces mini silex aux habitants d'Elvera.

Au fait, j'oubliais de vous révéler le nom de ce monde de géants : Monstrateur, un monde fusiforme de 100 000 kilomètres de long sur son plus grand axe.

Cette vision qui m'habite est celle de visiteurs, de nuées de créatures venues sur Terre depuis Elvera, en bandes comme des chauves-souris, pour chasser le mulot ou l'abeille ; ou plus probablement pour convertir les païens, entreprise inévitable. Créatures horrifiées devant le spectacle de qui se gaverait de deux fèves plutôt qu'une, inquiétées pour l'âme de celui qui boirait d'un trait trois gouttes de rosée. Hordes de minuscules missionnaires résolus à faire régner le bien, selon des principes taillés à leur mesure.

Sans aucun doute, furent-elles des missionnaires. Car le simple fait d'exister engendre le désir de convertir à soi, d'assimiler son milieu.

Prochain tableau : ces créatures de l'infime – qu'elles originent d'Elvera ou d'Éros, peu importe – ont quitté un univers délicat pour tomber, peut-être, sur un animal terrestre de bonne taille, à qui il suffit d'ouvrir la bouche pour avaler une douzaine d'entre elles. Puis une petite créature tombe dans un ruisseau, se brise dans le tumulte du torrent.

Échappons un peu à la pensée conventionnelle, et permettez-moi de plagier Darwin une nouvelle fois. Disons que les registres sont encore incomplets. Les silex des Elveriens résisteraient, mais quant aux petits corps... aussi bien chercher des traces de givre dans les sols du paléolithique.

Un coup de vent et voilà un Elverien transporté à une lieue. Ses compagnons ne le retrouveront jamais, mais le pleureront et lui feront des funérailles. Une sépulture est donnée à une effigie du défunt, idée que je reprends des anthropologues. Un grand laps de temps s'écoule avant que la race ne revienne. Puis une autre mésaventure et un autre mausolée.

Lu dans le *Times* de Londres du 20 juillet 1836: Au début de juillet, des garçons sont partis explorer des terriers de lièvres dans la région du mont Arthur Seat, près d'Édimbourg. Ils ont découvert sur le flanc d'une falaise des lames de schiste qu'ils ont retirées: derrière, une petite grotte. Dix-sept cercueils miniatures, de huit à dix centimètres de long.

Il y avait dans ces cercueils des figurines de bois, habillées de style et de tissus différents. Deux étages logeant chacun huit cercueils, un troisième en abritant un seul. Le fait le plus extraordinaire et profondément mystérieux est le suivant: les cercueils avaient été placés dans le mausolée l'un après l'autre, à plusieurs années d'intervalle. Sur la première tablette, les coffres étaient en état de dégradation avancée, et les tissus s'effritaient. Les cercueils de la deuxième tablette étaient moins décomposés. Le cercueil du haut, quant à lui, paraissait nettement plus récent.

Un compte rendu détaillé de la découverte figure dans *Proceedings of the Society of Antiquarians of Scotland* (3-12-460). Trois cercueils et figurines y sont illustrés.

Elvera, ses forêts duveteuses et ses coquillages microscopiques. Si les Elvériens ne sont pas encore à l'ère des techniques modernes, ils se lavent à l'éponge, grosse comme une tête d'épingle. Peut-être des catastrophes ont-elles projeté des fragments d'Elvera sur la Terre?

Vous vous souviendrez des coraux, des éponges, des coquillages et des crinoïdes que le Dr Hahn affirmait avoir trouvés sur des météorites. Des photographies illustrent d'ailleurs leur «particularité évidente et leur extrême petitesse». Ces coraux étranges font environ un vingtième de la grosseur des coraux terrestres. «Ils témoignent d'un monde animal miniature», de préciser l'auteur Francis Bingham (*Popular Science*, 20-83).

Au moment de leur passage, je pense que les habitants de Monstrateur et d'Elvera étaient des êtres primitifs. Mais pour les quasi-humains que nous sommes, les indices paraissent confus. Les logiciens, les détectives, les jurés, les épouses soupçonneuses et les membres d'une société d'astronomie connaissent l'imprécision, mais s'imaginent que le fait de recueillir un consensus confirme un indice. Cette méthode sied peut-être à une existence embryonnaire, mais c'est aussi la méthode qui a conduit à l'Inquisition et aux exorcismes. J'ose me croire assez évolué pour admettre les sorcières et les esprits des croyances populaires, mais je dis aussi que les histoires qui les soutiennent reposent sur des fabrications hallucinantes, faites d'opinions et de témoignages réglés sur un consensus.

Ce n'est pas parce qu'un géant a laissé ses empreintes de pieds nus dans le sol qu'il m'apparaît primitif; peut-être suivait-il les conseils d'un pédicure. Si Stonehenge est une vaste construction à la géométrie grossière, l'absence de raffinement des détails a le sens que vous voulez bien lui donner: nains ambitieux ou géants impressionnistes d'une civilisation avancée?

Si d'autres mondes existent, certains d'entre eux sont probablement tutélaires. Autrement dit, Kepler ne pouvait avoir entièrement tort; sa notion d'ange gardien poussant et guidant les planètes frisait certes l'extravagance, mais prise au sens figuré des rapports de dépendance, il en émane du vrai.

L'existence implique un état de dépendance.

J'ai pour conviction que dans l'intermédiarité, toute chose constitue l'expression d'un désir d'entité, soit en s'affranchissant de sa relation avec le milieu, soit en se fusionnant avec lui. Le vaste dessein est de se libérer de la condition d'une existence relative et de devenir absolu ou, au minimum, de s'intégrer à une pareille tentative supérieurement accomplie.

Deux forces caractérisent ce processus : l'attraction, c'est-à-dire l'essence de toute chose de vouloir assimiler son milieu, si elle n'a pas déjà été soumise ou assimilée à un système ou à un ordre supérieur. Et la répulsion, c'est-à-dire la volonté de toute chose d'exclure ou d'écarter l'inassimilable.

Le processus est universel.

Pensons à un arbre. Il s'emploie tout entier à assimiler les ressources du sol, de l'air, des rayons solaires pour les convertir en matière végétale servant sa croissance. Inversement, il rejette, exclut et écarte ce qu'il ne peut assimiler.

La vache qui broute, le cochon qui fouit, le tigre qui traque ; les planètes qui dévient les comètes ; les friperies et l'Armée du Salut ; le chat dans une poubelle ; les peuples envahisseurs ; les sciences et leurs constructions ; la concentration des entreprises en trusts ; la choriste invitée à souper... Chacun et chacune, quelque part, stoppés par l'inassimilable, comme la chanteuse et son homard grillé. En rejetant la carapace, elle illustre bien l'échec généralisé devant l'absolu positif ; forcer le contraire causerait un désordre qui la transporterait dans l'absolu négatif.

Il en va de même avec la science et son assiette d'infectes données. Carapaces qui ne se laissent pas si facilement percer.

On parle des choses sous tutelle comme de choses distinctes. Ici, c'est un arbre, ici un saint, ou un baril de harengs, ou des montagnes Rocheuses. On parle des missionaires comme d'êtres entiers, d'une espèce à part. Aux yeux de l'intermédiariste, toute chose en apparence distincte témoigne d'un élan individualiste, et chaque espèce est contiguë aux autres. En d'autres termes, ce que nous nommons spécificité n'est que la mise en relief d'un aspect du général. S'il y a des chats, c'est qu'il y a eu amplification de la félinité universelle. Il n'existe rien qui ne frise pas l'état de missionaire et de tutélaire. Chaque conversation est un conflit entre missionaires occupés à convertir, à assimiler l'autre ou à le rendre conforme. Si le progrès est nul, alors la répulsion mutuelle s'installe.

Des mondes ont-ils entretenu des rapports avec la Terre ? Tentatives d'unification, d'expansion par voie de colonisation, de conversion ou d'assimilation des indigènes de notre planète.

Des mondes géniteurs et leurs colonies terrestres.

SuperRomanimus, berceau des premiers Romains.

Ça vaut bien la légende de Remus et de Romulus.

Et SuperIsraëlimus.

Malgré toutes les théories modernes sur la question, je crois qu'il y a eu un jour une intervention parentale ou tutélaire dans l'émergence des premiers Orientaux.

Et d'Azuria sont venus les Britanniques bleus dont la descendance a fini par pâlir, diluée dans un bain au robinet ouvert. Quand on y songe, leur travail de mise en tutelle et d'assimilation est particulièrement frappant.

Des mondes aux méthodes tutélaires, avant que la Terre ne devienne propriété de l'un d'entre eux (la loi du plus fort assimilateur oblige) ont aussi connu leur part de frustration comme tous les missionaires : refus de nouvelle nourriture, rejet de l'étranger. Puis les glaciers recouvrent, broient, chassent...

Ou la répulsion. Courroux du missionaire bafoué.

Sainte colère de répulsion devant le refus d'obéissance et d'assimilation.

Résistance des peuples devant les colonisateurs du territoire aujourd'hui nommé Angleterre, et courroux d'Azuria. Jamais il n'y eut de colère plus justifiée, plus logique dans l'histoire terrestre, car le refus des peuples terriens de devenir bleus pour lui plaire était un outrage à la grandeur.

L'Histoire en tant que collection des délires humains me passionne. Je me propose ici de la faire avancer un peu. Concernant les forts vitrifiés de quelques régions d'Europe, j'ai trouvé des données que les Humes et Gibbons ont laissées de côté.

Des forts vitrifiés non en Angleterre, mais dans des régions voisines : Écosse, Irlande, Bretagne, Bohême.

J'imagine qu'à une époque reculée, des tirs électriques ont fusé d'Azuria à dessein de nettoyer la Terre des peuples réfractaires.

Soudain, la forme titanesque d'Azuria d'apparaître dans le ciel. Verts sont devenus les nuages. Le soleil a fondu en une bouillie pourpre, perturbé par les ondes de choc du Dehors. Les peuples à la peau blanche, jaune et brune de l'Écosse, de l'Irlande, de la Bretagne et de la Bohême ont couru au faîte des collines pour y construire des forteresses. Dans un monde réel, les sommets offrent un bien piètre refuge devant un ennemi aérien, mais dans une quasi-existence, si le réflexe pour échapper au danger imminent consiste à grimper, ce sera le réflexe qui prévaudra. C'est d'ailleurs très courant chez les humains de prendre l'offensive.

Ils ont donc bâti des forts au sommet de collines, ou se sont réfugiés dans les ouvrages existants.

Puis les détonations électriques. Les pierres de ces fortifications existent encore à ce jour, vitrifiées sous l'effet de la chaleur, transformées en verre.

Pour rendre compte du phénomène des forts vitrifiés, les archéologues ont sauté de conclusion en conclusion, tel le «rapide chamois» de notre anecdote. Encore dans la crainte moyenâgeuse de la peine ecclésiastique d'excommunication, ils ont dû cependant expliquer la vitrification des murailles en conformité avec le système, c'est-à-dire en invoquant des événements terrestres conventionnels. Leurs insuffisances me rappellent la même propension partout d'assimiler l'assimilable et d'exclure l'inadmissible. Ils se sont ralliés à l'explication que des peuples primitifs ont érigé des forts et nourri d'immenses feux, souvent loin d'un accès à la forêt, afin de faire fondre la pierre et de la cimenter par l'extérieur. Mais le négatif s'exprime aussi partout, et dans un corps scientifique, l'unanimité n'existe pas. Mlle Russell souligne que rarement des pierres se sont-elles vitrifiées sous l'action du feu, encore moins des façades de maisons ou des murailles (*Journal of British Archaeological Association*).

En me penchant sur le sujet – et il me faut aspirer à plus proche réalité pour contrecarrer les élucubrations de la science – je trouve cette information:

Les murs se sont vitrifiés d'une manière qui n'évoque pas un travail visant l'agglomération des matériaux; la fusion s'est plutôt produite en faisceaux, comme sous l'effet d'une décharge précise. Serait-ce la foudre?

À une époque, quelque chose fit fondre des bandes de murailles érigées au sommet des collines d'Écosse, d'Irlande, de Bretagne et de Bohême.

La foudre préfère l'isolé et le proéminent.

Cependant, certains de ces forts ne sont ni surélevés, ni proéminents, leurs remparts quand même vitrifiés en faisceaux.

Jadis, quelque chose a produit les effets de la fulguration sur des fortifications d'Écosse, d'Irlande, de Bretagne et de Bohême, en majorité celles des collines. Mais ailleurs dans le monde, les fortifications des sommets ne montrent aucun signe de vitrification.

Le crime du particulier, c'est de ne pas bleuir si les dieux sont bleus. Mais en regard du grand plan universel, l'ultime faute du particulier qui serait vert consisterait à ne pas verdir ses dieux.

Chapitre 13

Des jets de pierres et des briques de glace.

Je veux vous entretenir d'un phénomène tout à fait extraordinaire dans le domaine des recherches parapsychiques, ou disons plutôt un supposé phénomène étudié par de prétendues recherches. Est-il besoin de rappeler que dans la quasi-existence, la recherche est une approximation d'étude, une spéculation contiguë avec des préjugés favorables ou défavorables?

Les jets de pierres. On les attribue aux poltergeists, les esprits frappeurs.

Les poltergeists ne sont pas assimilables avec mon propre quasi-système, lequel tente d'établir des corrélations entre les faits bannis et les forces physiques extratelluriques. Pour cette raison, j'ai un préjugé défavorable envers les poltergeists. Indésirables, discordants ou impossibles... différents qualificatifs pour les différents degrés de répulsion qu'ils inspirent; ce sont des mots qui décrivent l'état négatif de tout ce qui résiste aux tentatives d'organisation, d'harmonisation, de classement, bref d'inclusion à un ensemble. Peu importe que je commence en niant la notion de poltergeist, j'ai l'impression qu'en ouvrant mon esprit aux possibilités, en tentant de combler les lacunes de ma connaissance, le phénomène pourrait devenir aussi assimilable et vraisemblable que le sont les arbres. Par vraisemblance, j'entends la capacité de s'intégrer à un courant de pensée ou à un système, de subir un ascendant. Cela revient à parler d'hypnose et d'endoctrinement, deux processus qui s'installent de manière progressive dans l'intellect pour permettre à un objet ou une abstraction, je pense, d'entrer dans notre réalité relative. Pour l'instant, les poltergeists me semblent indésirables et absurdes, mais je garde l'esprit perméable.

J'explore les poltergeists parce que certaines données en ma possession, ou supposées données, se recoupent avec des données censées en confirmer la présence. Voici des cas de jets de pierres dans des endroits délimités, et dont l'origine n'était ni visible ni détectable.

«Jeudi, entre 16 h et 23 h 30, les maisons du 56 et du 58 de Reverdy Road, à Bermondsey, ont été la cible de pierres et d'autres projectiles, sans que l'on ne trouve la source de ces tirs. Deux enfants ont été blessés, toutes les fenêtres cassées et des objets brisés. Malgré la présence dans le quartier d'importantes forces policières, on n'a jamais su d'où émanaient les cailloux.» (*Times* de Londres, 27 avril 1872.)

La mention dans cet article d'«autres projectiles» me pose une difficulté, mais si cela englobe conserves et souliers, et si je prends pour supposition que l'on aurait pu découvrir l'origine des tirs en levant les yeux au ciel, eh bien je crois que mon esprit étroit s'élargit un peu.

Autre registre: Les fenêtres de Mme [Churton], vivant à Sutton Courthouse dans Chiswick, ont été brisées par «on ne sait ni qui ni quoi», malgré d'intenses recherches. Le manoir de l'allée Sutton est ceinturé de hauts murs et isolé. Deux officiers de police sont allés prêter main-forte aux résidents pour guetter les lieux; les fenêtres ont continué de voler en éclats, «devant comme derrière la demeure » (*Ibid.*, 16 septembre 1841).

Je vois dans la supermer des Sargasses des îles flottantes parfois stationnaires. Des rivages tapissés de cailloux. Des perturbations atmosphériques les secouent, font s'abattre des objets de façon ponctuelle. Projectiles venus du ciel, d'une source momentanément fixe. Je réfléchis, j'imagine.

En juin 1860, une violente tempête frappe Wolverhampton en Angleterre. Une nuée de petits cailloux noirs s'abat, au point qu'on doit les ramasser à la pelle (*La Science pour tous,* 5-264). Au cours d'une autre tempête en août 1858, du gravier noir tombe à Birmingham, toujours en Angleterre; on dit qu'il rappelle le basalte des environs (*Comptes rendus de la BAAS*, 1864-37). Des galets décrits comme « de petites pierres polies par l'eau » tombent à Palestine au Texas, le 6 juillet 1888. Ils semblent provenir d'ailleurs (Sergent W.H. Perry, Corps des transmissions, *Monthly Weather Review*, juillet 1888). « Un grand nombre de cailloux aux caractéristiques et aux formes inusitées sont tombés lors d'une tornade à Hillsboro en Illinois, le 18 mai 1883. » (*Ibid.*, mai 1883.)

Les galets de rivages aériens et les cailloux emportés par des tourbillons terrestres se fondent sans doute dans ces phénomènes. Bien que la chute de cailloux étranges soit intéressante, il me semble que je dois, pour la démonstration, me concentrer sur les phénomènes plus significatifs d'une théorie de la supermer des Sargasses. Je vais donc me pencher sur trois points :

La chute de cailloux en l'absence de tourbillon;

La chute de cailloux accompagnés de grêlons si gros qu'aucun phénomène climatique de l'atmosphère terrestre ne peut en rendre compte;

Et la chute de cailloux suivie, beaucoup plus tard,

d'une autre chute de cailloux, comme s'ils provenaient d'une source aérienne stationnaire.

En septembre 1898, un journal de New York a publié ce récit: Un phénomène de fulguration a frappé un arbre en Jamaïque. Près de l'arbre, on a retrouvé du gravier censé être tombé du ciel avec la décharge. La gifle pour les conventions, c'est qu'il ne s'agissait pas de fragments de roche anguleux, caractéristiques d'un météorite éclaté, mais plutôt de «galets érodés par l'eau».

Dans la vastitude d'un continent, l'explication «soulevé là et déposé ici» reste utile... sauf pour qui contemple l'amoncellement de données recueillies dans ce livre. Dans le cas de la Jamaïque cependant, il n'a pas été possible de localiser un tourbillon. Seul recours, l'explication «là au départ».

Le météorologue du service public a mené enquête; un arbre a bien été frappé par la foudre et de petits galets ont été découverts à proximité. Apparemment, on peut trouver de semblables cailloux partout en sol jamaïcain (*Monthly Weather Review*, août 1898-363).

Autre cas: Le Pr Fassig rapporte la chute de grêle au Maryland le 22 juin 1915, des grêlons de la grosseur de balles de baseball, «ce qui n'est pas du tout rare». Il ajoute: «Un compte rendu intéressant, mais non confirmé, précise que des cailloux ont été trouvés à l'intérieur de gros grêlons tombés à Annapolis, la capitale. Je n'ai pas encore reçu de ce jeune observateur les cailloux qu'il s'est proposé d'exhiber.» (*Ibid.*, septembre, 1915-446.) Puis une note: L'auteur a reçu des échantillons au moment de clore son texte.

Que le jeune homme me présente des cailloux, cela me semble aussi persuasif qu'autre chose, mais pas davantage qu'un plat de sandwiches au jambon soi-disant tombés du ciel. Ceci étant dit, je veux établir un lien avec cette autre donnée rapportée par le bureau de météo. Que les cailloux soient restés à flotter dans le ciel pour un long moment ou non, il apparaît que les grêlons porteurs l'ont été. Certains grêlons étaient constitués de 20 à 25 couches alternées de glace claire et de neige glacée.

Si je me fie aux données admises par l'orthodoxie, un grêlon de bonne taille doit tomber des nuages à une vitesse qui empêche l'accumulation de glace supplémentaire. Or, quand on me parle d'une superposition d'une vingtaine de couches de glace, l'idée qui me vient est celle d'un grêlon roulant et roulant encore, s'enrobant tout à loisir avant la chute.

Coupe de grêlon par Camille Flammarion (*L'Illustration, journal universel,* 1868).

Je dispose d'une donnée qui s'apparente à ce cas sous deux aspects: De petits objets métalliques symétriques sont tombés à Orenburg en Russie, en septembre 1824 (*Philosophical Magazine,* 4-8-463).

Cela me rappelle le disque de Tarbes. Lorsque j'ai croisé la donnée concernant Orenburg, la récurrence d'objets décrits comme des cristaux de pyrite ou de sulfate de fer m'a d'abord frappé. Il ne m'était pas venu à l'esprit que ces objets métalliques aient pu se former autrement que par cristallisation, jusqu'à ce que je consulte un compte rendu d'Arago sur le sujet (*Œuvres complètes de François Arago,* 11-644). L'analyse révélait dans ce cas précis une teneur de 70 pour cent de trioxyde de fer ainsi que du soufre, sa combustion ayant provoqué une perte de 5 pour cent de la masse. Il me semble raisonnable de dire que du fer contenant 5 pour cent de soufre n'est pas de la pyrite, associée au groupe des sulfures. Par conséquent, de petits objets de fer rouillé, formés autrement que par cristallisation, sont tombés deux fois au même endroit, à quatre mois d'intervalle. Arago s'étonne de ce phénomène de récurrence qui commence pourtant à nous être familier, à vous et à moi.

Enfin, je vois une ouverture, une échappée hérétique qui m'incite quand même à fermer prudemment les yeux. J'éprouve de l'empathie pour les dogmatistes et les exclusionnistes, et je l'ai dit d'entrée de jeu; s'exprimer en tant que créature revient à exclure arbitrairement, erronément et illusoirement. Quand même: les dogmatiseurs du 20e siècle ancrés dans l'exclusionnisme du siècle précédent sont indésirables. Cette fusion incessante avec l'infini, je la sens rôder, malgré eux. Et malgré eux, ce livre se sera approché de la forme matérielle, mes données se seront approchées de l'organisation; je me serai approché de la compréhension. Il me faut donc sans cesse me retenir de fusionner avec l'infini. Ce que je m'applique à faire, par contre, c'est de créer une espèce de cadre flou, une démarcation perméable entre l'inclus et l'exclu.

Nous voilà devant un passage difficile, je n'irai pas au-delà de cette affirmation choc:

Je crois qu'il existe une région que j'ai baptisée la supermer des Sargasses, vision encore provisoire, mais soutenue par une récolte de données à éplucher. Fait-elle partie de la Terre avec laquelle elle tourne, au-dessus de nos têtes? Ou flotte-t-elle, inerte, indifférente à la rotation terrestre? Ou la Terre ne tourne pas, n'est ni ronde ni arrondie, s'étend plutôt en continuité avec le reste du système, de sorte que si quelqu'un pouvait s'affranchir des leçons de géographie, il marcherait et marcherait encore jusqu'à poser pied sur Mars, puis trouverait Jupiter un peu plus loin sur son chemin.

Je gage qu'un jour, ces questions seront superflues.

Bref, je conçois difficilement que de petits objets métalliques aient pu flotter précisément au-dessus d'un village de Russie pendant quatre mois, qu'ils aient tourné librement à distance d'une planète en rotation.

Peut-être quelque chose visait-il la ville et l'a prise encore pour cible un peu plus tard.

Mes spéculations me paraissent dangereuses dans le contexte du début du 20e siècle. Pour tout de suite, j'admettrai que la Terre est – non pas ronde, car c'est une idée dépassée – plutôt arrondie, ou possède une forme particulière, qu'elle pivote sur un axe et tourne autour du Soleil. J'admets les notions classiques.

Et au-dessus de la Terre, voilà, flottent des régions qui tournent avec la planète; d'où tombent des objets sous l'influence de perturbations diverses; que ces chutes peuvent survenir de nouveau au même endroit.

Un observateur météo de Bismarck, au Dakota a rapporté ceci : À 21 heures le 22 mai 1884, des bruits secs ont retenti dans toute la ville. On a attribué le phénomène à une chute de cailloux à l'aspect de silex, qui ont martelé les fenêtres des maisons. Quinze heures plus tard, une autre averse de ces nodules de silex. Aucun rapport à l'effet que des cailloux seraient tombés ailleurs (*Monthly Weather Review*, mai 1884-134).

Fait abject, sans contredit. Les rédacteurs en chef des revues scientifiques lisent tous *Monthly Weather Review* qu'ils citent d'ailleurs abondamment. Un jour peut-être, les aviateurs pourront décoder les signaux de ces cailloux aux fenêtres. On a dit qu'à Bismarck, le vacarme était entrecoupé de silences. De cette abomination, nulle autre revue n'a daigné parler.

De nombreux météorologues se sont inquiétés de la grosseur de grêlons insolites, mais pas les auteurs de livres sur la météo. À mon sens, il n'y a pas de tâche plus sereine que celle de rédiger de la documentation, quoique écrire un appel à la générosité pour l'Armée du Salut est sans doute tout aussi bienfaisant. Qui lit un texte posé peut passivement s'aventurer dans les particules responsables de la formation de cristaux de glace qui s'agglutinent en grêlons, puis assister au travail de l'accrétion. Au minimum, on peut découvrir dans les revues météorologiques que des poches d'air se forment dans le noyau de grêlons.

Quant à la grosseur de ces objets! Trempez une bille dans l'eau glacée, encore et encore et encore. Si vous êtes un trempeur déterminé, vous obtiendrez un jour un objet de la taille d'une balle de baseball. Mais je crois qu'un tel objet pourrait tomber de la Lune dans le temps qu'il faut pour le fabriquer. Toutes ces couches...

Les grêlons tombés au Maryland sont exceptionnels, et on a fréquemment rencontré des spécimens qui comptaient jusqu'à douze strates. Ferrel a trouvé un grêlon composé de treize couches. Devant les bizarreries, le Pr Schwedoff a avancé que certains grêlons ne peuvent tout bonnement pas se former dans l'atmosphère terrestre, qu'ils viennent forcément d'autre part. Rappelons-nous que dans une existence relative, une chose ne peut être ni attractive ni répulsive en soi; ses particularités sont fonction de ses relations avec le milieu. Ce que je veux dire, c'est que j'ai puisé bon nombre de données dans des sources scientifiques conservatrices. C'est à cause de leur relation discordante avec le système et de la rupture effective que l'excommunication a été prononcée.

Le rapport de Schwedoff a été lu devant les membres de l'Association britannique pour l'avancement des sciences (*Comptes rendus de la BAAS*, 1882, p. 453).

Les déductions de Schwedoff ont été mises en relation, ont inspiré une répulsion aux exclusionnistes de 1882 à l'esprit confortablement étroit. Comment cet homme de science en bons termes avec son époque osait-il insinuer qu'il y aurait de l'eau – océans ou lagunes ou rivières – à distance raisonnable de l'atmosphère et de la gravitation terrestre?

Souffrance.

L'édifice scientifique de 1882 en fut ébranlé.

Il serait temps d'ouvrir la science et de se lancer dans la cosmogéographie. Mais la science est une tortue dont la carapace espère tout contenir.

Revenons aux membres de l'honorable association. Pour certains, les idées folles de Schwedoff n'étaient que des chatouillis sur le dos de leur carapace. D'autres trouvaient ses élucubrations aussi ragoûtantes qu'une tranche de loup sous le nez d'un agneau. Quelques-uns bêlèrent, d'autres rentrèrent dans leur coquille. Jadis, on crucifiait les barbares, aujourd'hui on les ridiculise. Vive le raffinement des techniques... le rire peut aussi clouer.

Sir William Thomson se moqua bien tout en brandissant quelques préceptes de l'époque:

Tout corps qui flotterait au-delà de l'atmosphère, grêlons y compris, devrait graviter à vitesse planétaire (une supposition qui serait raisonnable si les lois de notre vénéré Newton étaient davantage qu'une prière), ce qui fait qu'un grêlon pénétrant dans l'atmosphère terrestre à cette vitesse libérerait 13 000 fois l'énergie nécessaire pour chauffer de 1 °C son poids équivalent en eau. Par conséquent, le grêlon se serait évaporé bien avant de toucher le sol.

Bêlements et faux-fuyants de la pédanterie. Mais je souhaite néanmoins témoigner à ces personnes ébranlées, dans le contexte de 1882, le respect que m'inspire une sucette capable d'apaiser un enfant. Par contre, lorsque l'objet transitionnel perdure jusqu'à l'âge adulte, je dis stop! Pieux cerveaux qui s'accrochèrent à l'idée que 13 000 fois quelque chose pouvait offrir le soulagement d'un quelconque calcul –

Sir William Thomson (*Les nouvelles conquêtes de la science*, L. Figuier, autour de 1885).

dans l'illusion de notre quasi-existence, j'entends. Une unité n'est qu'une convention commode, et encore faut-il croire aveuglément aux sacro-saintes formules de Newton pour expliquer la chute des corps.

Il faut vraiment s'y accrocher pour croire encore, malgré des données contemporaines de météorites à chute lente, ou de météorites tièdes admis par Farrington et Merrill, et d'au moins un météorite contenant de la glace et qui ne fut pas renié par le corps scientifique orthodoxe. Cette dernière donnée date de 1860, elle était donc accessible à Thomson en 1882 comme à moi.

Un aimant, avec des aiguilles, des punaises et des haricots. Les aiguilles et les punaises adhèrent à un aimant et à son principe, mais si des haricots s'y collent, la chose est grostesque. Alors, le système s'en départit.

Bien sûr, on pourrait seriner des données évolutionnistes à un membre de l'Armée du Salut sans qu'il ne cherche à les mémoriser, mais il semble plutôt incroyable que Thomson n'ait jamais entendu parler des météorites froids à chute lente. Sans doute n'avait-il pas d'aptitude pour mémoriser l'irréconciliable.

Et Symons de revenir à la charge. L'homme a été une figure de proue en météorologie, ce qui signifie qu'il a aussi dû freiner la météorologie davantage que ses pairs. Symons qualifie les idées de Schwedoff de «drôleries» (*Nature*, 41-135).

Plus drôle encore je pense, c'est l'idée que je me fais d'une région, pas très loin au-dessus de nos têtes, pour laquelle il nous faut décidément inventer la science de la cosmogéographie. Les rechignements des élèves du futur en train d'en potasser les notions seront ma revanche.

Des galets, des fragments de météorites, des objets de Mars, de Jupiter et d'Azuria : coins à refendre, messages enfouis, boulets de canon, briques, clous, houille, coke, charbon, cargos de déchets, objets verglacés ici et putréfiés là... Les périodes climatiques alternent-elles aussi dans ces lieux cosmogéographiques ? Il me faudra donc imaginer qu'il existe des zones flottantes grandes et glacées comme les banquises de l'océan Arctique, des nappes d'eau importantes peuplées de poissons et de grenouilles, des sols grouillants de chenilles.

Les aviateurs de demain s'élèvent, encore et encore, puis sortent et marchent. La pêche est bonne, les appâts abondants. Ils découvrent des messages d'ailleurs et, trois semaines plus tard, pousse un commerce florissant de documents contrefaits. Un jour j'écrirai peut-être un manuel à l'intention des pilotes de la route des Super-Sargasses, mais pour l'heure, les preneurs sont rares.

Mes données quant à la grêle et aux objets tombés en

concomitance s'affirment, et mes hypothèses aussi.

La science peut prétendre autant qu'elle le veut que des objets ont été régulièrement déménagés sur Terre par des tourbillons, ou que ces objets étaient simplement là au départ. Ultimement, cela revient à dire que si l'on trouve des objets emprisonnés dans des grêlons, de deux choses l'une : ou les grêlons ont été soulevés par le vent, ou bien ils traînaient sur le sol au départ.

La formule n'est pas générale, car il est raisonnable de penser qu'il y a eu des chutes coïncidentes de grêlons et d'objets, mais j'ai néanmoins l'impression de bâtir, à coups de crayon, un sanatorium pour un hasard surmené de toutes ces coïncidences qu'on lui prête. S'il est vrai que des grêlons énormes et des morceaux de glace se forment ailleurs que dans l'atmosphère terrestre, dans des régions externes donc, on peut penser que les objets qui les accompagnent y séjournent aussi. Ce qui m'inquiète quand même un peu, car je ne souhaite pas être traduit maintenant dans l'absolu positif.

Selon un journal de la Virginie, des poissons de 30 centimètres de long, supposément des barbues de rivière, sont tombés avec la grêle à Norfolk, en 1853 (*Cosmos*, 13-120).

Chute de gros grêlons contenant des débris végétaux, non seulement au centre mais aussi au pourtour, à Toulouse en France, le 28 juillet 1874 (*La Science pour tous*, 1874-270).

Registre d'une tempête à Pontiac au Québec, le 11 juillet 1864 : On parle de « morceaux de glace de un à cinq ou six centimètres de diamètre » (*Canadian Naturalist and Geologist*, 2-1-308). « Le plus extraordinaire est qu'un fermier de bonne foi dit avoir ramassé un grêlon renfermant une petite grenouille verte. »

Tempête à Dubuque en Iowa, le 16 juin 1882, durant

laquelle sont tombés des grêlons et des morceaux de glace. «Le contremaître de l'atelier Novelty Iron Works dit avoir trouvé dans deux gros grêlons laissés à fondre de petites grenouilles encore vivantes.» (*Monthly Weather Review*, juin 1882.) Tout m'indique que les morceaux de glace tombés à cette occasion sont restés à flotter un bon moment quelque part, et je reviendrai sur leur particularité.

Le 30 juin 1841, des poissons sont tombés à Boston; l'un d'entre eux mesurait 25 centimètres. Huit jours plus tard, la ville a connu une autre averse, des poissons et des morceaux de glace cette fois (*Living Age*, 52-186). Une nouvelle chute, considérable aux dires de Timbs (*Year-Book of Facts*, 1842-275); les bêtes mesuraient jusqu'à cinq centimètres de long, quelques-unes plus grosses encore. Le *Sheffield Patriot* a précisé qu'un des poissons pesait 80 grammes (*Athenaeum*, 1841-542). Plusieurs comptes rendus relèvent la chute simultanée de petites grenouilles et de «morceaux de glace à moitié fondue». Pour toute explication, des grenouilles et des poissons auraient été happés par un tourbillon; aucune précision ni sur le tourbillon ni sur l'origine de la glace en plein mois de juillet. La mention de glace «à moitié fondue» m'intéresse précisément. Le *Times* de Londres du 15 juillet 1841 décrit des épinoches dont bon nombre ont survécu, tombées avec de la glace et de petites grenouilles. Trois mois plus tard, Dunfermline reçoit quantité de poissons de plusieurs centimètres de long durant un orage (*Times* de Londres, 12 octobre 1841).

La stratification des grêlons me frappe, mais ce qui m'intéresse davantage, ce sont ces morceaux de glace qui s'abattent. Autres observations à l'appui de ma théorie des SuperSargasses:

Galettes de glace de 30 centimètres de circonférence

dans le comté anglais de Derby, le 12 mai 1811 (*Annual Register,* 1811-54); glaçons cubiques de 15 centimètres de diamètre, tombés à Birmingham 26 jours plus tard (David P. Thomson, *Introduction to Meteorology,* p. 179); glaçons gros comme des citrouilles à Bungalore en Inde, le 22 mai 1851 (*Comptes rendus de la BAAS,* 1855-35); glaçons de 675 grammes chacun au New Hampshire, le 13 août 1851 ([Loomis], *A Treatise on Meteorology,* p. 129); glaçons gros comme une tête d'homme pendant une tornade à Delphos (Ferrel, *A Popular Treatise on the Winds,* p. 428) – ils ont d'ailleurs tué des milliers de moutons au Texas, le 3 mai 1877 (*Monthly Weather Review,* mai 1877); «glaçons si gros qu'ils ne tenaient pas dans une main», tombés lors d'une tornade au Colorado, le 24 juin 1877 (*Ibid.,* juin 1877); morceaux de glace de plus de 11 centimètres à Richmond en Angleterre, le 2 août 1879 (*Symons's Meteorological Magazine,* 14-100); galettes glacées de 53 centimètres de circonférence tombées avec la grêle en Iowa, en juin 1881 (*Monthly Weather Review,* juin 1881); morceaux de glace de 20 centimètres de long et de près de 4 centimètres d'épaisseur à Davenport en Iowa, le 30 août 1882 (*Ibid.,* août 1882); briques de glace de 900 grammes à Chicago, le 12 juillet 1883 (*Ibid.,* juillet 1883); glaçons de 675 grammes en Inde, en mai 1888 (*Nature,* 37-42); glaçons de 1 800 grammes au Texas, le 6 décembre [1892] (*Scientific American,* 68-58); glaçons de 675 grammes lors d'une tornade à Victoria, le 14 novembre 1901 (*Meteorology of Australia,* p. 34).

Je pense que ces morceaux de glace ont non seulement accompagné des perturbations atmosphériques, ils sont tombés à cause d'elles.

Un bloc de glace pesant 2 kilos tombé à Cazorta en Espagne, le 15 juin 1829; un autre de 5 kilos à Cette en

France, en octobre 1844; un autre encore durant une tempête en Hongrie, le 8 mai 1802, épais de 60 centimètres et mesurant 90 centimètres de long par 90 centimètres de large (*L'Atmosphère*, p. 34).

Selon le journal *Salina*, une masse de glace d'environ 36 kilos s'est abattue du ciel près de la ville de Salina au Kansas, au mois d'août 1882. C'est un dénommé W.J. Hagler, commerçant de Santa Fé, qui en a fait l'acquisition pour le conserver au magasin dans du bran de scie (*Scientific American*, 47-119).

Le 16 mars 1860, à Upper Wasdale, des blocs de glace se sont abattus pendant une tempête de neige. Ils étaient si gros qu'on aurait dit, à distance, des moutons en train de tomber des nuages (*Times* de Londres, 7 avril 1860).

Un bloc de glace dont le volume devait être proche d'un mètre cube est tombé à Candeish, en Inde, en [1826] (*Comptes rendus de la BAAS*, 1851-32).

Plus impressionnant encore que ces données sans doute réunies pour la première fois, c'est le mutisme du corps scientifique. Les SuperSargasses ne dépasseront peut-être pas le stade d'hypothèse, mais avouons que le constat d'une provenance extérieure paraît inévitable, malgré de vagues ressemblances avec les phénomènes terrestres. Des experts pensent que ces masses de glace résultent de l'accrétion de grêlons. L'explication vaut sans doute à l'occasion, mais j'ai des données divergentes. Au sujet des blocs de glace gros comme des carafes tombés à Tunis, je concède qu'il devait s'agir de grêlons agglutinés (*Bulletin de la Société Astronomique de France*, 20-245).

Un bloc de plus de onze kilos de glace pure et a été découvert par un certain Warner dans son pré de Cricklewood. La veille, une tempête avait fait rage. Personne n'a assisté à la chute, mais on affirme que le bloc n'était pas là avant la tempête (*Times*, 4 août 1857).

Une lettre du capitaine Blakiston a été produite par le général Sabine devant la Société royale de Londres : Lors d'un orage le 14 janvier 1860, des morceaux de glace sont tombés sur son vaisseau. « Il s'agissait non pas de grêle, mais plutôt de glaçons irréguliers et de toutes tailles, parfois gros comme une demi-brique. » (*Comptes rendus de la Société royale*, 10-468.)

Selon *Advertiser-Scotsman*, une masse de glace irrégulière est tombée à Ord en Écosse, en août 1849, après « un puissant coup de tonnerre ». Il s'agissait d'un morceau de six mètres de circonférence environ, homogène à l'exception d'un fragment à l'apparence de grêlons agglomérés (*Edinburgh New Philosophical Magazine*, 47-371).

Le 14 août 1849, le *Times* reprend l'histoire : La veille, un morceau de glace de six mètres de circonférence s'est abattu sur la propriété d'un dénommé Moffat, de Balvullich dans le comté de Ross. L'objet serait tombé seul après un fantastique coup de tonnerre.

Tout ce qui précède ne plante pas un fanion au sommet des SuperSargasses, mais les preuves d'une région externe se multiplient. Des blocs de glace ont autant de chance de se former dans l'humidité de l'atmosphère terrestre que des dalles de pierre dans un nuage de sable. Bien entendu, si de la glace ou de l'eau nous parviennent de sources extérieures, on peut aussi envisager qu'elles transportent avec elles des micro-organismes et, compte tenu des faits précédents, des grenouilles, des poissons et d'autres petites créatures. Admettre que d'imposantes masses de glace sont tombées du ciel me semble désormais une nécessité, mais il me tient surtout à cœur, vu mon intérêt pour les trésors archéologiques et paléontologiques, de conclure enfin à l'existence d'une zone que l'on peut baptiser SuperSargasses, et qui nous permettra maintenant d'élargir le champ de l'admis.

Le 11 décembre 1854 à Poorhundur, en Inde, des plaques glacées pesant plusieurs livres sont tombées du ciel. L'auteur parle de «larges lames de glace» (*Comptes rendus de la BAAS*, 1855-37).

Je vois de vastes plaines gelées dans les régions arctiques des SuperSargasses qui, en se détachant, forment des flocons surdimensionnés. Des champs de glace aériens, loin au-dessus de nos têtes. Puis des mouvements de plaques libèrent des morceaux, certains roulent dans l'eau ou la vapeur, les couches se superposent, les supergrêlons se fabriquent. Mais il existe peut-être aussi des banquises aux abords de la Terre, dont les plaques gelées s'effritent comme la croûte de lacs et de rivières, puis tombent ici-bas, sous une forme qui nous est familière.

On raconte qu'à Braemar, le 2 juillet 1908, des plaques de glace sont tombées par temps clair de nulle part. Le soleil brillait, mais le tonnerre roulait au loin (*Symons's Meteorological Magazine*, 43-154).

Jusqu'à ce qu'il me soit donné de voir une photographie dans le numéro du 21 février 1914 du *Scientific American*, j'avais supposé que ces champs de glace flottaient à 25 ou 30 kilomètres de la Terre, invisibles depuis le sol, hormis pour ces fois où les astronomes et les météorologues ont rapporté des zones de flou. Cette photo représente une agglomération de nuages à basse altitude, si l'on en juge par sa précision. L'auteur compare la formation nuageuse à «un champ de glace fissuré». Sous la photo figure un autre cliché, celui d'un champ de glace ordinaire, généralement en croûte sur l'eau. La ressemblance est saisissante. Je m'étonne qu'il puisse s'agir d'un champ de glace aérien à un kilomètre du sol, et sur lequel la gravitation terrestre n'agirait pas.

À moins que des exceptions ne surviennent, inhérentes au flux et aux caprices de la Nature. Normalement, la force gravitationnelle s'exerce dans un rayon de 20 ou 25 kilomètres d'un objet, mais elle pourrait présenter des variations que nous ignorons.

Par contre, les pseudocalculs des astronomes qui font intervenir l'attraction gravitationnelle reposent sur une force fixe. S'il fallait admettre un jour que la gravitation est variable*, les dieux du ciel dégonfleraient dans un sifflement sonore, réduits aux incertitudes des économistes, des biologistes, des météorologistes aux prises avec l'approximation bien mortelle.

À ceux qui ont l'arrogance en horreur, je conseille la lecture des textes consacrés par Herbert Spencer au flux et reflux des phénomènes : intégration et désintégration.

Si toute chose – lumière d'étoiles, rayonnement solaire, vents et marées, morphologie et couleur du règne animal, offre et demande, opinions politiques, réactions chimiques, dogmes religieux, champs magnétiques, mouvements de pendules et saisons – connaît des variations, je suis d'avis que la gravitation ne peut être ni fixe ni fixée. Tenter l'aventure n'est qu'un élan vers l'absolu voué à l'échec comme toutes nos illusions de la réalité. En bon intermédiariste, j'admettrai donc ceci : la gravitation présente une approximation d'invariabilité supérieure à celle des vents, par exemple, mais néanmoins située entre les

---

* N.d.t. : À l'heure actuelle, la théorie de la gravitation à géométrie variable et l'inconstance de la constante gravitationnelle sont au menu des hérésies de la révolutions scientifique (Source : *Science et vie*, 1063, avril 2006).

murs de la constance et de l'inconstance. C'est dire que les discours ronflants de la physique et de l'astronomie m'impressionnent peu.

Pour en revenir à nos champs de glace aériens, ils sont généralement très éloignés et n'apparaissent que sous forme de brumes ou de flous. Mais à l'occasion, ils sont proches et observables. Pour résumer ce «flou» dont je parle, je citerai la revue *Popular Science News* de février 1884: Le ciel est généralement clair, mais à proximité du Soleil, il se trouve «une brume d'apparence blanchâtre et caillée, à l'éclat spectaculaire».

De temps à autre, je pense que des champs de glace passent entre le Soleil et la Terre. Des strates massives, voire des champs superposés, peuvent même occulter notre étoile jusqu'à l'éclipser.

Flammarion précise que le 18 juin 1838, une obscurité épaisse a touché la ville de Bruxelles. Des plaquettes de glace de deux centimètres et demi de long sont alors tombées (*L'Atmosphère*, p. 394).

Grande obscurité à Aitkin au Minnesota, le 2 avril 1889: du sable et des glaçons se sont abattus (*Science*, 19 avril 1889).

Des fragments de glace à la surface lisse et aux bords rugueux sont tombés à Manassas en Virginie, le 10 août 1897. Ils ressemblaient à des morceaux provenant d'une grande plaque de glace lisse, faisant chacun de cinq centimètres de largeur par deux centimètres et demi d'épaisseur environ (*Symons's Meteorological Magazine*, 32-172). À Rouen, le 5 juillet 1853, il tombe des morceaux de glace irréguliers de la grosseur d'une main, donnant l'impression d'appartenir à un même bloc plutôt imposant (*Cosmos*, 3-116). Iceberg aérien, à mon avis. Dommage que dans la certitude du 19e siècle (lire l'immobilisme), personne n'ait pensé chercher des traces d'ours polaire ou de phoque sur ces fragments.

Je suis conscient d'être influencé par ma propre hypothèse. Nos préjugés sont des travers et font des constructions, cela ne signifie pas qu'ils soient solides pour autant. De sorte que l'intuition d'un observateur sans idée préconçue m'interpelle franchement.

Le service météorologique de Portland, en Orégon, a rapporté une tornade le 3 juin 1894. Sont tombés du ciel des fragments de glace de 16 à 25 centimètres carrés, et de 2,5 centimètres d'épaisseur. Leur surface était lisse (je l'aurais parié). Un auteur écrit que les débris au sol donnaient l'impression « qu'un vaste champ de glace suspendu dans les airs avait soudainement éclaté en morceaux gros comme la paume d'une main » (*Monthly Weather Review*, juillet 1894).

Ce fait, qui rehausse superbement ma collection des damnés, je le sors des oubliettes, car je n'en peux plus de ces décapitations perpétrées par des gamins, des tortues et des moutons. Imaginez, la pauvre créature fut reprise ailleurs sans le moindre petit commentaire (*Scientific American*, 71-371).

J'accepte. J'accepte la condamnation, néanmoins je refuse l'esprit infantile, tortueux ou moutonnier.

Je vais donc me pencher sur des données fabuleuses concernant le délicat sujet des banquises aériennes dans le contexte d'une cosmogéographie. Mais l'ouverture suit des règles; les notions classiques ont commencé elles-mêmes par paraître impossibles, ont fini par s'installer, puis résistent à leur tour à toute altération. Après que l'impensable me soit apparu acceptable, j'ai pu envisager des champs de glace au-dessus de ma tête, puis l'effet du soleil et la fonte de la glace (vous vous souvenez de ces galettes de glace à Boston), l'idée de l'eau qui coule en filets, qui forme des aiguilles de glace pendantes. J'ai levé les yeux et j'ai cru voir ces glaçons semblables à des stalactites de calcaire blanc accrochées à la voûte d'une grotte. Voûte glacée parsemée de papilles, comme celles offertes au veau naissant. Mais alors, si des aiguilles peuvent se former sous un champ de glace, c'est que l'eau tombe vers la Terre. Un glaçon vertical résulte de l'effet de gravité, et si la glace fondante donne des aiguilles tombantes, alors pourquoi le champ de glace lui-même ne s'abat-il pas avant que l'eau ne dégoutte?

N'oublions pas que la quasi-existence est peuplée de paradoxes; en vertu de la cohésion de la masse, l'eau pourrait tomber, au contraire de la glace. Cette notion, je pense, relève d'explications plus avancées que celles dans lesquelles je m'engage pour l'instant.

Ma théorie par rapport aux aiguilles de glace est donc la suivante: un vaste champ de glace aérien échapperait à l'attraction gravitationnelle de la Terre, mais il se peut que certaines de ses régions, plus basses et donc plus proches du sol terrestre, y réagissent. Flux et caprices de la Nature. La cohésion de la masse domine, mais la fonte sur les régions les plus basses produit des aiguilles soumises à la gravité. Il suffirait d'une perturbation pour agir sur les glaçons.

Concernant cette glace tombée à Dubuque en juin 1882, dont certains morceaux renfermaient de petites grenouilles vivantes, *Monthly Weather Review* a précisé que certains glaçons faisaient 43 centimètres de circonférence, le plus lourd pesant 800 grammes; et que sur des fragments se trouvaient des glaçons longs de 4 centimètres. Ces objets, je le rappelle, n'étaient pas des grêlons.

Un phénomène terrestre produit des grêlons en forme de cabochon, c'est-à-dire des grêlons munis de protubérances cristallisées. Mais il ne s'agit pas ici d'une rencontre confuse avec un fait météorologique connu, et l'orthodoxie échoue à expliquer la chose. Ou, si l'on préfère, il est impossible que la grêle se cristallise ainsi pendant une chute de quelques secondes. Pour un compte rendu de ce type de grêlons, voir *Nature* (61-594). À noter, la grosseur de certains objets « gros comme des œufs de dinde ».

Je pense que des glaçons sont tombés du ciel, peut-être à la suite d'un choc, ou après qu'un objet ait raboté le dessous d'une banquise à la dérive, détachant ses tubercules.

Le *Leader* de Turin rapporte que le 11 juin 1889, il est tombé lors d'un orage près d'Oswego, dans l'état de New York, des « morceaux de glace semblables à des aiguilles » (*Monthly Weather Review*, juin 1889).

Sur l'île de Florence, dans la région ontarienne du fleuve Saint-Laurent, des grêlons ordinaires se sont abattus en même temps que des fragments « semblables à des aiguilles de glace, gros comme des crayons à mine et longs d'environ un centimètre » (*Ibid.*, 20-506).

Toutes ces données nourrissent l'idée que je me fais d'une zone arctique dans les SuperSargasses. Pendant quelques semaines, un champ de glace flotte au-dessus d'une région terrestre, le soleil fait son œuvre, le résultat se manifeste en fin de journée. Toujours en flottaison par cohésion, quelques parties ont cependant ramolli. Avec ce que nous savons maintenant, nous ne serions pas si étonnés que d'un ciel clair et ensoleillé tombe, jour après jour sur le même petit patelin, une douche d'après-midi :

Selon l'édition du 21 octobre 1886 du *Chronicle*, un journal de Caroline du Nord, il est tombé une averse dans un secteur précis de la ville de Charlotte vers

15 heures tous les jours et ce, durant trois semaines. Nuages ou non, l'averse a eu lieu sur une parcelle de terre comprise entre deux arbres, et pas ailleurs (*Monthly Weather Review,* octobre 1886).

Le compte rendu du journal local nous présente un véritable paria. Le rapport de l'observateur météo paraît comme suit :

« Un phénomène inusité s'est produit le 21 : J'ai été informé que depuis trois semaines, il pleut tous les jours après 15 heures sur une lisière entre deux arbres, à l'angle de la 9e avenue et de la rue D. J'ai constaté sur place qu'il a plu de 16 h 47 à 16 h 55, malgré le temps ensoleillé. J'y suis retourné le 22 et il a plu légèrement de 16 h 05 à 16 h 25, de nouveau par temps clair. Parfois, l'averse ne touche qu'un demi-acre, semble toujours se restreindre à l'espace compris entre deux arbres, et tombe visiblement en plein centre lorsqu'elle est faible. »

Cas digne de l'Armée du Salut.

Chapitre 14

D'autres mondes circuleraient-ils
dans le système solaire?

Nous voyons les choses d'une manière classique. Non seulement parce que nous nous ressemblons les uns les autres dans notre façon de penser, d'agir, de parler et de nous vêtir (nous avons cédé à une tentative d'entité sociale), mais également parce que nous voyons ce qu'il « convient » de voir. Tout le monde s'entendra pour dire qu'un bébé n'a aucune idée préconçue d'un cheval, et qu'une orange est bien une orange pour la plupart des gens.

Amusez-vous à imaginer quelle serait votre première perception d'un cheval, d'un arbre ou d'une maison si personne ne vous y avait préparé. Je pense que toutes ces choses, observées depuis une superperspective, sont de simples perturbations locales fondues dans le réseau du Grand Tout.

Il me semble raisonnable de dire qu'en plusieurs occasions, Monstrateur, Elvera et Azuria ont traversé le champ de nos observations télescopiques, mais sans être vus, car il convenait de fermer les yeux. Autrement, ce serait profaner le vieux savoir. Peut-être même que saint Newton prononcerait une formule de malédiction.

Et pourtant, toutes ces données...

De vastes objets nomades, des mondes navigateurs, d'autres à la dérive dans les courants et les marées interplanétaires. J'ai consulté des registres à l'appui de leur venue, encore récente, à quelque huit ou neuf kilomètres de la Terre. Leur approche d'autres planètes et d'autres corps célestes, à une fréquence presque périodique en vertu de la tentative de tout système vers l'intégrité et l'entité.

Posons-nous la question: ces autres mondes, ces chantiers spatiaux, ont-ils été vus par nos astronomes?

Je crois que les observateurs du ciel, l'œil rivé à la lunette, voient d'abord le respectable. Certes, la Lune a de quoi subjuguer, mais l'hypnose ne peut pas être totale. Ce que je dis, c'est que des visiteurs ont abordé la Lune, en ont traversé le disque, sont restés suspendus un temps à son limbe. Par conséquent, certains objets ont dû surgir dans nos instruments d'observation docile.

S'il est vrai que les mers sont le théâtre d'un trafic réglementé, il existe aussi des pirates. C'est pareil pour les océans de l'espace. Ce serait bien puritain de nier le vagabondage.

Je crois que des itinérants célestes ont été exclus par les astronomes non seulement à cause de leur manque de périodicité, sorte d'affront à la précision, mais aussi en raison de leur faible fréquence.

Les planètes réfléchissent de manière constante la lumière solaire. Sur cette constance, on a pu bâtir un système d'astronomie que j'appellerai primaire. Maintenant, ce que je désignerai par l'astronomie avancée se penchera sur les phénomènes célestes parfois lumineux, parfois noirs, variables comme certains satellites de Jupiter, mais à l'orbite plus large. Visibles ou non, ils ont été signalés si souvent que la seule raison de leur exclusion tient au fait qu'ils sortent du cadre.

Ces corps noirs, sans doute extérieurs à notre système solaire, ne m'intéressent pas particulièrement. Les corps noirs auraient été damnés il y a quelques années n'eût été de leur homologation par le Pr Barnard. Mais avec la bénédiction du professeur, nous avons le droit d'y songer sans crainte de blasphème ou de ridicule, deux choses intimement liées dans le mauvais et l'absurde. Au rayon du ridicule, j'imagine que l'on range les spéculations folles.

Le compagnon invisible d'Algol, par exemple. Il s'agit clairement d'un cas d'hybridation, et les puristes (ou positivistes) l'admettent pourtant. Barnard décrit un objet dans Céphée qu'il appelle d'ailleurs «objet». Il pense qu'il existe des corps invisibles hors du système solaire (*Proceedings of the National Academy of Science*, 1915-394). Ailleurs toutefois, il dompte ses propos, en parlant plutôt de «nébuleuse obscure» (*Astrophysical Journal*, 1916-1). Déjà moins intéressant.

Je pense que Vénus a souvent été approchée par d'autres mondes, des chantiers d'où émanent coke, charbon et cendres; qu'il est arrivé que ces objets réfléchissent la lumière solaire et soient vus par des astronomes. Vous noterez que les données de ce chapitre sont pareilles à des brahmanes évincés de leur caste, ainsi que je l'ai dit et redit, comme dans une formule hypnotique qui a d'ailleurs bien servi la science du 19e siècle pour faire valoir la toute-puissance de son système. Si je ne le faisais pas, la continuité serait rompue et je pourrais être transporté instantanément dans l'absolu positif. Ah! et puis zut, je me risque...

Je précise donc que mes données exclues viennent d'observations d'astronomes réputés, excommuniées par des astronomes de même renommée cependant portés par l'esprit de corps de l'époque, c'est-à-dire l'habitus qui définit l'équilibre et, par ricochet, la dissidence. Des gens pourraient croire, en me lisant, que je m'insurge contre les dogmes et les affirmations pontifiantes de quelques éminents scientifiques. C'est seulement une impression. J'ai trouvé utile de parler des acteurs. Si vous consultez les *Transactions Philosophiques* de la Société royale ou les bulletins mensuels de Royal Astronomical Society, par exemple, vous verrez que Sir Herschel avait autant de pouvoir qu'un enfant le doigt pointé au ciel. Comment faire admettre des observations hétérodoxes par un système indépendant de ses individus? Le développement des cellules d'un embryon est présidé, rappelons-nous, par un schéma prédéterminé.

Revenons aux visiteurs de Vénus. Martha Evans soutient qu'en 1645 un corps céleste de la taille d'un satellite a été observé près de Vénus. On a rapporté semblable phénomène à quatre autres reprises durant la première moitié du 18e siècle. La dernière observation remonte à [1791] (*The Ways of the Planets*, p. 140).

Un corps imposant s'est approché sept fois de Vénus (*Science-Gossip*, 1886-178). Il fut au moins un astronome, du nom de Houzeau, à accepter la créature – ce monde, ou planète ou chantier – qu'il baptisa même « Neith ». On peut lire son opinion de « ce passage non homologué » dans *Transactions of the New York Academy of Sciences* (5-249).

En écrire le compte rendu pour le périodique d'un journal dominical aurait signifié l'exil pour Houzeau ou pour quiconque. Un nouveau satellite dans notre système solaire dérangerait, bien que les formules de Laplace, jugées immuables à l'époque, auraient survécu à l'inclusion de 500 ou 600 autres corps célestes. Un ajout de satellite à Vénus aurait perturbé, mais aurait trouvé explication. Par contre, un objet de taille qui s'approche d'une planète, s'y arrête, en repart et revient beaucoup plus tard, alors ça... L'idée d'Azuria est terrible, mais pas davantage que celle de Neith.

Un objet réfléchissant a été observé près de Mars le

25 novembre 1894 par le Pr Pickering et ses collègues, à l'observatoire Lowell. Le point était situé au-dessus d'une partie non éclairée de Mars, ce qui signifiait qu'il était bien lumineux. On a d'abord pensé à un nuage, mais on a évalué qu'il flottait à une trentaine de kilomètres de la planète (*Astrophysical Journal*, 1-127).

Harding et Schroeter ont vu un point lumineux en 1799, en train de se mouvoir contre le disque de Mercure (*Monthly Notices of the RAS*, 38-338).

En 1903, dans le premier bulletin publié par le Lowell Observatory, Lowell décrit un objet vu au terminateur de Mars, le 20 mai de cette même année. Sept jours plus tard, sa présence était décelée à près de 500 kilomètres de sa position initiale; «probablement un nuage de poussière cosmique».

Des points brillants et étranges contre le disque de Mars durant les mois d'octobre et de novembre 1911 (*Popular Astronomy*, 19-10).

Certaines observations ont été notées à six ou sept reprises suivant une certaine logique, mais n'ont pu coller à aucun modèle de planète ou de satellite. Le professeur leur a donné un nom: Neith.

Monstrateur, Elvera, Azuria et SuperRomanimus.

L'hérésie et l'orthodoxie dans l'unité du tout. Leurs manières, leurs moyens et leurs méthodes se ressemblent. Autrement dit, si l'hérétique nomme des créatures qui n'existent pas, il n'est pas davantage coupable que l'orthodoxe avec sa nomenclature criblée de vides.

Et maintenant, l'histoire d'Urbain Le Verrier et de l'hypothétique Vulcain.

Qui voudrait démontrer l'affaissement de la mousse savonneuse n'aurait qu'à planter une aiguille dans une grosse bulle. L'astronomie et l'inflation, et par inflation, j'entends l'expansion de l'infime. Je pense que l'astronomie est une simulation construite sur des hallucinations. Mais j'admets aussi qu'elle représente une meilleure approximation que le système de croyances précédent.

Donc, Le Verrier et la planète Vulcain. Je me répète, sans même espérer faire des gains. Peut-être faites-vous partie de la population hypnotisée par les astronomes – et n'oublions pas qu'ils sont eux-mêmes sous hypnose et que leurs manœuvres n'auront abouti qu'à un transfert de l'état hypnotique. Donc, si vous faites partie de la population que les astronomes ont hypnotisée, vous ne pourrez en garder de souvenir. Dans dix pages, Le Verrier et la planète Vulcain auront quitté votre esprit. Un aimant n'opère pas sur des haricots, pas plus que les faits entourant les météorites froids n'adhèrent au cerveau d'un Thomson.

Le Verrier et la planète Vulcain. Pour le peu que ça donne de répéter. Néanmoins, nous retiendrons quelques instants l'idée d'un fiasco historique représentatif de la quasi-existence.

En 1859, Le Dr Lescarbault, un astronome amateur français d'Orgères, annonce qu'il a vu un étrange corps céleste traverser le disque du Soleil le 26 mars. Moment d'hérésie dans les lieux de l'astronomie, comme la déraison de Copernic avait heurté le système précédent. Certaines archives ont été jusqu'à balayer la tragédie. La méthode préconisée par les artistes du système consiste à permettre l'expression de sacrilèges occasionnels, puis d'en disposer. S'il était utile au système de nier l'existence des montagnes terrestres, il suffirait de consigner quelques rapports de montagnes, puis de dire que les voyageurs, bien qu'ils soient de respectables personnes, se sont fourvoyés. Des documents mentionnent à quelques reprises les « prétendues » observations de

Vulcain, puis passent à un autre sujet.

Lescarbault écrit donc à Le Verrier qui se précipite à Orgères. Car il semble que les observations du premier coïncident avec les calculs du deuxième, à l'affût d'une planète entre le Soleil et Mercure.

Notre système solaire n'a pas atteint la régularité avec un grand R. Mercure et Neptune sont le théâtre de phénomènes encore irréconciliables avec les formules, des phénomènes qui trahissent d'autres influences.

Toujours est-il que Le Verrier se montre satisfait des observations de Lescarbault. J'ai l'air de jouer les trouble-fête, mais je m'amuse de la candeur d'une époque qui aura permis aux dogmes de survivre. L'enquête est rapportée dans *Monthly Notices of the RAS* (20-98): Lescarbault écrit à Le Verrier. Le Verrier se précipite à Orgères. Se rend au bureau de l'amateur, le bombarde de questions tout en prenant soin de taire son identité, comme s'il était coutume qu'un passant débarque chez vous et vous cuisine sans s'être d'abord présenté. Enfin satisfait des explications de Lescarbault, Le Verrier se révèle. J'imagine l'étonnement sur le visage de l'autre. L'anecdote est utopique, je crois... Rien à voir avec la réserve des gens de New York.

Le Verrier baptise du nom de Vulcain l'objet observé par Lescarbault.

Les moyens employés à découvrir Neptune (car de l'avis des croyants ce fut bel et bien une découverte), l'astronome les avait mis au service d'une intuition: l'existence d'un satellite ou d'un groupe de satellites entre le Soleil et Mercure. Il avait recueilli cinq observations, outre celle de Lescarbault, relativement à un objet planétaire. Fort des outils mathématiques hypnotiques de l'époque, il avait donc étudié six passages de Vulcain et calculé sa période de révolution (vingt jours environ) ainsi que son orbite. Ce qui ne l'avait pas empêché de préciser qu'il valait mieux attendre en 1877 pour vérifier ses dires.

Compte tenu qu'il restait à Le Verrier bien des années à vivre, on peut s'étonner de sa témérité, pour peu que l'on connaisse les méthodes de l'hypnose. Après qu'il ait «découvert» Neptune par une méthode qui, à mon avis, était aussi scientifique qu'une ordalie, il aurait dû rester prudent. Un succès avec Neptune suivi d'un échec avec Vulcain pouvait le rétrograder dans la hiérarchie de la clairvoyance, derrière les cartomanciens. Qui peut gagner sa vie à jouer à pile ou face? Bref, il était novice en matière d'hypnose.

Il fixa une date: le 22 mars 1877. Le monde scientifique garda le nez en l'air, convaincu de ce qui avait été annoncé avec autorité. Même un pape n'avait jamais paru aussi illuminé. Six observations corrélées devaient suffire. Une semaine avant l'échéance, le rédacteur en chef de *Nature* avança avec prudence qu'il semblait logique de croire à un phénomène unique lorsque six observateurs indépendants avaient noté des faits concordants et exprimés en formule.

Nous arrivons en quelque sorte au nœud du débat: les formules jouent contre nous.

Se pourrait-il que des calculs astronomiques, soutenus par des observations convergentes à intervalles de quelques années, formulés par un être de la trempe de Le Verrier, soient aussi insignifiants en termes d'absolu que toutes les quasi-choses croisées dans le quotidien?

Et tous ces préparatifs jusqu'au 22 mars 1877! En Angleterre, [George Biddle Airy], l'astronome royal, en avait fait l'objectif de sa carrière: il avait prévenu des observateurs de Madras, de Melbourne, de Sydney et de Nouvelle-Zélande, avait pris des dispositions avec des observateurs du Chili et des États-Unis. Il avait vu à ce que des observations soient aussi menées en Sibérie et au Japon.

Arriva le 22 mars 1877.

Sans totale hypocrisie, je trouve la chose pathétique, et si quelqu'un ose douter de la sincérité de Le Verrier, je lui rappelle – dans la mesure où l'on peut y voir un sens – que l'homme est mort quelques mois plus tard.

Tout cela me lancera sur la piste de Monstrateur, mais comme le sujet n'est pas épuisé, j'y reviendrai.

Un certain M. de Rostan, de Bâle en France prenait à Lausanne des mesures de hauteur du Soleil, le 9 août 1762. Il aperçut un vaste corps en forme de fuseau, équivalant à trois points de rayon solaire et à neuf points de longueur, en train de traverser tranquillement le disque de l'astre, «à moitié moins vite que les taches solaires habituelles». L'objet disparut après avoir atteint le bord extrême de l'étoile, soit le 7 septembre. À cause de l'allusion au fuseau, j'ai d'abord pensé à un superzeppelin, mais une autre observation me porte à croire qu'il s'agissait d'un monde. Le point qui «éclipsa le Soleil» était opaque et présentait une espèce de nébulosité tout autour. Une atmosphère? Une pénombre est normalement associée à une tache solaire, mais d'autres observations indiquent que l'objet naviguait à distance considérable du Soleil. D'ailleurs, on note qu'un autre observateur, à Paris celui-là, n'avait rien vu. (*Annual Register*, 9-120).

Plus loin, dans la ville allemande de Sole à quelque 180 kilomètres au nord de Lausanne, un dénommé Croste avait aussi observé l'objet. Il avait décrit la même forme fuselée, mais ne s'entendait pas sur sa largeur. Voici un point important: Croste et de Rostan n'avaient pas positionné la créature contre la même région solaire, et cela tient à une question de parallaxe. Que l'objet fut invisible à Paris me dit que la différence de position apparente était grande. C'est dire que pendant un mois de l'été 1762, un vaste corps opaque en forme de fuseau a traversé le disque solaire, mais à distance considérable de l'astre. L'auteur du *Annual Register* écrit: « En quelques mots, nos connaissances du ciel ne nous permettent pas d'expliquer ce phénomène. » Je suppose qu'il était fana des explications, et je me méfie des natures excessives.

J'en arrive bientôt à ce qui m'occupe : Monstrateur.

C'est donc un Le Verrier fervent jusqu'à la dernière minute, qui offre six observations d'un objet de dimension planétaire, pour lequel il a fait des calculs :

Fritsche, 10 octobre 1802 ; Stark, 9 octobre 1819 ; de Cuppis, [2] octobre 1839 ; Sidebotham, 12 [mars] 1849 ; Lescarbault, 26 mars 1859 ; Lummis, 20 mars 1862 (*Monthly Notices of the RAS*, février 1877).

Si vous et moi n'avions pas de la science cette impression qu'elle trie les lentilles, nous serions ébahis et mystifiés par la corrélation des données, comme le rédacteur en chef de *Nature*; tant de concordance relève difficilement de la coïncidence.

Pour ma part, je pense qu'avec ce qu'il faut d'abstraction et d'omission, les astronomes et les cartomanciens formulent à leur guise. Je pourrais, moi aussi, formuler des périodicités dans les foules de Broadway. Disons, que le mercredi matin, un grand homme à l'œil au beurre noir et unijambiste, transportant un ficus, doit passer devant l'édifice de Singer à 10 h 15. Événement improbable, soit, mais si certains mercredis matin un jeune garçon roulant un baril ou une femme noire chargée de son lavage de la semaine s'adonne à passer, il suffirait d'omettre quelques petits faits pour que le quasi-événement corresponde à la quasi-prédiction.

Or donc, je m'insurge contre l'attitude des quasi-astronomes, gonflés de l'illusion d'un superrêve cosmologique. En fait, je pense que Le Verrier n'a jamais pu convertir ses observations en équations. Il a plutôt choisi des observations pouvant soutenir des équations. Et je crois que toutes les formulations mangent de ce pain-là.

Si Le Verrier n'avait pas été irrémédiablement hypnotisé, s'il avait eu en lui le moindre désir de réalité, il n'aurait pas été trompé par un procédé factice. Mais sous hypnose comme il l'était, il en a envoûté d'autres, de sorte que le 22 mars 1877, il avait mobilisé les télescopes de la Terre, armada d'astronomes rivés à leur lunette.

Pas une créature attendue et inusitée ne se matérialisa ce fameux jour-là, ni les suivants.

Est-ce que l'astronomie pâtit de ce revers? Non, impossible. L'esprit de 1877 faisait bloc. Si certaines cellules d'un embryon transgressent le schéma initial, les autres compensent. Et lorsque l'embryon entre dans sa phase mammalienne, les cellules encore reptiliennes sont une erreur.

Selon moi, il y a eu au fil des décennies de nombreux rapports tout aussi authentiques concernant des corps célestes au voisinage du Soleil. Dans cette multitude, Le Verrier a dû en choisir six capables de soutenir son équation, écartant d'autres objets arbitrairement, s'exposant ainsi à l'erreur. Le dénouement l'a tué, je pense. Je ne le range pas avec les Gray, Hitchcock et Symons, mais j'ai trouvé arrogante l'annonce d'une date si lointaine. À sa défense, il l'a fait avec une belle approximation de ferveur.

Sans doute a-t-il été traduit dans l'absolu positif.

Quant aux faits exclus :

Le 26 juillet 1819, un certain [Gruithuisen] observe deux corps en train de traverser le disque solaire en même temps.

L'astronome J.R. Hind explique qu'il était en compagnie d'un dénommé Wray et de Benjamin Scott, chambellan de la ville de Londres, quand ils ont vu passer devant le Soleil, en 1847, un corps qui aurait pu être Vulcain (*Nature*, 14-469).

Hind et Lowe en auraient fait une autre observation le 12 mars 1849 (*L'Année scientifique et industrielle*, 1876-9).

Un corps de la taille de Mercure aurait été vu par F.A.R. Russell et trois personnes alors qu'il traversait le disque solaire le 29 janvier 1860 (*Nature*, 14-505).

De Vico aurait mené semblable observation le 12 juillet 1837 (*Observatory*, 2-424).

Un astronome de Constantinople, du nom de [Coumbary], a écrit à Le Verrier pour l'informer que le 8 mars 1865, il a remarqué un point noir bien défini se mouvoir contre le disque du Soleil (*L'Année scientifique et industrielle*, 1865-16). Le point s'est dissocié d'un groupe de taches solaires près du limbe de l'astre, et a mis 48 minutes à atteindre le limbe opposé. Selon le diagramme produit par Coumbary, un passage plus centré aurait pris un peu plus d'une heure. Le Verrier a exclu le fait car son équation admettait uniquement le quadruple de cette vélocité.

Ce que je cherche à souligner, c'est que les observations rejetées par Le Verrier étaient tout aussi véritables que celles utilisées. N'y aurait-il pas, compte tenu de ces faits rapportés ici et là, d'autres Vulcains en banque ? Exclusions héroïques et arrogantes, mues par le désir d'établir le modèle d'un Vulcain au détriment d'autres corps qui, en vertu des connaissances ortho-doxes, auraient pourtant exercé une grande influence sur «le» Vulcain, tant l'espace intramercuriel est restreint.

Une autre observation du genre le 4 avril 1876, par M. Weber, de Berlin. Le Verrier en avait été prévenu par son collègue Wolf en août de la même année (*Ibid.*, 1876-7). Le fait ne semble pas avoir ému notre positiviste notoire.

Deux observations supplémentaires, notées par Hind et Denning (*Times* de Londres, 3 novembre 1871 et 26 mars 1873).

On trouve aussi cette énumération d'observations de corps inconnus : [Staudacher], février 1762; Lichtenberg, 19 novembre 1762; Hoffman, mai 1764; [d'Angos], 18 janvier 1798; Stark, 12 février 1820. Une observation par Schmidt datée du 11 octobre 1847 est mise en doute à cause d'une traduction erronée, mais on en donne deux autres de lui : les 14 octobre 1849 et 18 février 1850. Puis une observation rapportée par Lofft, le 6 janvier 1818, et une autre par [Steinhübel], de Vienne, le 27 avril 1820 (*Monthly Notices of the RAS*, 20-100; et *Ibid.*, 1862).

Haase avait rassemblé une vingtaine de rapports d'observation comme celles consignées par Lescarbault. Wolf en a publié la liste en 1872. Il existe également d'autres occurrences pareilles à celle de Gruithuisen.

Puis un rapport de Pastorff qui affirme avoir vu en train de traverser le disque solaire – et ce, deux fois en 1836 et une fois en 1837 – deux rondeurs de tailles différentes qui se sont distancées l'une de l'autre, suivant une trajectoire, ou une orbite, dissemblable en ces deux occasions. L'homme expliquait avoir observé en 1834 des objets similaires qui étaient passés à six reprises devant le Soleil, rappelant les transits de

Mercure (*American Journal of Science*, 2-28-446).

Le 22 mars 1877.

Rappeler la piètre moyenne au bâton de Le Verrier, un succès plus un échec, rappelle le faible pourcentage de réalité dans l'univers quasi mythique d'un système dogmatique. Je n'accuse personne d'avoir étouffé le fiasco, mais je note cependant la manière commode dont les envoûteurs embarrassés s'en tirent.

En créant une diversion.

Un tel escamotage ne survivrait pas à la vérité et au réel, mais j'imagine que des quasi-documents peuvent nourrir des quasi-intellects. L'astuce consiste donc à atténuer la faute de Le Verrier et à blâmer cet amateur de Lescarbault. Il suffit de lire un compte rendu contagieux de M. [Liais], directeur du levé des côtes brésiliennes. Au moment des « supposées » observations de l'astronome amateur, il étudiait le Soleil depuis le Brésil. Pas la moindre petite tache solaire, la région « supposément traversée présentant une luminosité uniforme », de riposter sévèrement Liais.

Et l'insignifiance que l'on prête à tant d'occurrences.

« Luminosité uniforme » est une arme à deux tranchants. Un jour, il y aura bien un esprit pour défier la troisième loi newtonienne et percevoir une opposition comme un stimuli plutôt qu'une résistance. Ce principe, appliqué à la mécanique, produira de quoi harnacher le monde... Bref, les termes « luminosité uniforme » qui m'intéressent ici signifient que Lescarbault ne vit pas de tache solaire ordinaire, ou encore qu'il ne s'agissait pas d'une tache solaire puisqu'il n'y en avait pas. Toujours dans cette optique d'interpréter la résistance comme une assistance – ce qui est possible à la force intellectuelle (imaginons alors ce que nous pourrions accomplir grâce aux forces de la vapeur et de l'électricité*), je souligne encore que l'invisibilité du phénomène depuis le Brésil nous ramène à la notion de parallaxe. Dans la mesure où Vulcain était à bonne distance du Soleil, j'interprète cette contestation comme une corroboration. Méthode familière au scientifique, au politicien, au théologien et au rhétoricien.

Toujours est-il que les textes ont conduit le lecteur à dénigrer l'amateur d'Orgères et à oublier l'erreur de Le Verrier. Nul besoin d'un subterfuge, passons les événements sous silence.

Pour ma part, je pense que ces données étaient aussi vraies que le reste. Si une sommité devait annoncer un tremblement de terre qui ne se produise pas, l'image du prophète serait ternie, mais n'affecterait pas la validité des données antérieures. Alors que ce dénigrement d'un amateur ne nous fasse pas oublier la masse d'observations : Fritsche, Stark, de Cuppis, Sidebotham, Lescarbault, Lummis, Gruithuisen, de Vico, Scott, Wray, Russell, Hind, Lowe, Coumbary, Weber, Staudacher, Lichtenberg, d'Angos, Hoffman, Schmidt, Lofft, Steinhübel, Pastorff...

Ce sont là les observations consignées par le système et qui auraient pu être liées à une planète intramercurielle. À cause du nombre, loin de moi l'idée d'un amateur illuminé. Et c'est la pointe de l'iceberg, car les données relatives à de vastes corps célestes, quelques-uns noirs et d'autres réfléchissants, défileront encore.

Nous garderons sans doute un souvenir ou deux de la procession.

---

* N.d.t. : Autre preuve de clairvoyance chez l'auteur, l'utilisation de la résistance électrique dans la conception de la triode, qui ouvre ensuite la voie à l'électronique... Ou encore l'exploitation de la vapeur souterraine dans la production d'énergie géothermique.

Il est risqué de se concentrer sur une seule donnée. Retenons que le discrédit jeté sur Le Verrier n'influence en rien l'admissibilité des autres faits.

Le *Times* de Londres du 10 janvier 1860 relate une observation de Benjamin Scott: Durant l'été 1847, il avait vu un corps céleste de la taille de Vénus passer devant le Soleil. Pris de doute, il avait demandé à quelqu'un d'assez franc pour briser ses illusions de regarder par la lunette. Son fils de cinq ans s'était exclamé avoir vu «un petit ballon» devant le Soleil. Scott avait hésité à publier cette extraordinaire observation, mais en avait touché un mot le soir même au Dr Dick, membre de la Royal Astronomical Society, qui lui avait alors parlé d'autres rapports du genre. Dans l'édition du 12 janvier 1860 du journal, on peut lire une lettre de Richard [Abbatt], aussi membre de la société, qui se rappelle une missive dans laquelle Scott lui raconte le fait.

Il se peut qu'au début de ce chapitre, quelques lecteurs aient pensé qu'à force de dépoussiérer les archives, je finirais par mettre au jour des données vagues, douteuses et distordues, que j'utiliserais pour appuyer ma thèse qu'il existe des mondes inconnus ou des constructions de taille planétaire. Mais apprécions plutôt la sincérité et le nombre de toutes ces observations inadmissibles.

Je pense toujours que nous sommes des acteurs d'une quasi-existence et que nous tentons surtout, par nos ambitions et nos émotions, de toucher le réel. Que nous sommes témoins d'un effort organisé et fanatique de balayer ce qui ne peut être intégré au système.

C'était peut-être une admirable tentative de cohésion au 19e siècle, un délire héroïque quasi divin, mais l'époque est révolue.

Erreurs de la nature dans une nature dite organisée, les objets du 29 juillet 1878 ont aussi réclamé leur individualité haut et fort. Il aura fallu beaucoup de combativité aux exclusionnistes pour les mater :

L'éclipse survenue ce jour-là a fait l'objet d'un compte rendu par les professeurs Watson, de Rawlins au Wyoming, et Swift, de Denver au Colorado. Ils avaient observé deux objets brillants naviguant à distance considérable du Soleil.

Cela supporte ma théorie, non pas d'une planète intramercurielle, mais d'autres corps célestes imposants ; tantôt s'approchant de la Terre, tantôt du Soleil, des mondes vagabonds peut-être dotés d'un navigateur si l'on considère l'absence de collisions. Bref, des constructions dirigeables.

Les professeurs Watson et Swift ont publié leurs observations. S'en est suivie une exclusion ardente. Les opposants ont parlé de divergence. On porte les deux hommes en estime, en particulier le Pr Swift, mais on estime que les deux astronomes, séparés par des centaines de kilomètres, ont dû être simultanément victimes d'illusion ; leurs observations ne concordent pas.

Swift de répliquer que ses observations, si l'on tient justement compte de la distance qui le sépare de son collègue, « sont très proches de celles du Pr Watson » (*Nature*, 19 septembre 1878). Il affirme même que son observation et celle de son confrère « se confirment l'une l'autre » (*Observatory*, 2-161).

Les croyants reviennent à la charge : Watson et Swift se seraient mépris sur certaines étoiles. Le premier répond qu'il a consigné en mémoire toutes les étoiles dans le voisinage du Soleil jusqu'à la magnitude 7 (*Ibid.*, 2-193). Une précaution qui ne l'a pas prémuni contre la condamnation.

À regarder l'astronome Lockyer manœuvrer, on constate que l'exclusion suit un processus. L'homme dit d'abord : « Une planète a sans doute été découverte par le Pr Watson entre Mercure et le Soleil. » (*Nature,* 20 août 1878.) C'était juste avant de prononcer l'excommunication : « À condition que ses observations correspondent à l'orbite précédemment calculée par Le Verrier. »

Les observations n'y collaient pas.

Swift riposte : « Jamais n'ai-je fait d'observation plus valide ni plus certaine. » (*Nature,* 21-301.)

Condamné malgré tout.

D'autres données ont certainement été recueillies par des esprits moins rigoureux. Pour savoir avec quelle minutie Swift mena ses observations, on peut consulter *American Journal of Science* (116-313). Le détail des procédés de Watson figure dans *Monthly Notices of the RAS* (38-525).

Je pense que mon idée de mondes dirigeables est plus réaliste que celle de corps planétaires en orbite non loin de la Terre et rarement visibles. La seule invraisemblance de cette situation, c'est la décapitation massive des Swift, Watson, Fritsche, Stark et de Cuppis.

Malgré tout, je comprends que ma théorie a de quoi tourmenter, je ferai donc preuve de charité et de tempérance en offrant ici un apaisement : ces deux objets célestes vus par Swift et Watson... Eh bien, deux mois avant, il y avait un cheval et une écurie au Wisconsin...

Permettez-moi de vous présenter d'autres observations d'astronomes qui se sont fait déposséder de tout – hormis de leur désir d'individualité – par ce même système qui les a révélés et soutenus. Leur rupture avec l'orthodoxie leur aura valu privations et antipathie. Qui veut appartenir au milieu doit se soumettre à sa loi.

Deux grands commandements :

Tu ne briseras point la continuité.

Mais tu devras essayer.

D'autres données très respectables ont en effet été écartées. Le corps scientifique met un couvercle sur ses débordements, tout comme la planète freine la poussée du Cervain. Le système sustente et récompense, mais il traite aussi les incartades avec froideur, pour mieux les figer. Je souligne qu'avant un prononcé d'excommunication, les revues orthodoxes rapportent assez librement les indésirables.

Tout élément est contigu à l'ensemble. C'est le principe de la continuité. Le système fait corps et écarte ce qui s'y attaque.

Je me suis beaucoup plaint, sans pouvoir mettre le doigt sur le vrai bobo. J'ai protesté contre le système, mais tout en collectionnant les faits qui me viennent de ses adeptes. Je regroupe les hérésies chez les orthodoxes, en quelque sorte. Dans un milieu sans clôture définie, il est normal d'assister à quelques égarements. Un Swift se rebelle, un Lockyer le rappelle à l'ordre. Puis, ce même Lockyer risque une hypothèse sur les météorites et c'est au tour de Swift d'exercer la censure au nom du milieu. Ces manifestations illustrent bien, à mon avis, la nature des phénomènes intermédiaires ; il est inconcevable de parler d'une créature comme d'une entité lorsque certains de ses éléments lui résistent. Je parle des astronomes comme d'êtres en soi, bien qu'ils aient perdu leur identité au profit d'un système dont je parle aussi comme d'une entité, lui-même soumis à l'esprit d'une époque.

Corps célestes en apparence noirs, des réflexions qui pourraient signaler des objets interplanétaires éclairés par le Soleil. Créatures, masses, constructions...

Lumières vues sur la Lune – à moins que ce ne fût à proximité de la Lune?

Herschel rapporte avoir vu, au moment d'une éclipse, quantité de points lumineux sur la Lune ou à son voisinage (*Transactions Philosophiques*, 82-27). Si je me lance ici à expliquer pourquoi ces points étaient lumineux alors que la Lune était occultée, j'ouvre la boîte de Pandore. Mais d'ici quelques pages, nous admettrons peut-être que des objets lumineux ont été souvent vus aux abords mêmes de la Terre la nuit.

La multitude amène un phénomène neuf, une nouvelle interférence, bref de la matière à notre exploration. Un regard différent sur le vide interplanétaire.

Je ne serais pas surpris qu'il existe des mondes peuplés, des créatures possiblement ailées, des anges pourquoi pas, ou des machines vivantes, ou des vaisseaux marchands du ciel.

En 1783 et 1787, Herschel consigne l'observation d'autres lumières lunaires qu'il attribue à une activité volcanique. On a beau s'appeler Herschel et avoir découvert Uranus, un sacrilège est un sacrilège. Observations balayées.

Des lumières vues sur la Lune en novembre 1821 (*Comptes rendus de la Société royale*, 2-167). Pour de plus amples cas, se référer à Loomis (*A Treatise on Astronomy*, p. 174).

Un observateur fait état d'une lumière mouvante devant la Lune, qu'il compare à une étoile, «... ce qui est, tout bien considéré, impossible. Il s'agissait d'une lumière fixe et stable posée sur une zone sombre de la Lune» (*Transactions Philosophiques*, 84-429). Je suppose que le mot «fixe» concerne l'éclat.

Rankin relate l'apparition de points lumineux sur la face assombrie de la Lune, lors d'une éclipse. Il a eu l'impression de voir la réflexion d'étoiles, chose peu plausible (*Comptes rendus de la BAAS*, 1847-18). Un autre point lumineux impossible à associer à une étoile puisqu'il se mouvait avec la Lune; le phénomène, visible trois nuits d'affilée, a été consigné par le capitaine Kater (*Annual Register*, 1821-687; et *Quarterly Journal of the Royal Institute of Great Britain*, 12-133).

Aussi vue depuis l'observatoire du Cap, en Afrique, une tache blanchâtre contre le halo sombre du limbe lunaire, accompagnée de trois petites lumières (*Transactions Philosophiques*, 112-237).

Séduction à l'idée d'avoir découvert une réalité, à cause de l'unité des éléments qui la soutiennent. Comme Le Verrier devant la vingtaine d'observations recueillies, je suis gagné par ce sentiment de toucher un seul et même phénomène. Inclination universelle. Mais la plupart des données de Le Verrier étaient irréconciliables avec un modèle – étranger au concept de mondes dirigeables sans orbite – de sorte que l'homme a préféré fermer les yeux sur quatorze observations; il en avait conservé six qui lui donnaient l'illusion d'unité et de régularité.

Inclination oblige, devant ces nombreux corps noirs flottant à la dérive ou navigant dans l'espace interplanétaire, je forme l'opinion qu'il existe un maître des corps noirs, un prince:

Mélanicus.

Une vaste construction aux ailes de chauve-souris gigantesque, une construction très noire, peut-être la graine du Mal.

Extraordinaire année que celle de 1883.

Hicks Pashaw signe une lettre dont un extrait est publié: Le 24 septembre 1883, en Égypte, il a vu dans une lunette optique «une immense tache noire passer sur le bord inférieur du Soleil» (*Times* de Londres, 17 décembre 1883).

Une tache solaire, qui sait?

Un soir, un astronome scrutait le ciel lorsqu'un objet avait obscurci une étoile pendant plus de trois secondes. On avait vu un météorite passer dans les environs, mais sa traînée n'était restée visible que quelques instants. Cet astronome, c'était le Dr Max Wolf (*Nature*, 86-528).

La prochaine donnée est particulièrement sensationnelle, mais peu détaillée. Un astronome du nom de Heis a observé un objet noir en train de traverser lentement la bande de la Voie lactée, sur une distance équivalant à un arc de onze degrés (*Comptes rendus de la BAAS*, 1867-426, à partir du catalogue de Greg).

Parce que les données de collision sont pour ainsi dire inexistantes, je conçois mieux que ces mondes sans orbite soient dirigeables. Peut-être défient-ils les lois de la gravitation et possèdent-ils une méthode de guidage inconnue des humains, par déplacement relatif peut-être, à l'instar des volutes qui montent d'une fumée de cigarette. Cependant, le numéro de février 1894 de *Knowledge* montre deux photos de la comète Brooks qui illustrent une apparente collision avec un corps noir, en octobre 1893. Je crois pour ma part qu'elle a frappé un objet. Le Pr Barnard préfère dire qu'elle est «entrée en contact avec un milieu dense qui l'a fait éclater». Pour le peu que j'en sache, elle a pu frapper un champ de glace aérien.

Ou Mélanicus.

Sous ses ailes de chauve-souris monstrueuse, il couve de sombres projets pour notre Terre, colonie parmi tant d'autres, il surveille son profit. C'est un aérostat ailé, un aéroplane aux appendices démesurés, un exploitant spatial malin. Par le Mal, j'entends une créature qui nous trouve une quelconque utilité.

Il peut occulter une étoile, bousculer une comète. Je pense que c'est un vampire très vaste et très noir, aux projets tout aussi obscurs.

M. W.R. Brooks, directeur du Smith Observatory, dit avoir vu un objet sombre et circulaire traverser horizontalement le disque lunaire, peut-être un météore non lumineux à la lenteur remarquable (*Science*, 31 juillet 1896). Un autre correspondant croit qu'il s'agissait plutôt d'un oiseau (*Science*, 14 septembre 1896). Je n'ai pas de difficulté à imaginer l'intersection des phénomènes météore et oiseau, compte tenu de la durée de l'événement, mais je souligne que l'envergure de la créature était évaluée à quelques centaines de kilomètres. À la suite de l'observation de Brooks, l'astronome hollandais Muller écrit qu'il a assisté à semblable phénomène le 4 avril 1892 (*Scientific American*, 75-251). De plus amples détails relativement à l'objet vu par Brooks sont publiés ailleurs : diamètre apparent équivalant au trentième de la Lune, traversée du disque lunaire en trois ou quatre secondes... Brooks explique que le 27 juin 1896, il observait la Lune vers une heure du matin, équipé d'un réfracteur achromatique de cinq centimètres de puissance 44, lorsqu'un objet long et noir a mis de trois à quatre secondes pour traverser l'astre lunaire d'ouest en est. Malgré l'absence de battements d'ailes ou de fluctuation, il avait pensé à un oiseau (*Science-Gossip*, n.s. 3-135).

Dans des notes astronomiques, le Dr Brendel, de Greifswald en Poméranie, explique que le maître de poste Ziegler et d'autres observateurs ont vu un corps de près de deux mètres de diamètre en apparence traverser le disque solaire. Signe que la chose était éloignée à la fois de la Terre et du Soleil, le phénomène a duré un long moment: en effet, l'objet a été observé pendant quinze minutes avant qu'il n'atteigne le limbe de l'astre, a mis une heure à le traverser, et est resté visible pendant une autre heure après s'en être détaché (*Astronomische Nachrichten*, 3487).

Gigantesque vampire noir qui couve, je pense, de sombres projets pour la Terre et d'autres colonies.

Puis le soir du 27 janvier 1912, le Dr F.B. Harris dit avoir vu contre la Lune un objet très sombre. Il l'a estimé faire 400 kilomètres de long par 80 kilomètres de large. «L'objet ressemblait à un corbeau en train de planer, si cela est possible à imaginer.» Des nuages ont mis fin à son observation (*Popular Astronomy*, 20-398).

Harris de rajouter: «J'ai le sentiment d'avoir assisté à un phénomène fascinant et curieux.»

Chapitre 15

S'il faut envisager des communications avec d'autres mondes...

Petit chapitre que celui-ci, mais périlleux entre tous, car il navigue dans la pure spéculation, de sorte que je vais m'éloigner de mes pseudostandards habituels. Je pense avoir été efficace dans la construction du précédent chapitre et maintenant, en vertu du rythme de la quasi-existence (où les quasi-choses oscillent entre des tentatives de différenciation et des tentatives d'homogénéisation en attendant de se réaliser), je suis moi-même le contraire de ce que j'ai été. Une brève incursion donc, mais qui sera l'occasion d'éclaircir plusieurs points de l'intermédiarité.

Casse-tête que voilà :

Je pense que c'est de l'absolu négatif que naît la tentative de positif; l'être s'alimente du non-être dans la phase transitoire qu'est notre quasi-existence. J'essaie de dire, il me semble, que le Tout se fabrique sans cesse à partir du Néant. Vous voudrez peut-être vous représenter le concept, mais attention de ne pas disparaître aussitôt dans un trait lumineux et de toucher le nirvana. Pour ma part, je remets l'exercice à plus tard, préférant me concentrer sur l'importance d'être intelligible. Je définirai donc mon idée d'absolu positif en termes du Réel plutôt que du Tout, en soulignant que Réel et Tout évoquent le même état ultime, celui de l'extinction des fusionnements, celui de la grande unité.

Autrement dit, l'idée est qu'à partir du Non-réel (que j'avais appelé le Néant) se matérialise le Réel (que j'avais appelé le Tout) lors d'un passage dans la quasi-existence. Par analogie, nos pensées se concrétisent en machines, en statues, en édifices, en monnaies, en peintures ou en livres de papier et d'encre; elles sont des gradations entre le Non-réel et le Réel. Il semblerait que l'intermédiarité soit l'expression d'une relation entre l'absolu négatif et l'absolu positif, ce qui soulève une contradiction si l'on admet que l'absolu n'entretient pas de rapport avec autre chose, puisqu'il englobe tout. Concept impossible à embrasser.

Je ferai donc de mon mieux compte tenu de ce postulat que l'absolu ne peut être relativisé, confiant de ne pouvoir m'égarer davantage dans l'abstraction que les métaphysiciens précédents. Je conclus ainsi que notre quasi-existence n'est pas une relation réelle si elle ne contient rien qui soit non réel. Dans cette phase d'intermédiarité, il est donc concevable que l'absolu positif entretienne une quasi-relation et qu'il soit quasi relié, ou encore qu'il ne possède pas de relation ni de non-relation qui soient définitives.

Quant à la volonté individuelle dans l'intermédiarité, c'est idem. Par volonté individuelle, j'entends l'indépendance, le fait pour une créature de résister à l'appel d'une autre. De sorte que dans l'intermédiarité, on ne retrouve chez celui qu'on appelle l'humain ni totale volonté individuelle ni pur asservissement, seulement différentes gradations entre ces deux pôles. Si je voulais caricaturer ce paradoxe de l'intermédiarité, je dirais que nous y sommes libres de faire ce que nous devons.

Je ne crois pas être un fana de l'extraordinaire. J'avance sans idée préconçue sur ce qui deviendra peut-être l'acceptable. Jadis, si un naturaliste entendait parler d'oiseaux qui poussent sur des arbres, il avait le devoir de consigner l'information à l'effet qu'une espèce d'oiseaux poussent apparemment sur les arbres. Le tri des données s'effectuait ensuite. Au minimum, j'essaie d'atténuer les risques inhérents à l'exploration, c'est-à-dire la confusion dans le paysage des faits déterrés. C'était l'embûche qui guettait les premiers découvreurs de l'Amérique devant Long Island et Terre-Neuve. Je suis conscient que mon livre ressemble à une carte gribouillée de l'Amérique du Nord, où la rivière Hudson serait dessinée comme une voie vers la Sibérie. Monstrateur, Mélanicus ou un autre monde... un monde en communication avec la Terre. Et si c'est bien le cas, tout se fait clandestinement, avec des membres de nos sociétés secrètes. De là à pouvoir identifier ce monde, c'est une autre enquête. Ce serait égoïste de ma part de ne rien laisser à prospecter à mes disciples.

Personnellement, j'ai été très impressionné par le phénomène des «marques de ventouse». Elles évoquent un langage, mais de source non terrienne. Imaginer que des habitants de l'Amérique, de la Chine et de l'Écosse aient structuré un langage identique me semble du reste inconcevable.

Ces symboles gravés dans la pierre m'ont donné l'impression de messages télégraphiques en provenance du Dehors.

Les marques de ventouse sont des arcs de cercle dans la roche. Parfois, ils sont entourés d'un cercle complet, parfois d'un demi-cercle. Il s'en trouve en Grande-Bretagne, en Amérique, en France, en Algérie, au nord du Caucase, en Palestine, pratiquement partout, sauf dans le Grand Nord, à ma connaissance. En Chine, certaines falaises en sont pointillées. Un escarpement du lac de Côme (en Italie) est tapissé d'un réseau inextricable de ces graphiques. L'Italie, l'Espagne et l'Inde comptent de nombreux sites profusément gravés.

Une force électrique aurait pu, à distance, graver la roche de la même façon que le sélénium reçoit, dans un photomètre, l'impression d'une lumière située à des centaines de kilomètres de distance. Et me voilà lancé sur une double piste.

Des explorateurs d'Ailleurs perdus ici, une tentative du Dehors de prendre contact avec eux, une course aux messages visibles de loin dans le roc.

Il existe peut-être sur Terre un type de roche particulière qui serve de récepteur, ou une montagne conique qui fasse office de poste séculaire aux messages du Dehors. À l'occasion, les messages auront largement raté la cible.

Se pourrait-il que des forces dans les coulisses de l'aventure humaine aient laissé des récits à décrypter en Palestine, en Angleterre, en Inde et en Chine? Qu'elles aient transmis des directives à des sociétés secrètes tels les francs-maçons, ou encore aux jésuites? Je souligne que les marques de ventouse sont disposées en rangées.

«Quel que fût le motif des marqueurs, on note la fréquence de la disposition en rangées régulièrement espacées», de dire le Pr Douglas (*Saturday Review,* 24 novembre 1883).

Jadis, Canon Greenwell a avancé que les marques de ventouse constituaient une écriture archaïque.

Les observations de Rivett-Carnac rejoignent plutôt ma pensée: que l'alphabet braille en points saillants rappelle un arrangement inversé de marques de ventouse; que le code morse présente des similarités frappantes (*Journal of the Royal Asiatic Society of Great Britain and Ireland,* 1903-515). Mais un archéologue du système doit suggérer avec tact. Affirmer que les marques de ventouse s'apparentent à un langage – en Chine, en Suisse, en Algérie, en Amérique – reviendrait à leur attribuer une origine commune. S'il s'agit bien de messages, je pense qu'ils viennent d'une source extérieure ayant eu accès à l'entièreté du globe.

Je désire souligner un autre point : les marques de ventouse ont aussi été comparées à des empreintes de pied. Mais si on retient cette hypothèse, il faut rejeter les occurrences, quand même fréquentes, où les marques tiennent sur une ligne au lieu d'être éparpillées. Cette identification avec des pas me semble tirée par les cheveux : à moins d'une créature qui saute à cloche-pied, d'un chat marchant sur une clôture, ou d'un contrevenant pour qui un policier a tracé une ligne à la craie, je n'imagine pas de candidat.

Le mégalithe Witch's Stone, près de Ratho en Écosse, porte 24 marques de ventouse dont le diamètre varie de quatre à sept centimètres et plus ; elles sont disposées en lignes relativement droites. Dans la contrée, on prétend qu'il s'agit d'empreintes canines (*Proceedings of the Society of Antiquaries of Scotland*, 2-4-79). D'autres marques parsèment le rocher ici et là. Exaltation télégraphique ? Répétition du message ?

Si l'on en croit les légendes du comté d'Inverness, ce sont des empreintes de fées. Il se trouve des glyphes semblables à l'église Vatna en Norvège, et St-Pierre à

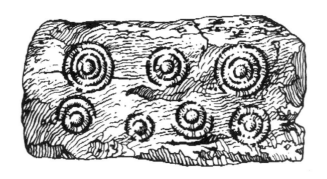

Ambleteuse en France, soi-disant laissés par des sabots de cheval. Les rochers de Clare, en Irlande, auraient plutôt été foulés par une vache mythique (*Folklore*, 21-184).

Voilà que je vous présente un drôle de fantôme que je n'oserais pas appeler un fait. L'anecdote illustre cependant notre interprétation des symboles, marques de ventouse ou empreintes. Les marques de ventouse évoquent des traces en creux de sabots de cheval ou de vache, par exemple, mais qui sait si ce ne sont pas plutôt des symboles ayant abouti sur Terre au mauvais endroit, à la plus grande stupéfaction d'habitants remarquant des parois pourtant vierges la veille.

Un registre [japonais] très ancien relate l'horreur survenue dans une cour royale un matin. Des sujets s'étaient réveillés sur le spectacle d'un sol marqué d'empreintes de bovin. Des empreintes supposées appartenir au diable (*Notes and Queries*, 9-6-225).

Chapitre 16

Des créatures sillonnent
peut-être nos cieux.

Des anges. Des bataillons d'anges.

Des esprits par nuées, amalgame d'exhalaisons sur-naturelles comme le luministe Gustave Doré aimait les peindre.

La Voie lactée révèle peut-être la cristallisation com-plète d'anges absolus. Nous survolerons des données à l'effet de petites voies lactées mouvantes; des données sur des légions d'anges à l'activité non achevée. Je pense que les étoiles sont fixes, et donc absolues, que leurs légères fluctuations sont illusoires. Leur scintillation résulte sans doute du filtre de l'environnement intermé-diaire. Peut-être même qu'après la mort de Le Verrier, une nouvelle étoile est apparue. Si le Dr Gray avait défendu corps et âme son explication, convenable ou non, d'un millier de poissons dans un seau d'eau, qu'il l'avait écrite, racontée et chantée, qu'il en avait rêvé la nuit pour mieux en parler au matin, sa nécrologie aurait probablement paru le jour de l'annonce d'une nova dans les annales astronomiques.

Selon moi, des voies lactées secondaires, celles qui sont encore le théâtre de forces, ont déjà été observées par des astronomes. Possible que le phénomène dont je vais vous entretenir n'ait rien à voir avec les anges, car pour l'instant, j'explore et j'évalue. Mes données me portent à imaginer des légions de touristes inter-planétaires, certains repus et bien ronds, d'autres au contraire avides et agressifs. Dans le vide interplanétaire naviguent sans doute des Gengis Khân à la tête de pilleurs; ils sont venus ici, ont razzié des civilisations antiques, les dépossédant de tout hormis leurs ruines et leurs ossements autour desquels les historiens ont dû broder des histoires commodes. À supposer qu'une chose soit maintenant notre juste propriétaire, elle a mis les barbares en garde. C'est l'histoire de toutes les exploitations. Je devrais plutôt dire que nous faisons l'objet d'une culture; que nous en sommes conscients, mais que nous avons encore la vanité de croire que notre noblesse nous vaut certains égards.

Toutefois, le progrès de cette idée sera freiné tant que nous vivrons dans l'illusion que tout est immuable. Au chapitre de l'adaptation, l'ouverture de l'esprit me paraît supérieure à la croyance. Contre mon hypothèse donc, la croyance que tout a été découvert ou presque dans notre espace interplanétaire. Illusion d'aboutissement et d'homogénéité. Celui qui se propose d'avancer la connaissance viole le repos de l'esprit.

Une goutte d'eau. Il fut une époque où l'eau nous semblait si homogène qu'on en parlait comme de l'un des quatre éléments. Le microscope nous a dévoilé un monde protoplasmique grouillant de surprises.

En 1491, l'océan Atlantique respirait le statisme aux yeux d'un Européen. Comment le dieu créateur aurait-il pu permettre qu'une telle pureté d'horizon soit brisée? L'idée de gales de terre sur une peau bleue et lisse avait tout pour déranger.

Pourtant, des côtes, des îles, des Indiens et des bisons peuplaient un occident visiblement vide. Des lacs aussi, des montagnes et des rivières...

Nous regardons le ciel et nous voyons l'homogénéité apparente de l'inexploré. Une personne normalement constituée connaît quelques phénomènes célestes.

Mais les faits me forcent à accepter la possibilité d'autres mondes et d'autres modes dans notre univers interplanétaire: des choses aussi dissemblables des planètes et des comètes que le sont les Indiens des bisons. Une cosmogéographie – ou extragéographie – avec de vastes régions flottantes, des Niagaras et des Mississippis du ciel. Il faut aussi concevoir une exosociété peuplée de voyageurs, de touristes, de pilleurs, de chasseurs et de proies, de marchands, de pirates et d'évangélistes.

Sentiment d'homogénéité, illusion de fixité devant l'inconnu. Et fatalité des certitudes.

L'astronomie et les chercheurs. L'éthique et l'abstrait. La propension à formuler et à régulariser, une tentative qui implique toujours une part de rejet et de déni.

Toutes les créatures rejettent ou nient ce qui menace leur sentiment d'intégrité. Jusqu'au jour où une créature impose sa loi au détriment de l'élan cosmique:

« Tu n'iras pas plus loin: voici ton absolue limite. »

L'ultime commandement:

« Il n'y a que Moi. »

Une lettre du révérend W. Read a été publiée par la Royal Astronomical Society: Le 4 septembre [1850], à 9 h 30, il avait vu une multitude de corps lumineux traverser le champ de son télescope, certains lents, d'autres rapides. Ils occupaient une zone équivalant à un arc de plusieurs degrés. La plupart voyageaient d'est en ouest, mais quelques-uns descendaient vers le sud. L'essaim était resté visible pendant six heures (*Monthly Notices of the RAS*, 11-48). L'éditeur de la revue commente: « Ces apparitions seraient-elles imputables à des troubles optiques chez l'observateur? »

Le révérend réplique dans un numéro suivant qu'il observe le ciel avec constance depuis 28 ans et dispose d'instruments de haute précision. « Je n'ai jamais vu pareil phénomène. » Quant à l'insinuation mesquine, il souligne que deux membres de sa famille peuvent témoigner de la vision (*Ibid.*, 12-38).

Et l'éditeur de se rétracter.

Nous sommes échaudés. Dans une existence par moments irlandaise, nous pouvons extrapoler le futur; la recension des faits au milieu du 19e siècle nous permet de prédire les prochaines réactions exclusionnistes. Si le révérend Read a assisté à la migration d'anges déchus par millions, on peut imaginer que le phénomène peut se confondre avec un phénomène terrestre. Tout de même, en 28 ans de contemplation assidue, l'homme connaît les lieux communs de l'observation.

L'information avait inspiré le révérend W.R. Dawes à publier aussi un mot. En septembre, il avait vu des objets qui s'étaient révélés être des fragments de végétaux en suspension dans l'air (*Ibid.*, 12-183).

Un échange entre Read et le Pr Baden-Powell est publié: Le révérend explique que son observation n'a rien de commun avec celle des semences végétales invoquées par Dawes. Le vent était faible et les objets s'étaient pourtant élevés au-dessus de l'océan, un endroit peu propice aux semences. Leur forme était globulaire et leurs contours bien nets. Impossible à confondre avec des têtes de chardon effilochées. Il cite ensuite des extraits d'une lettre de C.B. Chalmers, membre de la Société d'astronomie française, qui dit avoir vu pareille procession, ou migration, avec des corps lumineux cependant plus allongés que globulaires... ou élancés et avides, si l'on veut (*Comptes rendus de la BAAS*, 1852-235).

S'obstiner encore un siècle n'aurait pas ému davantage les sommités. L'esprit de l'époque, c'était l'exclusion. En rejetant ce qu'il fallait, l'idée de semences en suspension était assimilable aux connaissances.

Peut-être que des créatures flamboyantes ont coutume de procession... et que les croisades n'ont été que des nuages de poussières et des grains de mica miroitant telles des armures lustrées. Je pense que le révérend a assisté aux mouvements d'une croisade, et qu'en fin de compte, il était juste de parler en 1850 de semences dans la brise, même par temps plat. J'imagine des créatures illuminées de leur foi, mêlées dans l'intermédiarité à d'autres plutôt assombries par l'ambition personnelle. C'était peut-être un Richard Cœur de Lion en route vers Jupiter pour y faire justice. En 1850, mieux valait parler de graines de chou.

Le Pr Coffin, de la United States Navy, a raconté ceci : Durant l'éclipse d'août 1869, il avait observé dans son télescope le passage de plusieurs flocons lumineux ressemblant à des capitules de fleur flottant devant le Soleil. Toutefois, le télescope était si bien réglé sur l'astre que de voir ces objets avec autant de définition supposait qu'ils flottaient à une distance prodigieuse de la Terre. Qu'on explique le phénomène comme on le voudra, dira-t-il, l'orthodoxie est coincée. Ces objets étaient « bien définis », de préciser Coffin (*Journal of the Franklin Institute*, 88-151).

Le 27 avril 1863, Henry Waldner avait observé la trajectoire d'ouest en est d'une multitude d'objets lumineux. Il en avait informé le Dr Wolf, de l'observatoire de Zurich, qui avait été saisi par l'étrange phénomène. Wolf lui avait alors signalé que M. Capocci, de l'observatoire napolitain Capodimonte, avait aussi rapporté de semblables observations le 11 mai 1845 (*Nature*, 5-304).

Les formes étaient variées, ou du moins la perspective en donnait l'impression. Certaines étaient dotées d'appendices translucides disposés en rayon, comme sur une étoile.

Pour ma part, je pense qu'il s'agissait de Mahomet au premier jour de l'hégire. Son harem l'avait-il suivi? Extase que cette vision de Mahomet flottant dans l'espace avec sa ruche d'épouses. Tout ceci étant dit, il me semble avoir l'avantage du terrain, avril n'étant pas la saison des semences. Mais on nous ramène aussitôt sur terre. Stupidité donc, stupidité fonctionnelle du quotidien – devant cette observation rarissime, si rare qu'un astronome cite une seule occasion entre 1845 et 1863. C'est consigné, point à la ligne.

Notre ami Waldner a bien tenté de dire que l'homme avait vu des cristaux de glace.

Même s'il ne s'agissait pas de voiles d'un superharem ou des ailes d'avions légers, le lecteur reste sur l'impression d'objets célestes étoilés, aux appendices gracieux et transparents.

Des myriades de corps célestes, noirs cette fois, vus par les astronomes Herrick, Buys-Ballot et de Cuppis (*L'Année scientifique et industrielle*, 1860-25). Une multitude de corps observés par M. Lamey, en train de traverser le disque lunaire (*Ibid.*, 1874-62). Autre foison de corps noirs sphériques rapportée par Messier, le 17 juin 1777 (*Œuvres complètes de François Arago*, 9-38). Une multitude de corps lumineux donnant l'impression de quitter le Soleil dans plusieurs directions, observés à La Havane durant une éclipse solaire le 15 mai 1836, par le Pr Auber (selon Poey). Poey cite un autre cas, celui du 3 août 1886, pour lequel M. Lotard a dit qu'il s'agissait d'oiseaux (*L'Astronomie*, 1886-391). Un grand nombre de corps de faible envergure en train de traverser le disque solaire, certains lents et d'autres rapides, la plupart de forme globulaire, quelques-uns plutôt triangulaires ou complexes; rien qui puisse évoquer semence, insecte, oiseau ou objet connu, aux dires de l'observateur du nom de Trouvelet (*L'Année scientifique et industrielle*, 1885-8). Et un rapport de l'observatoire de Rio de Janeiro concernant une myriade de corps lumineux et sombres devant le Soleil, durant tout le mois de décembre 1875 et jusqu'au 22 janvier 1876 (*La Nature*, 1876-384).

Vous me direz qu'à bonne distance, tout objet peut paraître arrondi. Je souligne quand même les mentions de formes plus complexes. M. Briguière, de Marseilles, relate une observation les 15 et 25 avril 1883 à l'effet que des corps d'aspect irrégulier sont passés devant le Soleil. Il lui a semblé qu'un groupe se déplaçait en formation (*L'Astronomie*, 1886-70).

Un rapport de l'Association britannique pour l'avancement des sciences publie un extrait de lettre entre Sir Robert Inglis et le colonel Sabine: Le 8 août 1849 à 15 heures, à Gais en Suisse, Inglis avait vu des milliers d'objets brillants et blancs, tels des flocons de neige dans un ciel vierge. Bien que le phénomène avait duré environ 25 minutes, pas un flocon n'était tombé. Le domestique d'Inglis avait discerné des ailes ou des espèces de ramures sur ces étranges créatures. Quelques pages plus loin dans le texte, Sir John Herschel précise qu'en 1845 et en 1846, il avait lui-même observé au télescope des objets de bonne taille, en apparence peu éloignés. Il avait conclu à des bottes de foin de un ou deux mètres de diamètre, sans doute sustentées par un fort tourbillon, malgré des conditions météo calmes. «Le vent tournoyait sûrement à cet endroit, même s'il était inaudible.» Aucune de ces masses ne tomba dans un secteur visible (*Comptes rendus de la BAAS*, 1849-17).

Vous et moi aurions tendance à croire qu'un homme de science aurait parcouru les champs voisins pour en découvrir davantage, mais je sais maintenant que l'esprit d'une société laisse peu de latitude. Si Herschel avait fait investigation et découvert qu'il ne s'agissait pas de bottes de foin, mais d'objets inusités, son rapport aurait été aussi déplacé en 1846 qu'une queue de serpent sur un embryon humain.

Comme Herschel, j'ai aussi souffert d'inhibition, me demandant pourquoi je m'étais retenu de poser tel ou tel autre petit geste qui aurait pu porter des fruits. Moments inopportuns dans un mûrissement.

Et une autre revue d'en rajouter. À Kattenau en Allemagne, environ une heure avant l'aube du 22 mars 1889, «une quantité prodigieuse de corps lumineux se sont élevés au-dessus de l'horizon et déplacés en ligne droite vers l'ouest». Ils paraissaient groupés en bande et «brillaient d'une lumière étincelante» (*Nature*, 22-64).

Le corps scientifique a pris moult données au lasso pour les ramener sur terre. Mais un nœud un peu lâche laisse glisser des créatures. Si certains de nous ont le sentiment que la science peut juger avec objectivité depuis son auguste siège, nous sommes certainement nombreux à penser qu'elle en a joyeusement lynché, des données. Une croisade entre Mars et Jupiter survient en automne: «des semences.» Une expédition céleste se produit au printemps: «des cristaux de glace.» Une course matinale de nomades célestes vue en Inde: «des sauterelles.»

Terrain sujet à l'exclusion: si des sauterelles volent trop haut, elles gèlent et tombent au sol, par milliers. On a d'ailleurs vu des sauterelles dans les montagnes de l'Inde, à une altitude de 3 825 mètres, «mortes par légions» (*Ibid.*, 47-581).

Qu'elles volent à haute ou à basse altitude, personne ne se demande ce qu'il y a dans les airs lors du passage d'une nuée de sauterelles; des traînards tombent toujours, fin de l'histoire. Mais cette question me captive.

«Un phénomène inusité a été rapporté par le lieutenant Herschel les 17 et 18 octobre 1870, pendant une observation du Soleil, à Bangalore en Inde.» Le lieutenant a vu des objets sombres passer devant l'astre, tandis qu'un peu plus loin, se mouvaient des images lumineuses. Pendant deux jours, des corps ont défilé devant notre étoile, de grosseur et de vélocité variables (*Monthly Notices of the RAS,* 30-135).

Le lieutenant tente bien une explication: «Le passage continu pendant deux jours de légions de bêtes qui n'ont perdu aucun traînard, c'est un mystère au chapitre de l'histoire naturelle, sinon de l'astronomie.»

Il a procédé à plusieurs réglages, a vu des ailes ou des appendices... Avait-il vu des aéronefs?

Puis, il a remarqué quelque chose de si saugrenu que sa loyauté au 19e siècle lui a fait écrire ceci: «Plus de doute, il doit s'agir de sauterelles ou de mouches quelconques.»

Car l'une d'entre elles s'était mise en vol stationnaire, avait ensuite papillonné, pour finir par décamper.

Le rédacteur en chef a pris la peine d'écrire qu'à cette époque, «diverses régions de l'Inde avaient été envahies par des sauterelles».

Ce cas révèle des choses extraordinaires, selon moi; voyageurs ou ravageurs, anges et chemineaux, croisés, émigrants, aéronautes, éléphants, bisons et dinosaures de l'espace...

Je pense que parmi les objets ailés ou munis de pales, l'un d'entre eux a été photographié. Il se peut que de toute l'histoire de la photo, ce soit l'image la plus extraordinaire jamais prise. En effet, le 12 août 1883, à l'observatoire de Zacatecas au Mexique, à quelque 2 500 mètres d'altitude au-dessus du niveau de la mer, un grand nombre de corps lumineux de faible enver-gure ont été observés en train de passer devant le disque solaire. M. Bonilla a envoyé une télé-graphie à l'obser-vatoire de Mexico et de Puebla. On lui a répondu que les objets n'étaient pas visibles depuis là, en raison d'une évidente parallaxe. Bonilla a d'ailleurs pu localiser les objets

« à proximité de la Terre » (*L'Astronomie*, 1885-347).

Mais une fois que l'on connaît la définition de l'humain pour les termes « à proximité de la Terre », un cœur se réjouit – oiseaux, insectes ou guerriers du ciel, Gengis Khân ou Richard Cœur de Lion – l'humain veut dire « moins distant que la Lune ».

L'un d'entre eux a été photographié. Le cliché révèle un corps longitudinal entouré de structures imprécises, ou de turbulences propres à des ailes ou à des avions en mouvement (*Ibid.*, 1885-349).

M. Ricco, de l'observatoire de Palerme, écrit que le 30 novembre 1880, à 8 h 30, deux longues lignes parallèles et une ligne plus courte sont passées lentement devant le Soleil. Il lui avait semblé que ces corps étaient ailés, mais ils paraissaient si imposants qu'il fallait que ce soit de grands oiseaux, au moins des grues à son avis (*Ibid.*, 1887-66).

Des ornithologues lui ont confirmé que les grues volaient bien en formations parallèles. C'était en 1880. Aujourd'hui, tout New-Yorkais ou Montréalais ou Parisien lui dirait que les avions aussi peuvent voler en formation parallèle. Les données d'angle et de mise au point lui laissaient conclure que ces objets volaient en haute altitude. Le condor aussi vole parfois à cinq ou à six kilomètres au-dessus du niveau de la mer, avait-il ajouté. D'autres oiseaux atteignent aisément une altitude de trois à cinq kilomètres. La grue, par exemple, peut échapper à un œil perçant.

En termes classiques, je suis prêt à accepter que nos oiseaux terrestres meurent de froid à une altitude dépassant les six kilomètres et demi; que si le condor vole à cinq ou six kilomètres de la Terre, il est adapté à ces conditions.

Ricco a évalué la distance de ces objets, de ces créatures ou de ces grues, le sait-on, à près de neuf kilomètres d'altitude.

Chapitre 17

Des voisins plutôt obscurs.

Créature sombre qui rappelait la forme d'un corbeau de taille pas très catholique, en vol plané... À supposer que je sois lu, je rappelle à ce lecteur ou à cette lectrice – ou à eux deux si j'ai le bonheur d'être doublement populaire – que l'obscure donnée n'est qu'à deux chapitres de nous.

La question: cette créature était-elle une chose ou l'ombre d'une chose contre la Lune?

Dans un cas comme dans l'autre, il y aurait secousse astronomique. Face d'épouvante que cette donnée à quelques pages derrière. Tout comme le disque gravé de Tarbes et l'averse d'après-midi pendant plus de vingt jours sur une bandelette de terre... Nous sommes tous et toutes des Thomson au cerveau lisse et glissant malgré nos quelques sillons. L'intellect ne se construit-il pas par association d'idées? Retenons-nous seulement ce que nous pouvons associer au familier? Par contre, l'histoire de Le Verrier et de la planète Vulcain est probablement restée ancrée. C'est que l'inconciliable peut être mémorisé à deux conditions: s'il peut être relié à un système plus vrai que l'ensemble qui le rejette, ou s'il est répété, répété et encore répété.

Vaste chose sombre devant la Lune, tel un corbeau en vol plané.

La donnée m'apparaît importante, car elle soutient ma notion des corps sombres de taille planétaire en circulation dans notre système solaire.

Voici ce que je pense: ces objets ont bel et bien été

observés, leur ombre aussi.

Vaste chose sombre devant la Lune, tel un corbeau en vol plané. À une distance telle qu'elle isole déjà le fait. Isolement semblable au bannissement, j'entends.

Selon Serviss, Schroeter avait observé en 1788 une ombre sur la chaîne alpine lunaire. Une lumière était d'abord apparue, suivie d'une ombre circulaire sur la région éclairée (*Popular Science Monthly*, 34-158).

À mon avis, l'astronome avait remarqué un objet lumineux aux abords de la Lune, et quand la chose était sortie de son champ de vision, c'était son ombre au sol qui avait dû surgir.

Serviss avait offert une explication. Après tout, on l'appelait professeur Serviss. Invariablement, c'est à qui s'approchera le plus de la réalité. Et le professeur d'expliquer que Schroeter avait vu l'ombre « ronde » d'une montagne dans une région devenue lumineuse. Il présumait que Schroeter n'avait pas revérifié que l'ombre était bien attribuable à une montagne. Un nœud : une montagne pourrait projeter une ombre ronde, à condition qu'elle flotte dans les airs. On aurait aussi demandé à Serviss d'expliquer le simple fait de la lumière qu'il aurait sans doute répondu : « Elle était là au départ. » Seuls les amateurs manquent d'explications.

J'ai une autre donnée, que j'estime encore plus extraordinaire que cette vaste chose noire en apparence, planant tel un corbeau devant la Lune. Elle est de nature plus circonstancielle que la précédente, mais elle a été corroborée, et je la trouve vraiment fantastique.

Vaste chose noire comme un corbeau, son vol plané se découpant contre la Lune.

H.C. Russell, un orthodoxe content de l'être à en juger par le sigle de membre de la Royal Astronomical Society apposé à sa signature, rend compte d'une affreuse histoire, certainement parmi les plus absurdes de ma collection (*Observatory*, 2-374) :

Lui et un autre astronome du nom de G.D. Hirst étaient postés à Blue Mountains, près de Sydney en Australie. Alors que Hirst observait la Lune, il avait noté une chose qualifiée par Russell de « fait exceptionnel qu'il fallait consigner, quitte à ne pas pouvoir l'expliquer ». Ce qu'il fit, béni soit-il.

Je pense qu'il est difficile de parler d'évolution quand un ascendant emboîte le pas à l'autre. Chaque époque connaît son lot d'observations hérétiques, préparatoires à l'esprit de l'ère nouvelle. Les cas de dissidence sont malgré tout assez rares. Ébranlés par le sentiment d'effritement d'une époque, les astronomes vivent un terrorisme subtil. Un astronome assiste à un spectacle céleste impossible, et son honneur semble en jeu. Un manant pourrait rire dans son dos...

Mû par une audace rare dans un monde d'incontournable tact, Russell commente l'observation de Hirst :

« Il a pu distinguer sur une grande surface de notre satellite une ombre très dense, sombre comme celle projetée par la Terre lors d'une éclipse de Lune. »

Et l'audace atteint un comble d'absurde et de tordu :

« Difficile de nier que ce fut une ombre, et ce ne fut certes pas l'ombre d'un corps connu. »

Richard Proctor, éditeur de *Knowledge*, était un homme de nature relativement libérale. Il avait reçu la lettre délirante (un choc, à n'en pas douter), en avait néanmoins autorisé la publication. Voilà qu'il existait un monde inconnu jetant une ombre obscure qui débordait peut-être même du limbe lunaire, une ombre opaque comme celle qu'aurait fait la Terre.

Proctor était homme affable, mais modérément. Je n'ai pas lu sa riposte, mais elle semble avoir été cinglante. Réaction de Russell : Proctor avait dépassé les bornes dans le numéro d'*Echo* du 14 mars 1879, en ridiculisant une observation faite par lui et Hirst. Si Proctor n'avait pas ri, disons qu'un autre l'aurait fait. Je précise aussi que l'attaque survint sur la tribune d'un journal. Aucune autre mention ailleurs de ce sujet fort intéressant et de l'échange épistolaire.

La contre-attaque de Russell pèche par son intermédiarité. Il a manqué une belle occasion d'affirmation : « Oui, une ombre était passée sur la Lune et elle appartenait forcément à un corps céleste inconnu. »

En vertu de la foi chrétienne et des leçons de catéchisme, si Russell avait fait preuve de volonté résistante, rompant amitiés et relations professionnelles, il aurait connu l'apothéose, la fin de la quasi-existence, de ses compromis et de ses fuites, l'installation de l'intégrité et de l'éternité. Mais trempé dans la quasi-existence, Russell avait démontré une faiblesse de conviction, chose désavouée par le réel ; « difficile de nier », avait-il dit. En fait, sa colère s'était tournée vers Proctor qui avait simplement constaté que Russell avait un peu nié... Dommage, pour peu que l'apothéose soit souhaitable.

La loi de l'intermédiarité : s'adapter aux conditions de la quasi-existence n'équivaut pas à réussir sa quasi-existence, mais à perdre son âme. C'est échapper la chance d'assumer sa nature intime, la clé de son entité.

L'une des sorties indignées de Proctor a retenu mon attention : « Ce qui s'est produit sur la Lune peut survenir aussi bien sur la Terre. »

Grande leçon d'astronomie avancée : Russell et Hirst avaient assisté, indirectement sur la Lune, à une éclipse relative du Soleil par un vaste corps sombre.

À maintes reprises, des éclipses relatives ont dû se produire sur Terre par de vastes corps sombres.

Croquis d'éclipse, détail (*L'Illustration, journal universel,* 1868).

Bon nombre n'ont d'ailleurs pas été homologuées par les maternelles scientifiques.

Il y a ici rencontre de phénomènes. D'abord, c'est fort probablement une ombre que Hirst et Russell ont vue, ce qui confirmerait que le Soleil a été éclipsé par une brume cosmique quelconque, ou une armée de bolides bien serrée, ou la décharge gazeuse d'une comète. J'admets que le flou d'une ombre révèle le flou de l'intervention, et donc, qu'une ombre dense comme celle qu'aurait projetée la Terre doit provenir d'un corps plus opaque qu'une nébulosité. L'information donnée semble précise : « Dense comme celle projetée par la Terre lors d'une éclipse de Lune. »

Oui, les astronomes primitifs m'exaspèrent parfois, mais dans l'ensemble, ils font du bon boulot. En cassant des superstitions et en favorisant la genèse de la connaissance, par exemple. Mais la science reste pour moi un repas mal équilibré ; je ne me plains pas de la saveur, mais des carences. Je pense que le Mal est l'état négatif, c'est-à-dire l'état de dérèglement : discorde, fragmentation, désorganisation, incohérence, injustice, etc. Pour barème, je ne m'appuie pas sur les qualités du réel, mais plutôt sur les états de l'intermédiarité plus proches de l'ajustement, de l'harmonie, de l'organisation, de l'esthétique, de la cohésion, de la justice et ainsi de suite.

Le Mal se manifeste comme une vertu mourante ou naissante, ou lors d'une dissension vis-à-vis de l'ascendant courant. Les astronomes ont courageusement servi le système, ils resteront peut-être dans les bonnes grâces des maîtres du jeu. Car le commerce pâtirait d'un peuple paralysé par une grande noirceur. À supposer que l'on prédise une éclipse et qu'elle survienne sans créer de commotion, tout juste un voile sur la lumière, on peut imaginer que le petit monsieur parti acheter des souliers ne retournera pas à la maison en courant pour planquer son argent sous son matelas.

Ceci dit, j'admets que les astronomes ont quasi systématisé des données d'éclipses; beaucoup ont été incluses, mais quand même, beaucoup ont été disqualifiées. Ils ont fait un travail honnête, le système a fonctionné. Mais voilà que le négatif s'exprime et que des voix détonnent.

En revanche: si l'on est en harmonie avec le nouvel ascendant, celui d'une époque neuve où l'exclusionnisme est combattu; si l'on a en sa possession des données d'éclipses manifestes, non seulement sur la Lune, mais également sur la Terre, témoins de la présence de vastes corps généralement invisibles; alors on peut lever les yeux au ciel.

Cela paraît invraisemblable qu'à une distance de Lune, il puisse circuler un corps noir de la taille de la Lune. Regardons pourtant notre satellite au moment où seul un croissant nous est apparent. Par réflexe, nous imaginons le reste de la sphère bien que la partie secrète semble aussi vide que le vide du ciel, indigo sur indigo.

Toute cette portion d'astre solide ne flotte-t-elle pas devant nos yeux sans être observable?

Nous avons eu l'occasion de tirer quelques petites leçons de modestie et d'humilité devant ces roues de paon, ces panaches de cerf, ces montagnes de richesses et ces prédictions d'éclipse. Si j'avais voulu, j'aurais énuméré des centaines de fois où l'observation d'éclipse a été décrétée impossible à cause de «mauvaises conditions météo». Mais souvenez-vous que dans l'Irlande du ciel, la résistance est énergie. Tantôt, quand je me sentais isolé dans ma démarche, certain d'être un paria condamné à l'amertume, je ricanais d'une éclipse attendue non survenue. Je sens ma compassion grandir à l'idée que les astronomes subissent le poids d'un ascendant. C'est donc avec la seule envie de dénoncer l'illusion d'immuable que je rapporte le fait, miteuse petite créature aux yeux de l'orthodoxie, qui l'a tout de même consignée, soulignons-le.

«Apparence extraordinaire durant l'éclipse totale de Lune, le 19 mars 1848.» Dans un extrait de lettre signée par M. Forster, de Bruges, l'observateur dit avoir noté au moment de l'éclipse un disque lunaire trois fois plus intense que durant les occultations habituelles. On précise aussi que le consul britannique en poste à Ghent, ignorant de l'événement, a écrit pour s'enquérir de la couleur «sanguine» inusitée de la Lune (*Monthly Notices of the RAS*, 8-132).

Rien de bien malicieux que je puisse utiliser. Une autre lettre paraît dans la revue, celle d'un astronome du nom de Walkey, localisé à Clyst St. Lawrence, qui a aussi procédé à des observations: il a contemplé une Lune «magnifiquement illuminée», dont on pouvait lire le relief, «si écarlate et si copieusement éclairée que l'on n'aurait jamais cru assister à une éclipse».

Je souligne que Chambers, dans sa compilation des éclipses, produit intégralement la lettre de Forster, mais ne mentionne aucunement celle de Walkey (*The Story of Eclipses*).

La Royal Astronomical Society préfère ne pas commenter le phénomène; expliquer que la distance Terre-Lune était plus grande que prévue, causant une réduction de la surface occultée par notre planète, aurait été aussi difficile à étayer qu'un avortement d'éclipse. Prétendre que notre satellite n'est jamais complètement assombri durant une éclipse n'aurait pas davantage sauvé les meubles, étant donné l'éclairage si fantastique « qu'on n'aurait pas cru assister à une éclipse ». On a rapporté la présence d'une aurore boréale concomitante, mais aucune donnée ne peut vérifier ce genre d'influence sur l'éclipse.

Un autre cas particulier, celui d'une observation de Scott en Antarctique. Je pars du principe qu'une éclipse complète au neuf dixièmes peut produire un effet frappant, même par temps couvert. Aux dires de Scott, « Il a pu se produire une éclipse du Soleil le 21 septembre 1903, comme prévu à l'almanach, mais aucun astronome n'aurait aimé avoir à le jurer ». Le passage fut consigné comme une éclipse au neuf dixièmes dans un ciel nuageux (*Voyage of the Discovery*, vol. 11, p. 215).

Par conséquent, il n'y a pas seulement des éclipses illégitimes à s'être produites, il y en a d'autres, prédites au calendrier, qui ont paru douteuses. Intermédiarité oblige, et rien n'y est absolument positif.

Voici mes données concernant des éclipses illégitimes, aussi marquées que les éclipses classiques officielles survenues relativement à la Terre.

On peut lire dans *Notes and Queries* bon nombre de cas d'obscurcissements intenses, comparables aux effets d'une éclipse, mais impossibles à attribuer à un corps céleste connu. Bien entendu, aucun astronome du 19e siècle n'a osé prononcer le mot éclipse, par crainte d'être mis à l'index. L'ascendant règne. La science matérialiste est une déesse jalouse qui chasse l'illégitime et l'irrégulier comme on noierait un enfant du diable. Qui contrarie la déesse s'attire ses foudres – humiliation par le ridicule, censure des éditeurs, dédain des proches et des amis, divorce... Qui défierait la déesse recevrait le châtiment antique infligé à l'athée qui reniait les reliques saintes, ou subirait le sort de la vestale faillissant à entretenir le feu sacré à une époque plus reculée encore. Mais s'il défendait son point de vue de manière presque absolue, on rapporterait bientôt dans les journaux une nouvelle étoile au firmament.

N'empêche, c'est grâce à l'ascendant et à son appareil que la quasi-existence tend vers l'absolu. L'esprit dominant force l'agglutination autour d'un noyau ou d'une ligne de pensée, fusionnant les membres d'une religion, les adeptes d'une science ou d'une société. Il peut arriver que des individus refusent de se soumettre et qu'ils réussissent à approcher de l'état positif, c'est-à-dire de l'immuable, du réel et de l'absolu.

Compte rendu d'un obscurcissement en Hollande en plein jour, si intense et effrayant que bon nombre d'habitants pris de panique ont péri en tombant dans des canaux (*Notes and Queries*, 2-4-139).

Cas de noirceur soudaine sur Londres le 19 août 1763, «plus opaque que celle causée par la grande éclipse de 1748» (*Gentleman's Magazine*, 33-414).

Inutile de remonter davantage le passé, mais ceux qui le désirent pourront lire Humboldt (*Cosmos*, 1-120).

Autre compte rendu: Selon le journal *La Crosse Daily Republican* du 20 mars 1886, une grande noirceur s'est abattue sur la ville d'Oshkosh au Wisconsin, la veille à 15 heures. En l'espace de cinq minutes, il a fait nuit noire, (*Monthly Weather Review*, mars 1886-79).

Consternation générale.

Je crois que certains d'entre nous sont emplis d'une fragile supériorité et que les superstitions du Moyen-Âge les hantent encore.

Souvenir d'Oshkosh... La foule se dispersant tous azimuts, les chevaux se cabrant, les femmes et les enfants se terrant dans des caveaux. Un brin de modernité, tout de même : compteurs à gaz au lieu de reliques sacrées.

Les ténèbres avaient duré un peu moins de dix minutes pendant une journée qualifiée de «légèrement nuageuse». L'obscurcissement s'était produit perceptiblement d'ouest en est. On avait appris un peu plus tard que les villes à l'ouest d'Oshkosh avaient connu semblable incident. «Une vague de noirceur complète» les avait traversées.

Monthly Weather Review rapporte moult cas. Chaque fois, j'avoue me sentir éclipsé par l'explication classique invoquant le passage d'une forte masse nuageuse. Certains événements sont particulièrement intéressants : Memphis, au Tennessee, plonge dans les ténèbres une quinzaine de minutes le 2 décembre 1904, à 10 heures. «Des gens ont été pris de panique, se mettant à crier ou à prier devant un sentiment de fin du monde.» (*Ibid.*, 32-522.) À Louisville au Kentucky, le 7 mars 1911, un obscurcissement a duré de 8 h à 8 h 30 environ; il a plu modérément, puis grêlé. «La grande noirceur et l'aspect menaçant du moment a terrifié les citadins.» (*Ibid.*, 39-345.)

Je trouve extraordinaire la rencontre de phénomènes terrestres et de possibles éclipses par des corps célestes inconnus. Quant à l'obscurcissement de vastes régions, les feux de forêt sont régulièrement pointés du doigt. F.G. Plummer énumère dix-huit cas de noirceur survenus aux États-Unis et au Canada. Plummer fait partie des primitifs, mais on le sent ébranlé par les secousses d'un nouvel ascendant. Il s'explique mal (et l'avoue librement) l'obscurité profonde si souvent observée. Il précise que la fumée seule ne peut produire cet «effet apocalyptique». De sorte qu'il évoque la possibilité de turbulences aériennes qui auraient eu pour effet de concentrer la fumée des incendies (*U.S. Forest Service Bulletin, nº 117*).

Mais dans l'incohérence de tout effort d'intellect vers la cohérence, Plummer relate la vastitude des régions plongées dans la noirceur. L'homme ne s'est pas prononcé davantage, mais on peut imaginer qu'il a cherché la vérité au-delà des mots. Car il est contra-dictoire d'associer les notions de concentration de fumée et d'étendue de phénomène. Sur dix-huit survenues, neuf ont apparemment affecté la Nouvelle-Angleterre d'un bout à l'autre. Dans la quasi-existence, toute chose engendre aussi son contraire, ou en fait partie. Une tentative de paix suppose une possibilité de guerre; un désir de justice révèle une impression d'injustice. La démarche de Plummer pour mettre de l'ordre dans ses données, son explication de l'obscurité par la présence de fumées, tout cela entraîne une confusion telle qu'il finit par dire que ces obscurités diurnes se sont produites «sans présence apparente de remous aérien» ni manifestation particulière de fumée, malgré les incendies qui éclatent ici ou là sur le globe.

Néanmoins, parmi ces dix-huit cas d'obscurité profonde, je me contenterai d'en contester un seul, celui survenu au Canada et dans les régions septentrionales des États-Unis le 19 novembre 1819, à cause des phénomènes concomitants : des lueurs dans le ciel, la chute d'une substance noire, et des chocs rappelant un tremblement de terre.

À cette occasion, l'unique feu de forêt connu était localisé dans la partie sud du fleuve Ohio. Il me paraît possible que les suies d'un incendie important dans le Kentucky puissent atteindre Montréal et que, par un étrange phénomène de réflexion, on perçoive depuis Montréal les lueurs du feu. Mais je suis plutôt d'avis que certains tremblements de terre sont propres à l'approche de mondes extérieurs. C'est en examinant toutes les données, sans discrimination, que nous pourrons aspirer à comprendre le réel et l'universel.

On a rapporté une obscuration le 17 avril 1904, à Wimbledon en Angleterre. Elle a touché une région sans fumée, ni pluie ni orage. Pendant dix minutes, il a fait trop noir «pour s'aventurer dehors» (*Symons's Meteorological Magazine*, 36-69).

Quand on parle de noirceur en Grande-Bretagne, on accuse vite le brouillard. Le major J. Herschel relate un assombrissement sur Londres le 22 janvier 1882, à 10 h 30, si profond qu'il lui était impossible de distinguer les gens qui parlaient de l'autre côté de la rue. «On se doute bien que cela n'avait rien à voir avec le brouillard.» (*Nature*, 25-289.)

Charles A. Murray, envoyé britannique en Iran, relate une noirceur sur Bagdad le 20 mai 1857, «plus intense qu'une nuit où ni les étoiles ni la Lune ne sont visibles... Un moment plus tard, la noirceur a cédé la place à une lueur rouge cuivré que je n'avais jamais vue ailleurs au cours de mes voyages. La panique s'était emparée de la ville... Une énorme quantité de sable rouge s'est ensuite abattue sur nous» (*Annual Register*, 1857-132).

La chute de sable nous ramène à l'explication

classique d'un simoun lourdement chargé de particules terrestres et occultant le Soleil. Murray, qui est familier avec les vents de sable, est pourtant d'avis « qu'un simoun n'était pas en cause ».

En prenant une perspective globale, fondée sur tous les éléments concomitants de l'obscuration, je vais émettre une hypothèse. L'entreprise est complexe et ambitieuse, ma vision verse peut-être dans l'impressionnisme, et je vais recourir à des notions de sismologie avancée, en soupesant les quatre grands phénomènes qui pourraient caractériser l'approche d'un monde extérieur.

Si un corps céleste d'envergure ou un chantier spatial devait pénétrer dans l'atmosphère terrestre, il me semble que, dépendamment de sa vitesse, il manifesterait sa présence soit par un éclat lumineux, soit un nuage, ou un nuage au noyau lumineux. Tantôt, je définirai ce que j'entends par luminosité, différente de l'éclat incandescent propre aux objets qui tombent du ciel ou qui s'enflamment dans notre atmosphère. Je pense que des mondes ont frôlé notre planète et que des objets – allant de la grosseur d'une meule de foin à quelques dizaines de gratte-ciel réunis – se sont fracassés dans notre atmosphère. On aura pris pour des nuages des créatures plutôt enveloppées de nuages.

Par ailleurs, autour d'objets provenant du froid sidéral, il se formerait sans doute des traînées de condensation au contact de régions plus tropicales, telle notre atmosphère terrestre. Un dénommé S.W. Clifton, percepteur des douanes à Freemantle en Australie-Occidentale, a fait parvenir un rapport à l'observatoire de Melbourne concernant un petit nuage noir : la masse se déplaçait relativement lentement, dans un ciel dégagé, puis avait éclaté en une boule de feu de la grosseur apparente de la Lune (*Nature*, 20-121).

Un nuage de vapeur n'aurait pas le loisir de se former autour d'un objet se déplaçant à la vitesse d'un météore. Mais ce doit être différent autour d'un objet plus lent, bougeant à la vitesse d'un train, par exemple.

Les nuages propres à la formation des tornades ont si souvent été décrits comme des objets d'aspect solide que j'en ai déduit qu'ils le sont parfois. Je crois que certaines tornades viennent d'objets précipités dans notre atmosphère, qui créent des tourbillons par aspiration, qui écrasent tout sous leur poids, sautillant et piquant le sol pour finir par disparaître, démontrant que la gravitation n'est pas seulement la force que nous autres indigènes imaginons, qu'un objet assez lent peut être momentanément attiré vers le sol, puis s'en détacher.

Finley offre justement des descriptions qui me frappent: «Un nuage faisant de grands bonds au sol comme une balle.» Ou encore: «Un nuage descendant en piqué tous les 800 ou 1 000 mètres.» (*Report on the Character of Six Hundred Tornadoes.*)

Au lieu d'un phénomène météorologique, peut-être qu'une énorme boule retombe au sol, rasant tout sur son passage.

Et voici une autre description que j'ai obtenue ailleurs. Je la présente comme une donnée appartenant à la superbiologie, branche de science avancée que je n'explorerai pas, me contentant d'étudier les choses que nous appelons objets [N.d.t.: En fait, l'auteur utilise le terme *super-biology*, pour lequel l'équivalent *exobiology* – la vie dans l'univers extraterrestre – est entré dans la langue en 1960.]

«Instable, la tornade sautillait et tourbillonnait comme un immense serpent vert, arrachant tout de ses crochets étincelants.»

Bien que l'image soit intéressante, elle verse dans le romantisme. Il se peut que de gigantesques serpents verts se précipitent à l'occasion sur notre planète, croquant une bouchée au passage, mais aller sur ce terrain équivaudrait à entrer dans la biologie de l'univers extraterrestre. Finley rapporte une douzaine de cas de nuages en entonnoir qui évoquent davantage dans mon esprit des objets solides embrumés que de simples nuages. Il note qu'à l'occasion de la tornade sur Americus en Georgie, le 18 juillet 1881, «une étrange vapeur sulfureuse émanait du tourbillon». Dans nombre de cas, des objets ou des météorites en provenance du Dehors ont dégagé une odeur de soufre. Qu'une colonne de vent sente le soufre me laisse perplexe, mais venant d'un vaste objet de l'espace, je le conçois avec ce que je sais maintenant. Ce phénomène a été décrit dans *Monthly Weather Review* de juillet 1881 : «Une étrange vapeur sulfureuse... incommodante et irritante chez tous ceux qui s'en approchaient suffisamment.»

L'explication classique des tornades en tant que cisaillement de vent, ce que je ne conteste pas dans bien des cas, est si ancrée aux États-Unis qu'il me faut regarder dans les données étrangères pour soutenir mon idée que des objets ont été précipités dans notre atmosphère, sautillant et piquant vers le sol, défiant la gravité terrestre.

Selon un correspondant du *Birmingham Morning News*, des gens près de King's Sutton à Banbury ont vu vers 13 heures, le 7 décembre 1872, quelque chose à l'apparence d'un cône de foin virevolter dans les airs. À l'instar d'un météorite, il s'enflammait et fumait; de plus, il grondait comme un train. «La chose était tantôt très haute dans les airs, tantôt au ras du sol.» C'était comme si une tornade était passée: des arbres et des murs de bâtiments avaient été fauchés. L'événement a dû faire de nombreux dégâts, à voir l'appréciable liste des sinistrés. On nous dit aussi que la chose a disparu «soudainement» (*Nature*, 7-112).

C'est un exemple de petit objet qui a fait l'effet de tornade – un wagon de train qui vient de dérailler ou un grand serpent vert, pour peu que je sache – mais il sème l'idée que de vastes corps sombres ont pu s'approcher de la Terre.

Dans ce cas, il se produirait vraisemblablement des phénomènes lumineux, des formations nuageuses, des secousses mutuelles. Peut-être aussi la chute de matière en provenance du monde extérieur, ou le rapt de matière terrestre au passage, ou encore le va-et-vient de matière entre nos mondes, un processus de sismologie avancée que j'appellerai célesto-métathèse.

Matière d'un autre monde qui tombe. Quelqu'un pourrait suggérer que si de la matière flotte au-dessus de nos têtes et qu'elle est brusquement attirée par le sol terrestre, il serait logique de supposer que le monde visiteur doive tomber en entier.

Ce n'est pas parce que je refuse la domination des dogmes orthodoxes que je nie catégoriquement la gravité, mais je pense aux objets agglutinés aux coques des navires. De temps à autre, des fragments tombent au fond de l'océan et les vaisseaux restent à flotter.

De la même manière que des champs de glace aériens peuvent s'effriter, je pense que des saillies d'un monde du Dehors peuvent être capturées par notre planète. Le vagabond demeure en flottaison, libère des fragments.

Expliquer, émettre une opinion ou admettre, quelle différence? Les faits sont simplement là. Pesez-les par vous-même. Quelle importance ce que je pense, ce sont des faits. Mais à pencher dans un sens ou dans l'autre,

je conçois qu'on puisse devenir confus. Après tout, différencier Long Island de Terre-Neuve a demandé du temps.

Nous avons consulté des données concernant des
chutes de poissons de notre honorable supermer des
Sargasses – que nous avions presque oubliée, tant nous
l'avons respectabilisée – je vais vous présenter des
données relatives à des chutes de poissons durant des
tremblements de terre. Comme je vois les choses,
ces poissons ont été aspirés d'étangs ici-bas ou éjectés
de mondes extérieurs durant les secousses engendrées
par l'approche.

D'une certaine manière, mon sujet est proche de
l'admissible. En espérant que la réunion des faits vous
facilitera la tâche, je vous invite à accepter un instant
que des mondes évoluent à proximité de nous. Dès lors,
nous pouvons concevoir que le voisinage provoque des
ondes de choc, que des lacs poissonneux soient remués
et des spécimens expulsés, d'ici ou de là-bas. Si la vision
de lacs poissonneux dérange, la chute de sable et de
cailloux est plus familière. Des gens de science, plus
hypnotisés par le système que nous, ont déjà entrepris
assez insouciamment cette réflexion relativement à la
Lune. Perrey, par exemple, a examiné 15 000 données de
tremblements de terre et a établi une corrélation : de
multiples cas sont survenus alors que la distance Lune-
Terre est minimale, c'est-à-dire lorsque le satellite exerce
sa plus forte attraction. Le sujet a été abordé dans
Transactions of the Royal Geological Society of Cornwall
de 1845. Théoriquement, lorsque la Lune est plus
proche, elle étire notre planète qui l'étire en retour, sans
qu'elle ne tombe. Quant aux possibles chutes de matière
de la Lune, quelqu'un pourrait consulter les registres et
y voir de quoi l'accommoder.

Du reste, c'est ce que je m'apprête à faire.

Voici quelques idées à considérer simplement. Les données (tirées du champ d'étude de quatre types de phénomènes précurseurs ou accompagnateurs de tremblements de terre) sont les suivantes:

Nuages inusités, obscurité profonde, éclats lumineux célestes et chutes de substances et d'objets de nature météoritique ou non.

Aucune de ces manifestations ne cadre avec les notions classiques de la sismologie primitive, et pour cause; chacune témoigne des secousses provoquées au passage d'un corps extérieur à la Terre. Lueurs, obscurcissement, chutes célestes, tout ça n'a aucun lien orthodoxe avec une quelconque secousse tellurique. Quant à réconcilier les perturbations atmosphériques avec le phénomène, oubliez ça.

Le vaste travail de compilation de Perrey précède 1860. Je puise mes données dans des travaux qui datent. Seuls les faits prudents et inoffensifs ont été colligés et publiés plus récemment. Le système – comme je l'appelle – a mainmise sur notre existence et sur la science moderne, à supposer que son influence soit réelle. Je crois que l'aspect le plus étrange de notre quasi-existence tient au fait que chaque chose possède à la fois une individualité et une appartenance. Dans l'unité du tout, c'est-à-dire la contiguïté, la main protectrice est aussi la main qui étrangle. La discipline parentale ne s'exerce-t-elle pas par amour? Seule la contiguïté des créatures prévaut dans la quasi-existence. La revue *Nature* maintient sa poigne tout en admettant quelques chroniques extérieures, tandis que *Monthly Weather Review* collectionne encore des hérésies. Mais en ratissant les grands périodiques, j'ai constaté que leurs expressions d'individualité s'éteignaient après 1860, pour finir par capituler devant l'ensemble. Certains d'entre eux, désireux d'implanter le général dans le particulier, de préserver leur spécificité (c'est-à-dire d'atteindre le positif et le réel) ont résisté jusqu'en 1880; ont laissé des traces jusqu'en 1890; ont finalement succombé à la volonté collective. Néanmoins, il y a eu dans l'histoire quelques approximations réussies du réel par des individus qui ont affirmé leur singularité et leur principe, les autres se rendant à un organisme plus vaste mû aussi par l'individualisation et la systématisation, bref le désir d'appropriation des attributs de l'universel. À la mort de Richard Proctor, dont je mentionne les extravagances occasionnelles, les numéros subséquents de *Knowledge* ont rarement publié le non-conventionnel. Vous remarquerez la fréquence avec laquelle j'ai cité *American Journal of Science* et les comptes rendus de l'Association britannique pour l'avancement des sciences; mais vous constaterez aussi que la mention des parutions ultérieures à 1885 se raréfie dans ces pages inspirées, mais illicites. Hypnose et inertie obligent.

Aux alentours de 1880, museler était la règle.

Mais nulle coercition ne peut se matérialiser entièrement, de sorte que les hétérodoxes continuent de se manifester. Certaines données étouffées respirent encore aujourd'hui.

Quelques-unes ont exigé des fouilles acharnées et tout ce labeur frustrant aurait peut-être attendri un Symons. Il faut bien admettre que lier des tremblements internes avec des causes externes équivaut à prouver qu'une chute de sable vient des convulsions d'un garçonnet pris d'indigestion. Mais j'ai en ma possession tant de faits concordants entre les secousses terrestres et les phénomènes célestes que je devrai trier et survoler. À commencer par le catalogue de Robert Mallet (*Comptes rendus de la BAAS,* 1852), dont j'écarterai certains cas extraordinaires survenus avant le 18ᵉ siècle.

Donc, tous les faits qui suivent ont été assortis de tremblements de terre :

Secousse « précédée » d'une violente tempête le 8 janvier 1704, en Angleterre. Une autre « précédée » d'un météore brillant le 4 novembre 1704, en Suisse. « Nuage lumineux se déplaçant à grande vitesse avant de disparaître sous l'horizon » le 9 décembre 1731, à Florence. « Brouillard épais dans le ciel, percé d'un éclat lumineux : quelques semaines avant le séisme, des lueurs globulaires ont été aperçues dans le ciel », le 22 mai 1732 à Swabia. Pluie de terre le 18 octobre 1737, à Carpentras en France. Nuage noir le 19 mars 1750, à Londres. Tempête violente et apparition d'une étoile octogonale inusitée le 15 avril 1752, à [Stavener] en Norvège. Boules de feu venant d'une déchirure dans le ciel en 1752, à Angermannland. Nombreux météorites le [1ᵉʳ novembre 1755], lors du terrible tremblement de terre de Lisbonne. « Fortes tempêtes » à répétition, « chutes de grêlons et météores flamboyants » à plusieurs reprises, et « globe gigantesque » le [13] novembre 1761, en Suisse. Nuage sulfureux de forme oblongue en avril 1765, en Allemagne. Masse vaporeuse spectaculaire en avril 1780, à Boulogne. Obscurcissement du ciel par du brouillard le [25] août 1804, à Grenade. « Sifflements étranges dans le ciel et vastes taches masquant le Soleil » le 16 avril 1817, à Palerme en Italie. « Météore lumineux suivant l'onde du séisme » le 22 novembre 1821, à Naples. Boule de feu céleste de la grosseur apparente de la Lune le 29 novembre 1831, à Thuringerwald.

À moins que le nouvel esprit ne polarise votre attention, ascendant qui commande la reconnaissance des faits externes multiples – comme il l'avait fait en 1492 en forçant un regard conscient hors de l'Europe –

donc à moins que nous n'ayez ce goût pour le neuf, la vue de toutes ces données vous laisse tiède. Que des haricots qui tombent du pôle d'un aimant, des bizarreries qui glissent sur le dos d'un Thomson.

À bien y penser, peut-être ne pensons-nous tout simplement pas. Nous nous collons à des aimants géants que j'appelle ascendants. Tel l'ascendant théologique à une époque, et sous son emprise voilà des monastères qui surgissent, le bûcher et la croix symbolisant sa force. Puis un ascendant matérialiste, et sous son emprise voilà des laboratoires qui surgissent, microscopes, télescopes et creusets symbolisant sa force. Somme toute, nous sommes de petites billes de fer capturées par de gigantesques aimants qui se disputent un champ.

Vous et moi, dépourvus d'une âme propre, sachant qu'un jour, certains d'entre nous seront libérés de l'intermédiarité, peut-être jurant dur comme fer devant l'éternel que des milliers de poissons sont tombés jadis d'un seau d'eau, nous sommes en état de valence psychologique positive si nous accueillons ce genre de données sous l'influence du nouvel ascendant, ou en état de répulsion si nous restons fidèles à l'ancien. Pour ma part, je suis en liaison innocente et dépendante avec le nouvel esprit; je vois ce que je dois voir. Le seul incitatif que j'aie à vouloir éclairer la procession, c'est qu'un jour le neuf sera à la mode; les nouveaux rapports railleront les anciens. Oui, c'est un incitatif, mais je ne suis pas encore convaincu que de figer sa course au firmament soit l'apothéose.

Étant en corrélation avec le nouvel ascendant, je me trouve donc fort impressionné par quelques-unes des précédentes données. Pour ce qui est de l'objet lumineux se déplaçant avec l'onde du séisme, il me semble admissible que le tremblement ait accompagné le passage proche de l'objet. Quant à la déchirure observée dans le ciel, bref coup d'œil sur un autre monde. Des objets et des météorites sont tombés lors de ces passages. Le tremblement de terre à Carpentras: un monde plus petit en train de nous survoler, secoué assez violemment pour qu'il en tombe de la terre.

J'affectionne particulièrement la donnée concernant les loups du ciel galopant devant le Soleil pendant le tremblement de terre de Palerme. Plainte sifflante. Ou les amours entre les mondes et leur attrait réciproque. Ils tentent une approche, hurlent à portée de voix. Hurlements de planètes.

J'ai découvert un nouveau langage à décrypter.

Avant l'ère des techniques efficaces d'étouffement, Sir David Milne a énuméré dans la revue *Edinburgh New Philosophical Journal* les phénomènes associés aux tremblements de terre de Grande-Bretagne. J'en citerai quelques-uns qui me paraissent soutenir l'idée de mondes en approche:

Violente tempête précédant le séisme de 1703; boule de feu «précédant» une secousse en 1750; grosse boule de feu au lendemain d'un séisme en 1755; curieuse présence d'un vaste corps lumineux en forme de croissant s'étirant dans l'ampleur du ciel en 1816; pluie et neige noires en 1755; aussi, nombreux cas d'objets aspirés (ou attirés?) pendant les tremblements de terre; «apparition antérieure d'un nuage très noir et descendant» en 1795; chute de poudre noire précédant de six heures environ un tremblement de terre en 1837.

Parmi ces faits, certains me poussent à conclure à la proximité d'un monde de plus petite envergure. Il semble agité par la Terre, une substance noire s'en détache, et ce n'est que six heures plus tard, quand la distance se réduit, que la Terre est secouée. Quant au spectacle fabuleux de ce monde, de ce chantier du ciel entrevu dans une déchirure en 1816, je n'ai pas pu trouver davantage de données. Je crois que cette survenue revêtait une importance infiniment plus grande que les transits de Vénus, passages pourtant profusément commentés par la science. Donc, aucune autre mention du fait, et j'aurais beau chercher, seul un compte rendu flou a survécu.

Face à l'étalage, je me range à l'évidence que de vastes corps nous abordent, lâchent des fragments sans toutefois s'écraser sur nous, de la même manière que des champs de glace aériens nous côtoient en perdant des gouttes et des glaçons. Une modification me paraît nécessaire ici : à une certaine distance de notre planète, la gravité exerce plus d'influence que je ne l'avais imaginé, mais moins que celle prévue par les équations consacrées. Je penche maintenant pour l'hypothèse d'une zone neutre proche de la Terre, comme pour un aimant, dans laquelle baigne la supermer des Sargasses ; une espèce de chemin balisé permet le passage de mondes extérieurs, et seules leurs saillies réagissent à l'attraction terrestre.

Parmi ce lot de données, j'ai quelques favorites.

Devant vous, l'une des plus intéressantes corrélations de l'ère nouvelle. Peut-être aurais-je dû vous la présenter avant. Toujours est-il que, avec ou sans tremblement de terre, je vous la soumets, manifestation d'une éclipse surprise par un vaste corps noir que l'astronome Liais a observé le 11 avril 1860, depuis Pernambuco (*Comptes rendus*, 50-1197).

Il était environ midi, le ciel pourtant clair s'était obscurci au point que Vénus brillait dans le ciel, à une période de l'année où elle était autrement peu visible. Autour du Soleil masqué était apparu une couronne.

Bien d'autres cas soutiennent la thèse des tremblements de terre provoqués par l'approche de mondes extérieurs. Permettez-moi d'en rajouter :

Secousse et objet céleste qualifié de «gros météore lumineux» (*Quarterly Journal of the Royal Institute of Great Britain*, 5-132); corps céleste lumineux, séisme et chute de sable en Italie, les 12 et 13 février 1870 (*La Science pour tous*, 15-159); multiples comptes rendus d'objets célestes lumineux et de secousses au Connecticut, le 27 février 1883 (*Monthly Weather Review*, février 1883); objet lumineux en Italie, possiblement un météore, chute de cailloux et secousse le 20 janvier 1891 (*L'Astronomie*, 1891-154); séisme et impressionnante quantité de corps lumineux ou de lumières globulaires dans le ciel de Boulogne en France, le 7 juin 1779 (Sestier, *De la foudre, de ses formes, et de ses effets*, 1-169); secousse à Manille en 1863 lors d'une «curieuse luminosité dans le ciel» (Ponton, *Earthquakes and Volcanoes*, p. 124).

Le cas le plus étrange de chute de poissons durant un tremblement de terre est celui de Riobamba en Équateur. Humboldt a fait le croquis d'un spécimen, une créature pour le moins bizarre. Des milliers de ces poissons ont surgi pendant la terrible secousse et Humboldt a cru que les bêtes provenaient d'une source souterraine. J'ai toutes les raisons de penser le contraire, mais le débat serait si laborieux que, pour l'heure, je me contenterai de constater que des poissons vivants sont tombés du ciel pendant le séisme. J'ai moi-même du mal à admettre qu'un lac et ses poissons puissent être aspirés d'un monde extérieur, ou que la supermer des Sargasses soit tiraillée entre deux mondes.

D'autres données :

Le 16 février 1861, un tremblement de terre s'est

produit à Singapour, suivi d'averses torrentielles qui auraient rempli un lac de bonne taille. Pendant trois jours, il a plu à boire debout. Dans les lagunes laissées par le déluge, on a trouvé profusion de poissons (*La Science pour tous*, 6-191). L'auteur dit n'avoir vu tomber que de l'eau. Au risque de me répéter sur l'ampleur de l'averse, il dit aussi que les trombes d'eau étaient telles qu'il ne distinguait rien à trois pas. Selon les habitants, les poissons sont tombés du ciel. Trois jours plus tard, les lagunes s'étaient asséchées, révélant la présence de poissons morts.

Au départ (et c'est pourtant une expression qui me rebute), les poissons avaient dû être actifs puisqu'ils n'étaient pas blessés. Réaction prévisible ou réflexe d'escamotage, quelqu'un aura eu envie d'écrire que ces poissons ont été refoulés par des cours d'eau en crue. L'auteur explique cependant avoir trouvé des poissons dans sa cour pourtant ceinturée de hauts murs. Faisant fi de ce détail, un autre correspondant affirme qu'un cours d'eau a dû déborder sous l'effet du déluge, charriant une partie de sa faune (*Ibid.*, 6-317). Du reste, on soutient que les spécimens découverts appartiennent à une espèce abondante dans la région de Singapour. Je suis plutôt d'avis que ces poissons ont été projetés de la supermer des Sargasses dans les circonstances que l'on suppose. Des poissons insolites auraient certainement mieux soutenu mon propos, mais à défaut d'en avoir au menu, je mets une autre bûche dans le foyer du nouvel ascendant : un dénommé Castelnau a fait lecture du compte rendu de ce séisme à Singapour devant l'Académie des sciences. Il a rappelé à l'assistance avoir déjà soumis un rapport concernant une nouvelle espèce de poisson découverte au cap de Bonne Espérance, au lendemain d'une secousse.

Les ingrédients sont réunis pour relever encore la préparation des nouvelles doctrines. Ici, je ne me contenterai pas seulement d'un cas où il y a eu secousse et chute de cailloux, ou secousse et phénomène lumineux. J'ai spécialement pour vous un événement où toutes les manifestations possibles sont rassemblées, étayant encore ma thèse que des séismes surviennent à l'approche de mondes extérieurs. La table mise, je sers.

Le sous-commissaire de Dhurmsalla – la ville indienne où des météorites glacés sont tombés le 28 juillet 1860 – relate que dans les mois entourant cette chute fantastique, des événements extraordinaires se sont produits : averse de poissons vivants à Benares, chute d'une substance rouge sur Furruckabad ; tache sombre sur le disque solaire, tremblement de terre, « obscurcissement insolite pendant un long moment », et drôles de lueurs dans le ciel rappelant une aurore boréale (*Proceedings of the RCI*, 2-7-198).

Et il y a plus encore, du nouveau : des visiteurs.

Le sous-commissaire a écrit que durant la nuit, peu après la chute des météorites (c'était un groupe de fragments rocheux couverts de glace) on avait vu des lumières célestes. Certaines, plutôt basses, apparaissaient et disparaissaient. J'ai lu nombre de comptes rendus sur la chute météoritique de Dhurmsalla, mais nulle part ailleurs ne surgit cette nouvelle corrélation qui détonne avec l'esprit du 19e siècle, vision aussi excentrique que l'aurait été l'idée de construire un avion à cette époque. L'auteur dit que les lumières se déplaçaient à l'instar des montgolfières.

Un témoin ajoute : « Je jurerais que ce n'étaient ni des montgolfières, ni des lanternes, ni des feux de camp, mais de véritables lumières dans les cieux. »

Le sujet mérite que je m'y penche avec un intérêt

particulier – visiteurs par effraction au-dessus d'une propriété surveillée – caillou égaré à la recherche duquel des éclaireurs seraient partis – moyen de rendez-vous avec des membres d'une société secrète terrienne – anthropologues étrangers faisant une incursion...

Une autre idée se dessine, me rappelle ce fascinant récit du Japon antique concernant des empreintes de sabot. On pourrait penser, avec grande réserve, qu'un monde extérieur était en communication ésotérique avec des Terriens initiés, transmettant des messages codés – marques de sabot – via des récepteurs sur quelques collines précises, des messages parfois égarés.

Un monde du Dehors s'approche, provoque des séismes, tire avantage de la proximité pour dépêcher un message, information destinée à un récepteur en Inde ou en Europe centrale qui aboutit cependant en Angleterre. Marques comme celles inscrites dans le folklore japonais, apparues cette fois sur une plage de Cornouailles, après un tremblement de terre.

Sur une bande de sable d'une centaine de mètres à Penzance en Cornouailles, on a découvert après le tremblement de terre du 15 juillet 1757 des marques similaires à des empreintes de sabot. Ces traces n'étaient pas en forme de croissant, mais plutôt semblables à « de petits bombements entourés de creux d'égal diamètre, en alternance ici et là »; elles présentent selon moi une similitude avec des onglons, pour peu que les ruminants puissent imprimer des cercles complets. Autre fait dissimulé, de la poussière noire garnissait le sommet des convexités, comme si une substance de nature gazeuse en avait émergé. En outre, un jet d'eau de la grosseur d'un poing d'homme avait jailli de l'une des marques (*Transactions Philosophiques*, 50-500).

Bien entendu, il n'est pas rare que des sources soient

réveillées par des tremblements de terre, mais je me sens appelé à l'examen de cette donnée en apparence désordonnée. Son incohérence me pose une autre embûche. Au nom de la superchimie, j'ai introduit la notion de célesto-métathèse, mais je n'ai en fait aucune donnée intéressante à l'appui d'échanges de matière pendant les rapprochements planétaires. Mes données concernent les chutes de matière, et non pas l'aspiration de matière terrestre. Les projections verticales sont courantes lors des séismes, mais je n'ai pas eu connaissance qu'un arbre, un poisson, une brique ou un être humain ait été aspiré vers le ciel et y soit resté. Sans retomber, c'est-à-dire. Le cas classique du cheval et de l'écurie est survenu lors d'un phénomène qualifié de tourbillon.

On a dit que lors de la secousse de Calabria, des pavés ont été projetés loin dans les airs. L'auteur n'a pas précisé s'ils étaient retombés, mais j'ai le sentiment que oui.

Quant au séisme de Riobamba, Humboldt a rapporté que «des cadavres ont été projetés hors de leur tombe et que la poussée de la secousse était si forte que les corps avaient volé à cent mètres dans les airs».

Une précision : dans l'atmosphère d'un cataclysme et la violence des manifestations, on peut supposer que les observateurs ont l'esprit occupé.

Le quai de Lisbonne. Il est écrit qu'il s'est effondré. Des centaines de personnes se sont précipitées vers le quai pour y chercher refuge au moment où la ville a été secouée et plongée dans des ténèbres apocalyptiques, le 1er novembre 1755. Le quai et ses occupants ont disparu. S'ils sont bel et bien retombés, pas un corps, pas un vêtement, pas une planche, pas même une éclisse n'a jamais été retrouvée en train de flotter sur le Tage.

Chapitre 18

Des pensées en liberté surveillée.

Le nouvel ascendant. J'entends surtout par là l'ouverture qui s'oppose à l'exclusionnisme.

Développement, progrès ou évolution signent des tentatives de matérialisation. C'est un mécanisme par lequel l'existence s'accroît, car les entrailles de l'existence couvent toutes les possibilités, en incubation. Mais la tentative d'absolu positif échoue à cause de l'intrusion des exclus. Dans notre monde subjectif, cet échec vient de notre étroitesse d'esprit et de nos préjugés. Par exemple, les artistes de l'idéal classique et académique ont produit des œuvres résolues à exprimer la perfection. L'humain parle souvent de différents idéaux des arts, de la science, de la théologie, de la politique plutôt que de les concevoir comme des manifestations du grand idéal universel. Les peintres ont tenté de satisfaire, sur le plan artistique, l'élan du cosmos vers l'unité ou l'intégralité, désigné tantôt sous le vocable d'harmonie, tantôt de beauté. Pourtant il a fallu écarter des objets pour aspirer à l'intégralité. En omettant certains jeux de lumière, en se restreignant à un contenu standardisé, ils ont alimenté le refus des impressionnistes. Les puristes ont tenté d'être systématiques, en ignorant à leur tour des nécessités physiques, des éléments disgracieux, des relâchements de formes. Leur rigorisme a provoqué leur rejet. Toute chose tend vers l'absolu, pour elle-même ou pour son quasi-système. Qualité formelle et mathématique, régularité et homogénéité, ce sont des attributs de l'état positif et par conséquent de l'universel. Un élan orienté à satisfaire l'esthétique et la régularité finit par restreindre les inclusions et se disqualifie donc sur le plan de l'universel. S'il y a parfois révolte contre la science, c'est parce qu'elle discrimine des faits, de sorte que les vérités d'hier sont les insuffisances d'aujourd'hui. Chaque verdict scientifique trouvé en infraction est une peinture académique : un tableau coupé de ses rapports avec le milieu, encadré de manière à masquer l'incongru, avec une teinte de mépris pour ceci et cela.

Pour ma part, j'ai tenté de brosser un tableau complet en réunissant l'admis et l'exclu. Mais je reste lucide : malgré mes recherches, des faits ont dû m'échapper et je ne peux donc aspirer à aucun énoncé définitif. De toutes ces petites créatures abandonnées, les anges doivent en faire des potins! Par conséquent, ce n'est pas dans la quasi-existence que se découvre l'ultime ; la pensée se construit sur des inclusions et des exclusions, elle est donc condamnée à l'inexactitude. En admettant que chacune de mes opinions pèche par omission, je suis un intermédiariste et non un positiviste, pas même un positiviste un peu plus proche de l'absolu. Oui, un jour je pourrai peut-être systématiser, dogmatiser et refuser de penser à ce que j'ai omis pour enfin commencer à croire. Si je devais aboutir ainsi à un système qui n'admette aucune modification, je serais un positiviste. Aussi longtemps que je considère les choses, je n'ai aucune certitude. Je pense cependant que le nouvel ascendant, malgré qu'il nous menace d'une autre forme d'asservissement, renferme la possibilité d'un rapprochement avec l'absolu et qu'il sera le tremplin d'esprits neufs propulsés au firmament. Drapeau d'un nouveau ralliement, il finira par baisser à son tour et perdre des troupes en quête d'autres progrès. Je pense que les astronomes de mon temps ont perdu leur âme, c'est-à-dire leur chance de devenir entité, mais que Copernic, Kepler, Galilée et Newton, et possiblement Le Verrier, sont fixés dans la Voie lactée. Un jour, je tâcherai de les identifier. Pour l'heure, je suis un peu comme Moïse, le doigt pointé vers la terre promise, et à moins de guérir de mon intermédiarisme, je ne ferai jamais la manchette d'une revue d'astronomie.

Selon moi, les ascendants se succèdent et se délogent, les uns s'approchant davantage de la vérité, les autres perdant leur pouvoir de persuasion. Je pense que le nouvel ascendant, plus ouvert, se répand sur le globe, et que l'exclusion millénaire recule. Dans le domaine de la physique, par exemple, les recherches sur le radium permettent de casser d'anciens préjugés et de spéculer sur l'électron, ouvrant les voies métaphysiques de la matière et de l'énergie. On comprend mieux l'incursion des Gurney, Crookes, Wallace, Flammarion, Lodge dans des sujets auparavant tabous, qui ne seront plus étiquetés de recherches spiritualistes, mais bien de recherches psychiques.

La biologie nage aussi en plein chaos; le darwinisme joue dans le mutationnisme, l'orthogénisme et la progéniture des théories de Weismann, lui-même établi sur l'une des pseudobases précédentes. Tout ce beau monde tente de réconcilier les nouvelles hérésies avec les dogmes. Les peintres sont devenus métaphysiciens et psychologues. La chute de l'exclusionnisme en Chine, au Japon et aux États-Unis a secoué le monde. L'astronomie est descendue de son piédestal et pendant que Pickering tentait de repérer une planète au-delà de Neptune [N.d.t.: Pluton a été découverte en 1930 par Clyde Tombaugh] et que Lowell soutenait l'hérésie que Mars est sillonnée de canaux, beaucoup ont concentré leur attention sur les variations de structure de Callisto, le quatrième satellite de Jupiter. À mon avis, la sur-spécialisation conduit à la décadence.

Le secteur de l'aéronautique deviendra sans doute le bastion de l'ouverture, tout comme le télescope fut le soutien de l'ancien ascendant à son émergence. Est-ce une coïncidence si naissent des techniques de recherche plus poussées avec l'effondrement de l'exclusionnisme? Pourra-t-on confirmer ou infirmer l'existence de vastes champs de glace aériens ou de lacs suspendus peuplés de grenouilles et de poissons? Ou savoir d'où proviennent les roches gravées, les substances noires, les matières végétale et carnée profuses – chair de dragon pour peu que je sache – qui tombent du ciel, peut-être durant les trafics interplanétaires ou les raids menés par les Gengis Khân de l'espace?

Savoir enfin si nous recevons des visiteurs du Dehors, et si certains d'entre eux ont été capturés et questionnés?

Chapitre 19

Quand il pleut
des oiseaux et des feuilles.

Avec acharnement, j'ai cherché des données sur les oiseaux pour soutenir une hypothèse, mais ma cueillette est restée maigre. J'insiste sur le terme acharnement, car je crois que l'on pourrait prêter à celui qui prêche l'ouverture un penchant à la modération et à l'indolence. Pourtant, j'ai fait preuve de ténacité. Si le cœur vous en dit, je vous invite à étudier le mystère des messages ficelés aux pigeons voyageurs, messages réputés indéchiffrables et attribués aux Terriens. Phénomène certes digne d'intérêt. Je serais égoïste de me garder la tâche et il me reste déjà beaucoup à faire dans l'intermédiarité. Du reste, le ciel peut m'attendre. Gardons à l'esprit que l'individualisme alimente le positivisme. Avis aux intéressés. Ils feront bien, dans ce cas, de remonter jusqu'à la source, sur les traces de l'expédition polaire de Saloman Andrée. À l'époque, les pigeons étaient soudainement devenus des vedettes.

On a rapporté la chute d'un oiseau migrateur (un puffin) tombé raide mort d'une fracture du crâne

(*Zoologist*, 3-18-21). De quoi se demander quel obstacle la bête a pu frapper en altitude.

Les 16 et 17 octobre 1846, il est tombé sur des régions de France des pluies rouges torrentielles pendant de grands orages; on avait alors invoqué la présence de matière terrestre en suspension (*Comptes rendus*, 23-832). La description de cette pluie rouge sang publiée dans un numéro suivant ne concordait pas avec la notion d'une averse terreuse. Même la population avait pris peur (*Ibid.*, 24-625). Deux chimistes avaient fait des analyses : le premier soulignait la présence d'une grande quantité de corpuscules – cellules sanguines ou pas – dans la matière solide; l'autre évaluait à 35 pour cent la quantité de matière organique dans les précipitations (*Ibid.*, 24-812). Un dragon intersidéral avait-il connu une fin tragique? Ou une créature peu ragoûtante de la taille du delta de Catskill avait-elle rendu ses rouges humeurs? Toujours est-il qu'un autre fait avait été noté: la chute simultanée à Grenoble, à Lyon et aux alentours d'alouettes, de cailles, de canards, de poules d'eau, certains spécimens toujours en vie.

J'ai collectionné d'autres données sur les chutes aviaires survenues sans la présence des pluies rouges qui ont singularisé le phénomène français, plus insolite encore si l'on admet que la matière rouge venait du Dehors. Il existe diverses notes sur les chutes d'oiseaux vivants à cause d'intempéries ou de l'épuisement. Mais je vous présente à l'instant des données sans précédent : la chute d'oiseaux morts par temps clair, très loin de quelconques tempêtes.

J'ai l'impression que durant l'été 1896, des créatures se sont approchées de nous, d'aussi près que le peut un chasseur à l'affût. Que durant l'été 1896, une expédition de scientifiques du ciel a survolé la Terre, jeté son filet...

attrapant ce que l'on sait, à cette distance du sol.

En mai 1917, *Monthly Weather Review* cite une correspondance entre la ville de Baton Rouge, en Louisiane, et le *Philadelphia Times*: Durant l'été 1896, il était tombé dans les rues de Baton Rouge, par beau temps, des centaines d'oiseaux morts. On avait retrouvé des canards, des moqueurs chats, des pics et de nombreux volatiles au plumage insolite, quelques-uns aux allures de canari.

Règle générale, quand il y a tempête dans les parages, le bruit court. Cette fois, il avait fallu chercher la source beaucoup plus loin. Apparemment, «une tempête avait frappé le littoral de la Floride».

À moins que l'explication ne vous donne de l'urticaire, la surprise est passagère: une tempête en Floride aurait provoqué la mort d'oiseaux à des centaines de kilomètres plus loin, dans un ciel louisianais dégagé. La nouvelle finit par glisser de notre cerveau comme l'eau sur les plumes d'un canard.

Notre cerveau glissant et étanche comme les plumes d'un canard... Et s'il était utile à quelqu'un, ce cerveau, avec les propriétés qu'on lui connaît? La chasse aux cerveaux est ouverte. Une expédition de chasse sur Terre, et les journaux de rapporter une tornade.

Toutefois, si nous admettons que des oiseaux ayant traversé une tempête en Floride sont morts et sont tombés par nuées à des centaines de kilomètres plus loin en Louisiane, d'un ciel clair, sans nuage ni souffle manifeste, je pense qu'on peut aussi admettre que des objets ou des créatures plus lourdes se sont abattues plus près du point d'origine.

Un service météo reçoit des données de partout. Pourtant, rien à signaler à cet égard.

Reste l'idée d'un filet tendu au-dessus de nos têtes.

J'ai retenu un enseignement des enquêteurs les plus scientifiques du paranormal : tout d'abord, le lecteur entre avec méfiance dans le domaine de la parapsychologie. Son guide commence en niant l'existence de la communication d'esprit à esprit, puis amène des données qu'il qualifie de « simple télépathie ». Des cas renversants de clairvoyance ? « Simple télépathie. » Après un moment, le lecteur finit par admettre qu'il ne s'agit que de simple télépathie, alors que l'idée lui avait paru inadmissible a priori.

Peut-être qu'en 1896, un filet n'a pas ratissé le ciel de notre planète et n'a pas emporté des centaines d'oiseaux qui se seraient soudain abattus à travers les mailles rompues. Les oiseaux tombés à Baton Rouge venaient sans doute tout simplement des SuperSargasses.

Une autre idée me vient. Je croyais avoir établi la notion, mais si rien n'est réel dans la quasi-existence, rien n'est réellement établi. Supposons qu'une tempête ait fait rage en Floride, par exemple, et que des nuées d'oiseaux aient été aspirées vers les SuperSargasses, contrée où l'on trouve des régions polaires et tropicales : cela signifierait que des colonies de volatiles de toutes sortes sont restées coincées dans une zone glacée, mortes de froid et de faim, délogées peu après par un météore, ou par un vélo ou un dragon – aucune idée du type de bolide passé par là.

Aussi transportées par des tourbillons de vent, des feuilles d'arbre qui y restent piégées des lunes ou des lustres, qui tombent hors saison. Des poissons catapultés là-haut pour y mourir et y sécher, ou pour y subsister dans des nappes suffisantes, qui en dégringolent parfois dans des moments que nous appelons déluges, lorsque le ciel s'entrebâille.

Je ne gagnerai pas de concours de popularité chez les

astronomes, pas plus que chez les météorologistes, j'en conviens, car je suis un fervent un peu cynique de l'intermédiarité. Mais j'aurais souhaité convaincre des constructeurs aéronautiques. Tant de choses extraordinaires planent autour de la Terre! Des objets pour lesquels les conservateurs de musée vendraient leur âme; des objets laissés en suspens par les rafales de l'Égypte pharaonique. Le prophète Élie est-il monté aux cieux dans un char de feu? S'il ne s'est pas fixé en l'étoile de Véga, alors une roue ou un essieu vogue quelque part dans l'espace. Tous ces objets valent leur pesant d'or, mais à condition de s'en départir rapidement, car il y aura bientôt de quoi ouvrir un marché aux puces.

Avis aux aéronautes.

Du foin est aussi tombé du ciel. Compte tenu des circonstances, tout m'indique que ce foin a été d'abord soulevé du sol terrestre, puis largué dans la supermer des Sargasses où il y est resté un bon moment. On a associé à ce fait un tourbillon de vent, mais à lire ce qui suit, l'explication me paraît inepte.

Or donc, le 27 juillet 1875, de petites bottes de foin humides tombent du ciel de Monkstown, en Irlande. Le Dr J.W. Moore a raconté au *Dublin Daily Express* qu'il y avait eu un tourbillon de vent au sud de la ville. Étrangement, une chute similaire était survenue deux jours plus tôt, près de Wrexham en Angleterre (*Scientific American*, 33-197).

En novembre 1918, le jour de l'armistice, je me suis intéressé aux petits objets qu'on lance dans les airs. D'autres auraient profité du moment pour s'émouvoir, j'ai préféré observer le trajet des papiers jetés par les fenêtres de bureau. Des lambeaux sont restés groupés un moment en suspens, parfois quelques minutes.

Le 10 avril 1869, dans la ville d'Autriche en Indre-et-

Loire, une quantité spectaculaire de feuilles de chêne est tombée du ciel par temps immobile. La chute, presque verticale, a duré une dizaine de minutes (*Cosmos: Revue encyclopédique*, 3-4-574).

Le fait est aussi relaté par Flammarion (*L'Atmosphère*, p. 412). Il lui fallait imputer le phénomène à une intempérie, ce qui l'a amené à noter un brusque changement de vent, enregistré le 3 avril précédent, toutefois.

Deux bizarreries subsistent malgré les conclusions de Flammarion : que des feuilles puissent flotter une semaine; et qu'elles restent groupées tout ce temps.

Pensez simplement à des papiers que vous jetteriez d'un engin volant.

Je me permets donc d'énoncer aussi une bizarrerie : que ces feuilles ont été soulevées par un tourbillon six mois auparavant, soit en automne, qu'elles sont restées non pas en suspens dans les airs, mais dans une région échappant à la gravité, et que ces feuilles ont fini par tomber à cause des précipitations printanières.

Je n'ai trouvé aucune donnée concernant des pluies de feuilles en octobre ou en novembre, une période néanmoins propice aux tourbillons de feuilles mortes. Je vous rappelle que la fameuse chute a eu lieu en avril.

On raconte que le 19 avril 1889, d'énormes quantités de feuilles desséchées de chêne, d'orme et d'autres essences sont tombées du ciel par temps calme. La chute a été observée pendant quinze minutes, mais l'auteur précise qu'à voir le tapis de feuilles déjà au sol, le phénomène avait dû commencer une demi-heure auparavant (*La Nature*, 1889-2-94). Je songe tout à coup que le spectacle des cadavres de Riobamba jaillissant tels des geysers a dû être une vision pour le moins saisissante. Si j'étais peintre, j'immortaliserais le sujet. Mais ce déluge de feuilles fanées est aussi une étude du cycle de la mort. Dans ce résumé des faits, je me réjouis que le narrateur de *La Nature* souligne l'absence de vent. Il précise même que la Loire semblait immobile et qu'elle était couverte de feuilles à perte de vue.

Le 7 avril 1894, des feuilles desséchées tombent à Clarivaux et à Outre-Aube en France. La chute, qualifiée de prodigieuse, dure une demi-heure. Le 11 suivant, la chose se répète à Pontcarré (*L'Astronomie*, 1894-194).

Le phénomène de récurrence déconstruit l'explication classique. Flammarion, rédacteur en chef de la revue, avance ceci: un cyclone aura emporté des feuilles, pris de l'ampleur, laissé tomber des feuilles, les plus lourdes d'abord. À l'époque, les gens se contentaient de peu, mais aujourd'hui, ils veulent savoir comment un tourbillon trop faible pour retenir certaines feuilles a la force d'en conserver d'autres en suspens pendant quatre jours.

L'état de dessèchement des feuilles surprend, mais pas autant que la démesure du déluge; tombées dru en l'absence de vent durant le mois d'avril, dans une région précise de la France. La localisation du phénomène intrigue aussi. Je n'ai aucune autre note concernant une averse de feuilles. En admettant l'explication classique fondée sur cette ancienne corrélation avec le vent, il faudrait imaginer que le phénomène survient ailleurs. À moins que des courants particuliers des Super-Sargasses ne favorisent quasi toujours la France.

Une idée: Il existerait un monde au voisinage du nôtre, dont les saisons seraient inverses aux nôtres: ici le printemps, là-bas l'automne. Quelques disciples voudront peut-être y réfléchir.

Et s'il y avait un pendage, une espèce d'inclinaison vers la France? Les feuilles mortes emportées en altitude risqueraient davantage d'y stationner que les feuilles aspirées ailleurs sur le globe. Un de ces jours, je me lancerai dans la cosmogéographie et me commettrai à produire des cartes. Mais pour l'instant, j'imagine les Sargasses du ciel comme une ceinture oblique avec des embranchements mouvants au-dessus de la Grande-Bretagne, de la France, de l'Italie et même de l'Inde. Quand à sa ramification au-dessus des États-Unis, j'hésite, mais les états du Sud me semblent plus touchés.

De multiples données convergent vers l'existence de régions polaires au-dessus de nos têtes. D'autres faits se rapportant aux créatures putréfiées laissent entrevoir également des régions tropicales aériennes. Je vous offre une dernière donnée à l'appui des SuperSargasses, confiant d'avoir scruté avec soin les faits pour étayer mon hypothèse – le genre de soin et de rigueur qui ont permis l'établissement des croyances populaires. J'invite chacun à s'ouvrir aux possibilités. Il se peut qu'un jour, au nom de cette même ouverture d'esprit, je consacre un livre à la négation des SuperSargasses pour soutenir plutôt la thèse d'un monde complémentaire différent – la Lune, pourquoi pas – et présenter moult données à l'effet que la Lune serait distante de nous de seulement 40 ou 50 kilomètres. Pour l'heure, la notion d'une supermer des Sargasses est surtout une tribune contre l'exclusionnisme. C'est le but de mon expédition.

Je suis à l'unisson des rythmes cosmiques. Il me semble toucher enfin à mes Sargasses, et une donnée se présente à propos. Mais je sais aussi que devant, rien n'est sûr.

Dans la province italienne de Macerata, à la fin de l'été 1897, un essaim de petits nuages rouge sang avaient couvert le ciel. Une demi-heure plus tard, une tempête s'était déchaînée et des quantités industrielles de semences s'étaient abattues sur le sol. Il fut décrété qu'il s'agissait de semences appartenant à une espèce d'arbre indigène en Afrique centrale et aux Antilles (*Notes and Queries*, 8-12-228).

L'explication classique veut que les graines aient voyagé en altitude, et aient donc été soumises au froid. L'ouverture nous permet, par contre, d'imaginer que les graines ont pu séjourner dans une région chaude et pour une période plus longue que celle attribuée à une suspension par la force d'un tourbillon.

Je note :

«Fait à souligner, un grand nombre de semences avaient commencé à germer. »

Chapitre 20

Envisageons la possibilité de visiteurs.

Le nouvel ascendant. L'inclusion, assortie de ses pseudonormes.

Quand une donnée se présente, j'en fais l'interprétation en fonction de mes pseudonormes. Je ne vis pas dans l'illusion d'absoluité qui a dû transfigurer certains positivistes du 19e siècle, devenus étoiles au firmament. Je suis un intermédiariste – habité du sentiment qu'un jour ma pensée se cristallisera, dogmatisera et se fermera comme celle des positivistes presque achevés. Pour l'heure, peu m'importe de savoir si une chose est vraisemblable ou non; cela reviendrait à l'admettre ou à la rejeter en fonction d'une norme qui frise forcément l'illusion et qui s'effacera éventuellement devant une quasi-illusion plus évoluée. Les scientifiques d'hier ont défini le vraisemblable par leur attitude positiviste. En analysant leur démarche, vous et moi constatons qu'ils ont manœuvré dans un cadre: le système newtonien, par exemple, ou le darwinisme, le mendélisme et le mutationnisme. Les hommes affectueux des normes ont pensé, écrit et parlé comme s'ils exprimaient la vérité.

Par conséquent, je fais de l'ouverture ma pseudonorme; si une donnée traduit une corrélation entre la Terre et un système d'interdépendance plus vaste, elle est en accord avec mon idéologie. Tels étaient le processus et la réflexion à l'installation de l'ancien ascendant: la différence réside dans ma conscience aujourd'hui de l'intermédiarité, la notion que même si nous nous rapprochons de la vérité, nos fabrications et nous-mêmes restons des quasi-objets.

Autrement dit, les créatures de l'intermédiarité sont des fantômes dans un esprit volontaire, mais en train de rêver qu'il souhaite se réveiller.

En dépit des erreurs possibles de la perception intermédiariste, ma conviction est la suivante: un esprit en proie au rêve est capable d'un réveil plus rapide si les fantômes de son rêve se savent fantômes. De quasi-fantômes, évidemment, relativement à l'état de rêve. Ce qui signifie en termes relatifs qu'ils possèdent un peu de cette essence du réel. Ils sont inspirés d'un vécu ou de sentiments, et aboutissent souvent à de folles distorsions. On peut raisonnablement penser que la table que je vois de mes yeux réveillés est plus proche du réel que la table de mon rêve qui se met à courir après moi de ses mille pattes.

Au 20e siècle, armé d'une terminologie augmentée et d'une conscience plus aiguisée, je reçois le nouvel ascendant comme les scientifiques du 19e siècle ont dû se laisser pénétrer par l'ancien. Loin de moi la prétention de pouvoir bousculer le 19e siècle aussi brutalement et candidement que l'aura fait le précédent corps scientifique dans son milieu. Mais si j'y parviens, mes déductions auront une durée de vie, ou serviront de tremplin à une nouvelle tentative plus poussée. Plus tard, lorsque je refroidirai jusqu'à figer, libérant les dernières énergies de ma presque mobilité (exprimée ici-bas par l'humilité et la plasticité), je n'admettrai ni tentative ni élan extérieurs, convaincu de détenir la clé. En ce qui a trait à l'évolution, l'intermédiariste pense en marge. L'humain croit généralement que l'état spirituel surclasse l'état matériel, mais je suis plutôt d'avis que la quasi-existence est la voie de l'immatériel absolu qui tente de se matérialiser de manière absolue. Dans l'intermédiarité, toute créature, substance ou pensée oscille entre l'immatériel et le matériel. Ce sont des gradations entre ces deux bornes. La solidification du sublime est, selon moi, l'ambition cosmique. Être, c'est atteindre l'idéal. La chaleur du travail constitue donc le Mal, tandis que le zéro absolu*, représente le Bien ultime. L'hiver arctique fixe une grande beauté, mais j'avoue que la vue moins extrême d'un singe en train de secouer un palmier me réjouit encore.

L'ombre de visiteurs.

C'est encore pour moi un sujet de confusion, de la même manière que les données précédentes m'ont paru difficiles à organiser. Au contraire du positiviste, je n'ai pas l'illusion d'observer de l'homogénéité. Un positiviste grouperait les données en apparence propres à un type de visiteur et écarterait tout bonnement les autres. Pour ma part, je crois que la Terre a reçu autant de visiteurs différents qu'il en vient à New York, à la prison et à l'église. Certains vont d'ailleurs à la messe pour vider les poches des fidèles, par exemple.

Je pense qu'un monde ou un chantier spatial a survolé l'Inde durant l'été 1860, probablement un monde si l'on admet que des substances rouges et des poissons en sont tombés. Dhurmsalla en aurait peut-être reçu des débris le 17 juillet de cette année-là. Quoi que ce fût, tout le monde en a parlé comme de météorites, et j'ai donc repris le terme. Toutefois, le *Times* de Londres du 26 décembre 1860 publie un extrait de lettre d'un résident de Dhurmsalla, reçue par Syed Abdoolah, professeur d'hindi au collège universitaire de Londres:

---

* N.d.t.: Allusion au point où l'énergie cinétique devient nulle et où les atomes s'immobilisent. On le situe à un demi-milliardième de degré au-dessus de -273 ºC (*Science et vie,* 1034, novembre 2003).

Il s'agissait de «morceaux de formes et de tailles diverses, plusieurs semblables à des boulets au sortir d'un canon».

Voici donc une donnée supplémentaire à mon recensement d'objets sphériques tombés sur Terre. Remarquez qu'il s'agit de boules de roche.

Et le soir de cette fameuse date où quelque chose tira sur Dhurmsalla, ou expédia des objets peut-être codés, on vit des lumières dans le ciel.

J'en arrive à penser que des créatures ont tenté une approche, ont résisté à la curiosité, comme nos pilotes de montgolfière modèrent leur ascension. Il y a là un lien avec l'idée d'une communication régulière entre des êtres du Dehors et quelques Terriens initiés, même si la donnée de Dhurmsalla est tout sauf homogène. Roches porteuses de symboles, à l'instar du sélénium sensible à des lumières lointaines.

Je pense que dans des conditions favorables, des émissaires sont venus ici-bas, ont pris part à des assemblées secrètes.

Étrange, pensez-vous?

Réunions hermétiques, messagers, sociétés ésotériques en Europe, avant le déclenchement de la guerre [franco-allemande de 1870].

Et tous ceux qui ont suggéré la venue d'étrangers.

Le gros de mes données m'indiquent toutefois que des mondes ont frôlé la Terre sans manifester plus de curiosité pour nous que n'en ont les passagers d'un transatlantique pour les créatures des abysses. Les horaires et les contraintes commerciales ne laissent pas de place à l'exploration des attraits touristiques.

En revanche, d'autres données me laissent supposer que les phénomènes de la Terre intéressent des scientifiques de l'espace, des êtres venus de régions stellaires si lointaines qu'ils ignorent la mainmise d'un tiers sur notre planète.

Tout ça pour dire que je me considère comme un bon intermédiariste, mais un piètre hypnotiseur.

D'autres données encore se fondent dans l'admissible. En vertu de la contiguïté, si des vaisseaux ou des chantiers ont pénétré l'atmosphère terrestre, il y a certainement eu rencontre entre les phénomènes du Dehors et nos phénomènes telluriques. Les observations de visites doivent se confondre avec celles de nuages, de ballons et de météores. Je progresserai donc à partir de phénomènes difficiles à isoler.

Un journal anglais daté du 6 mars 1912 relate la liesse des résidents de Warmley à la vue d'un «aéroplane magnifiquement illuminé survolant le village. L'appareil se déplaçait à vive allure, semblait venir de Bath et se diriger vers Gloucester». Le rédacteur en chef explique qu'il s'agissait d'un bolide à triple flamme. «Fantastique, c'est le mot, ajoute-t-il. De nos jours, on peut s'attendre à tout!» (*Observatory*, 35-168.)

Belle ouverture d'esprit. Je ne ferai pas de surenchère en avançant des données matraques.

Un autre correspondant écrit que dans le comté de Wicklow en Irlande, vers 18 heures [le 19 octobre 1898], il a vu un objet céleste qui ressemblait à la Lune coupée d'un quart. Une espèce de triangle, donc. L'objet de couleur jaune doré bougeait lentement et avait mis cinq minutes pour disparaître derrière une montagne (*Nature,* 27 octobre 1898). Le rédacteur en chef émet l'hypothèse qu'il s'agissait d'un ballon égaré.

Un compte rendu du météorologiste F.F. Payne, paru dans le numéro de juillet du *Canadian Weather Review*, est repris par *Nature* le 11 août 1898: Payne avait vu dans le ciel un vaste objet en forme de poire voler rapidement. Il avait aussitôt pensé à un ballon, à cause de l'aspect, mais s'était ravisé à cause de l'absence de nacelle. En l'espace de six minutes, l'objet était devenu flou, peut-être à cause de la distance. «La masse avait semblé s'effacer avant de disparaître.» S'agissait-il d'une masse nuageuse? D'un système cyclonique? Payne souligne qu'il n'y avait «aucun mouvement de rotation».

Le 8 juillet 1898, un correspondant a vu à Kiel au Danemark un objet céleste, rougi sous l'effet du soleil couchant. La chose était aussi vaste qu'un arc-en-ciel et flottait à une douzaine de degrés d'altitude. «Sa luminosité initiale a persisté cinq minutes environ, s'est vite atténuée, puis stabilisée. J'ai pu l'observer huit minutes en tout, avant sa disparition.» (*Nature*, 58-294.)

L'existence intermédiaire veut que nous, quasi-personnes, n'ayons aucun véritable point de repère; chaque chose contient aussi son contraire. Trois cents dollars par semaine représentent la pauvreté pour l'un, et le luxe pour l'autre. Je vous ai soumis des données concernant trois objets célestes vus en l'espace de trois mois, et il me semble que cette réunion porte un sens. La science s'est construite sur la répétition de faits, les illusions et les superstitions aussi. Je me sens presque habité par la certitude de Le Verrier, et j'aurais envie de décréter que ces trois apparitions se rapportent au même objet. Cependant, je n'en tirerai aucune formule ni ne prédirai le prochain passage. Je rate donc une belle occasion de me fixer, étoile au firmament, mais bon...

Leçon d'intermédiarité: l'intermédiariste est de nature coulante et conciliante. Là où je me situe, c'est partiellement dans l'état positif, partiellement dans l'état négatif, c'est-à-dire dans un état ambivalent.

Mais si l'absolu positif vous intéresse, ne vous gênez pas pour moi. Vous serez à l'unisson du cosmos, bien que la contiguïté vous fera opposition. Prendre forme apparente dans la quasi-existence, c'est commencer à se matérialiser. Au-delà d'une certaine mesure, cependant, la contiguïté tentera de vous récupérer. Votre succès, pourrait-on dire, vous viendra en proportion de votre ajustement à l'état intermédiaire, sera fonction de votre tendance à l'absolu, moins votre inclination au compromis et à la retenue. L'intermédiarité est le positif-négatif, ou l'échec d'un succès. Frôler l'absolu positif, c'est faire comme Napoléon Bonaparte, et voir le reste du monde se liguer contre vous. Pour ceux que ce genre de destin fascine, bien des pages ont été écrites sur un certain guérisseur de Chicago, le Dr John Alexander Dowie.

L'intermédiarisme, c'est l'acceptation de ce quasi-état. Ce n'est pas un obstacle à qui veut toucher l'absolu positif, mais il faudra à cette personne admettre qu'elle ne peut devenir absolue et rester dans l'ambivalence du positif-négatif. Un être résolument positif, isolé et exclu du système, sera privé de vivres, emprisonné, battu à mort et crucifié. Ce sont les douleurs qui précèdent la transfiguration dans l'absolu positif.

Bien que j'oscille entre le positif et le négatif, j'ai une attirance pour le mur du positif, et par conséquent une propension à vouloir établir une corrélation entre nos trois précédentes données. Autrement dit, en trouver l'homogénéité, le dénominateur commun.

Après consultation des revues d'aéronautique et du *Times* de Londres, je n'ai trouvé aucune mention de ballons égarés durant l'été et l'automne 1898. Pas plus qu'on ne parle d'aérostats à cette époque dans le *New York Times,* ni en terre canadienne ni américaine.

Le 27 août 1885, vers 8 h 30, madame Adelina D. Bassett observe «un objet insolite dans le ciel en provenance du nord». Elle alerte une amie, Mme Lowell, et toutes deux regardent fixement l'objet qui avance. C'est comme une grand-voile de bateau-pilote, triangulaire, des chaînes traînant à la base. Pendant qu'il survole un champ, il semble descendre, puis s'élève de nouveau au-dessus de l'océan, pour finir par disparaître dans les hauts nuages (*Times* de Londres, 29 septembre 1885, d'après une coupure de la *Royal Gazette* des Bermudes du 8 courant).

Devant une telle ascension, difficile de penser que la créature ait été un ballon égaré en partie dégonflé. Mais le général Lefroy – qui a relayé cette information au *Times* – en tente l'interprétation par une corrélation avec un fait terrestre. Il suggère que l'objet volant est un aérostat français ou anglais, le seul engin terrien peut-être capable de traverser l'océan Atlantique à l'époque – et je souligne que l'exploit n'était toujours pas accompli 35 ans plus tard [N.d.t. : La traversée de l'Atlantique en ballon ne sera accomplie qu'en 1978]. Le dégonflement pourrait expliquer la forme triangulaire qualifiée de «sac informe volant à peine». À lire ces mots, je doute qu'un sac vidé aurait pu reprendre l'altitude invoquée ici.

Dans le numéro de Times du 1er octobre suivant, Charles Harding, de la Société royale des météorologues de Londres, réplique que si le ballon était venu d'Europe, des navires auraient signalé sa présence. Patriote britannique ou pas, il suggère qu'un ballon pourrait s'être échappé d'Amérique où l'on pilote aussi.

Peut-être froissé, Lefroy répond par la voix de *Nature* qu'une rubrique dans le *Times* «n'est certes pas une tribune propice à semblable discussion». Si la Terre portait davantage de personnages comme lui, le public n'aurait pas à se contenter de miettes d'information. Il a donc pris soin d'écrire à un ami aux Bermudes,

W.H. Gosling, idem esprit d'envergure, qui s'est mis en frais d'interviewer mesdames Bassett et Lowell (*Nature*, 33-99). La description diffère :

De l'objet pendaient des filets.

Un ballon dégonflé, traînant un réseau sous lui.

Un filet à hauteur de nuages? Quelque chose tirait-il au-dessus? Cela me rappelle les oiseaux de Baton Rouge.

Gosling a écrit que la mention de chaînes ou d'un panier supposément accroché à l'objet provenait de M. Bassett, mais que ce dernier n'avait pas été témoin du phénomène. L'ami du général parle aussi d'un ballon échappé de Paris en juillet et d'un autre tombé à Chicago le 17 septembre, soit trois semaines après le passage de l'objet volant aux Bermudes.

C'est à quelle invraisemblance l'emportera, et tout dépendra du poids de l'ancien ou du nouvel ascendant dans l'esprit du lecteur. Escamotage et conviction.

Descente de ballon, détail (*L'Illustration, journal universel*, 1868).

Que penser? Personnellement, je crois que l'on nous pêche. Des gastronomes d'Ailleurs nous prisent peut-être. N'est-il pas réjouissant d'imaginer que nous sommes utiles à quelque chose? À mon avis, des filets ont été jetés au-dessus de nos têtes, et nous les avons confondus avec des tourbillons de vent et des trombes d'eau. Certains témoignages sur la formation des tourbillons et des trombes ont de quoi dérouter. Du reste, je dispose de données impossibles à couvrir dans ce livre: les disparitions mystérieuses.

Oui, je crois que l'on nous pêche, mais je le mentionne comme ça, au passage. Des visiteurs braconniers. Rien à voir avec le sujet que j'aborderai un de ces jours et l'usage que pourraient faire de nous les créatures qui nous possèdent à notre insu.

« Notre correspondant de Paris relève le sujet du ballon qui aurait survolé les Bermudes en septembre, et précise qu'aucun décollage depuis la France ne peut être lié au phénomène. » (*Nature*, 33-137.)

Il y a eu des ascensions à la fin du mois d'août, mais non en septembre. Nulle mention dans le *Times* de Londres de vols en Grande-Bretagne durant l'été 1885. Deux ascensions en France, des ballons échappés. Dans le numéro du mois d'août d'*Aéronaute*, on précise que ces ballons devaient s'envoler à la fête du 14 juillet, soit 44 jours avant l'observation aux Bermudes. Les pilotes se nommaient Gower et Eloy; le ballon du premier a été récupéré au large, tandis que l'autre restait introuvable. Le 17 juillet, un capitaine de navire l'avait vu en train de voler, encore gonflé.

Néanmoins, le ballon d'Eloy était une montgolfière de foire, faite pour les courtes distances. Il s'agissait, est-il écrit, d'un petit ballon incapable de longue sustentation (*La Nature*, 1885-2-131).

Quant aux vols d'aérostats américains à la même époque, j'ai trouvé un seul cas; une ascension au Connecticut, le 29 juillet 1885. Au sortir de la nacelle, les pilotes ont tiré «la corde de dégonflement, retournant complètement l'enveloppe sur elle-même» (*New York Times,* 10 août 1885).

Un intermédiariste ne s'inquiète pas d'être accusé d'anthropomorphisme, et de prêter toutes les réactions possibles à toutes les choses; aucune créature n'est essentiellement différente des autres. Exprimer le matériel en terme d'immatériel est aussi sensé que de décrire l'immatériel en terme de matériel; sinon, je serais matérialiste. Méli-mélo de la quasi-existence. Je pourrais relever le défi d'écrire l'équation d'un roman en termes psycho-chimiques ou de faire son graphique psycho-mécanique; ou bien de décrire en prose poétique les processus chimiques, électriques ou magnétiques d'une réaction; ou de relater un événement historique dans une suite d'opérations algébriques. Je n'invente rien, il suffit de consulter les travaux de Boole et de Jevons pour une description algébrique des conjonctures économiques.

Je conçois les esprits ascendants comme je me représente les individus, pas plus réels que nous ne le sommes.

De nature jalouse, l'ascendant en déclin tend à supprimer les créatures et les idées qui le bousculent. La lecture des comptes rendus de sociétés savantes m'a révélé que les discussions tournant autour de sujets inconciliables prenaient souvent un autre cours – guidés, dirait-on, par une puissance supérieure. Par puissance, j'entends l'esprit de l'évolution. Comme durant le développement embryonnaire, les cellules obéissent à un plan, dans une espèce de déterminisme.

Passons à une autre apparition.

« J'ai observé une chose étrange, que je n'avais jamais vue auparavant, et bien que j'aie scruté le ciel pendant des années, rien de tel n'était jamais survenu ». Le 8 avril 1812 à Chisbury, dans le comté de Wilt en Angleterre, Charles Tilden Smith a vu deux taches sombres stationnaires sur des nuages. Le plus extraordinaire, c'est que les nuages défilaient rapidement. Les taches avaient la forme d'un éventail – comme des triangles – et leur dimension variait bien qu'elles apparaissaient toujours dans ce même point du ciel que traversaient les nuages. L'observation de Smith avait duré plus d'une demi-heure.

Il exprime cette idée : « Un objet invisible interceptait la lumière du Soleil à l'ouest et projetait une ombre dense sur des nuages. » (*Nature*, 90-169.)

Dans ce numéro de *Nature*, un autre correspondant écrit à la page 244 qu'il a vu des ombres projetées sur des nuages par des faîtes de montagnes et que Smith a raison d'attribuer la double apparition à un « objet invisible interceptant les rayons du Soleil ». Devant l'inconcevable, l'ancien ascendant se courrouce ; deux vastes objets opaques dans le ciel projetant leur ombre sur des nuages ! Mais l'esprit peut se montrer suave puisque imparfait, alors il tente d'éconduire le sujet par une mystification. À la page 268, le météorologiste Charles J.P. Cave écrit que les 5 et 8 avril, il a fait une observation similaire au parc de Ditcham à Petersfield, tandis qu'il surveillait des ballons-pilotes. Il décrit alors non pas une ombre sur des nuages qui défilent, mais un nuage stationnaire, et il en déduit tout simplement que les ombres de Chisbury ont été projetées par des ballons-pilotes. À la page 322, un autre correspondant parle des ombres jetées par les montagnes. Puis un autre à la page 348 alimente les divergences en commentant la troisième intervention. Un quatrième prend la suite... Et le mystère flotte.

Les taches sombres de Chisbury n'ont pas pu être causées par des ballons-pilotes flottant à l'ouest ou entre les nuages et la position du Soleil. Si un objet stationnaire à l'ouest de Chisbury avait flotté en altitude pour intercepter les rayons lumineux, l'ombre de l'objet n'aurait pas été fixe; elle aurait donné l'impression de grimper, à cause de la trajectoire déclinante du Soleil.

Il me faut envisager quelque chose qui ne s'accorde pas forcément avec nos connaissances.

Un objet aérien lumineux – autre que notre Soleil – dont l'éclairage particulier n'aurait pas franchi les nuages. Suspendues à l'objet, deux formes triangulaires comme celle vue survolant les Bermudes, de sorte que la lumière de l'objet aurait été stoppée précisément par ces deux formes. Il a fallu aussi que les formes se promènent, comme des filets qu'on lance et qu'on ramène, pour expliquer que les ombres variaient en grosseur.

Mon hypothèse peut sembler fragile, mais il est certain que deux ballons stationnaires ne peuvent projeter pendant une demi-heure des ombres de grosseur variable sur des nuages pendant que le Soleil descend. Force est d'imaginer deux objets triangulaires, quels qu'ils soient, dans une ligne résolument droite entre le Soleil et les nuages, qui avancent et s'éloignent de ces nuages. Le dévot a raison de brandir une croix et de se signer: la créature est un démon.

Vaste chose noire devant la Lune, tel un corbeau en vol plané.

Pour un observateur campant sur la Lune, je crois que ces deux ombres de Chisbury auraient eu l'air de deux vastes oiseaux noirs posés sur la Terre. Du reste, je pense que des triangles lumineux, projetant des triangles ombrés semblables à des corbeaux en vol, ont été vus sur la Lune, ou devant.

En effet, deux formes lumineuses triangulaires ont été observées par un groupe de personnes à Lebanon au Connecticut, le soir du 3 juillet 1882. D'abord près du limbe supérieur de la Lune, les lumières ont fini par disparaître; deux triangles sombres ont ensuite surgi au même endroit, comme s'il s'agissait d'entailles sur l'astre. Puis, elles se sont rejointes et ont disparu instantanément (*Scientific American*, 46-49).

Il y a aussi eu confusion de phénomènes dans ces entailles remarquées à l'occasion sur le limbe lunaire. On a d'abord cru observer des cratères en coupe (*Monthly Notices of the RAS*, 37-432). Les manifestations du 3 juillet 1882, cependant, étaient de taille franchement imposante, «donnant l'impression d'occulter près du quart de notre satellite».

Pour notre campeur sur la Lune, une autre créature a dû évoquer un corbeau planant au-dessus de la Terre. Le 8 avril 1913, à Fort Worth au Texas, une ombre est apparue dans le ciel, projetée par un objet non visible. Certains ont attribué cette zone sombre à un nuage imperceptible, sans toutefois expliquer pourquoi elle suivait la trajectoire déclinante du Soleil (*Monthly Weather Review*, 41-599).

Deux observateurs du ciel livrent leur rapport d'un objet triangulaire ténu, visible six nuits d'affilée. Bien que l'observation ait été menée dans deux stations assez voisines, la parallaxe était considérable, preuve que l'objet circulait proche de la Terre (*Compte rendu de la BAAS*, 1854-410).

J'ouvre une parenthèse sur le doute qui m'habite par rapport au phénomène de la lumière, semblable d'ailleurs à celui qui divise les orthodoxes quant à la nature multiple de ces radiations. Ma position d'inter-médiariste est la suivante :

La lumière n'est pas plus réelle ni immuable que tout autre chose. Nous avons interprété comme de la lumière l'expression d'une énergie. L'est-elle? Au niveau de la mer, l'atmosphère terrestre diffuse la lumière en commençant par l'extrémité rouge, orangé et jaune du spectre. En altitude, la lumière nous paraît bleue. Au sommet des plus hautes montagnes, le zénith vire au noir. Ou ce serait parler en orthodoxe de dire que dans l'espace interplanétaire, dépourvu d'atmosphère, la lumière n'est pas visible? Donc le Soleil et les comètes pourraient être noirs. Mais l'atmosphère terrestre (ou ses particules) reçoit les radiations de ces corps « noirs » comme de la lumière.

Regardez la Lune. Belle Lune noire si argentée.

Je dispose d'une cinquantaine de notes à l'effet que la Lune possèderait une atmosphère. Néanmoins, le corps astronomique affirme que notre satellite en est dépourvu. Dire le contraire consisterait à démolir les observations d'éclipses. Donc, en vertu de l'argumentation classique, la Lune est noire*. Vision étonnante que celle d'astro-nautes trébuchant dans la noirceur lunaire, que nous verrions chanceler en pleine lumière dans l'œil de nos télescopes.

À force de manœuvrer dans les dogmes du présent système en déclin, j'ai oublié à quel point l'émergence de ses propres corrélations a dû choquer le système qui l'a précédé.

La Lune noire en apparence blanc argenté.

---

* N.d.t. : Fait cocasse, la Lune possède un pouvoir réfléchissant de 7 %, équivalent à celui de l'asphalte. Un corps noir possède un albédo nul (Source : Séguin et Villeneuve, *Astronomie et astrophysique*).

Ceci étant dit, il est plausible que certains phénomènes énergétiques soient perceptibles comme de la lumière sous le niveau des nuages, mais peut-être pas dans une couche d'air plus dense, en contradiction avec les notions classiques. J'ai justement une donnée concernant une force qui ne s'est pas manifestée comme de la lumière en atmosphère, mais qui a cependant produit un faisceau lumineux au sol.

Pendant une semaine, quelque chose est resté en suspens au-dessus d'un secteur de Londres. La radiation semble avoir été décodée en lumière par l'œil humain.

Sept soirs d'affilée, une lumière est apparue dans Woburn Square à Londres, sur la pelouse d'un petit parc entouré de clôtures. «Des foules s'y sont massées au point que la police a dû intervenir pour faire circuler les gens.» Le rédacteur en chef du journal *Lancet* s'est rendu sur place. Il dit n'avoir vu qu'un jet de lumière entre des arbres, dans un recoin du parc. Personnellement, j'aurais trouvé la chose digne d'intérêt (*Lancet*, 1er juin 1867).

Ce rédacteur formerait un charmant trio avec monsieur Symons et le docteur Gray. Il insinue que cette lumière aurait pu provenir d'un lampadaire, ne dit pas qu'il en a trouvé la source et finit par recommander que la police examine les réverbères voisins.

Possible qu'une simple déviation d'un rai de lampadaire ait pu attirer, exciter et décevoir des foules entières pendant une semaine. Par contre, je doute qu'un policier obligé de travailler des heures supplémentaires ait eu besoin qu'on lui suggère d'enquêter sur les lampadaires du coin.

On dirait bien qu'un objet céleste est resté pendu au-dessus d'un petit jardin public londonien pendant une semaine.

Chapitre 21

Rencontre avec de gigantesques
roues et boules lumineuses.

«À force de découvrir tant de phénomènes météorologiques dans votre revue, que je trouve en passant
excellente, j'ai envie de vous demander une explication
à ce que j'ai observé lors d'un voyage à bord du Patna,
un navire à vapeur de la British India Company. En mai
1880, nous remontions le golfe Persique par une nuit
noire. Aux environs de 23 h 30, deux gigantesques roues
lumineuses ont surgi, flanquant le vaisseau de chaque
côté. Ces roues tournoyaient et leurs rayons semblaient
presque balayer la coque. Je dirais que les moyeux
faisaient près de 200 ou 300 mètres de haut, et me
rappelaient les anciennes baguettes d'instituteurs.
Chaque roue devait compter une bonne
soixantaine de rayons et faire une
révolution complète en douze
secondes, environ. Le mouvement était sifflant.
Malgré un diamètre situé
entre 400 et 600 mètres,
on pouvait discerner
l'ensemble de la struc-
ture des toupies. Une
lueur phosphorescente
glissait doucement au ras
des flots, comme si elle
provenait d'en dessous.
Pour en revenir à l'aspect des

rayons, pensez à cette image : ce serait l'effet produit avec une lanterne à fenêtre ronde que l'on ferait tournoyer à l'horizontale. Je souligne que le capitaine du Patna, M. Avern, et son troisième officier, M. Manning, peuvent corroborer ma description du phénomène. »

Lee Fore Brace

« P.-S. – Les roues ont avancé avec le navire pendant une vingtaine de minutes. »

(Lettre parue dans *Knowledge,* 28 décembre 1883.)

Knowledge, 11 janvier 1884 (réponse de A. Mc. D.) :

« Lee Fore Brace, qui a découvert tant de phénomènes météorologiques dans notre revue qu'il trouve en passant excellente, aurait dû s'annoncer comme le Ézéchiel des temps modernes, car sa vision de la roue illuminée rappelle le char du célèbre prophète. »

L'auteur de la réponse se met ensuite à jouer avec les mesures fournies et calcule la vitesse à la périphérie de la roue, soit 150 mètres à la seconde, dit-il, en suggérant que c'est fantasque. Il précise que le nom de plume du demandeur laisse deviner un habitué de la navigation au vent. Il dit alors vouloir se risquer à une explication. Avant 23 h 30, ce soir-là, on avait rapporté plusieurs accidents de grands haubans et que tout le monde avait dû « en prendre un coup ». N'importe quel rai de lumière aurait paru tournoyer.

M. « Brace » réplique dans le *Knowledge* du 25 janvier suivant, et signe J.W. Robertson :

« Je ne prête pas d'intention malveillante à ce monsieur A. Mc. D, mais je trouve déplacé d'insinuer qu'un homme est ivre parce qu'il a vu un phénomène insolite. Si je peux me vanter d'une chose en ce bas monde, c'est de n'avoir abusé que de l'eau. » Après cette sortie sur sa fierté, il explique qu'il n'a pas cherché à être exact, mais à donner son évaluation des dimensions et de la vitesse de la créature, puis termine en concluant qu'il ne « s'offusque pas de la réponse dans la mesure où celle-ci n'était pas foncièrement mesquine ».

Proctor, le directeur de la publication, y va de son mot d'excuse, avouant que A. Mc. D a brûlé la consigne. Venant d'un homme capable de cinglantes ripostes, c'est ironique, mais est-ce une chose surprenante dans la quasi-existence?

Selon moi, l'explication évidente du phénomène est que dans les profondeurs du golfe Persique se trouvent de vastes roues lumineuses; que c'est la lumière des rayons submergés que Robertson a vu transparaître. Mais à prime abord, je ne comprends pas comment ces roues flamboyantes se sont retrouvées dans le golfe Persique, chacune de la taille d'une église, ni pourquoi.

Un poisson des grands fonds est adapté à un milieu dense... Dans une région au-dessus de nos têtes, il doit exister une zone dense, voire gélatineuse. Quel sort un poisson des grands fonds connaîtrait-il s'il parvenait à la surface, un milieu de nature moins dense? Désintégration.

Une superstructure adaptée aux conditions d'un espace interplanétaire dense, soumise à des variations accidentelles, puis franchissant l'atmosphère gazeuse de notre planète...

Je vous présenterai des données à l'effet que des objets pénètrent bel et bien dans notre atmosphère, se désintègrent en émettant une lumière parfois autre que celle de l'incandescence; ils brillent d'un rayonnement froid. De vastes constructions circulaires, forcées dans l'atmosphère au risque de s'y désintégrer, plongeant dans les eaux denses de la planète pour apaiser leur agitation.

Il me reste donc à élaborer sur le fait que d'énormes roues ont été vues soit en train de passer dans le ciel, soit de plonger dans la mer ou d'en émerger avant de poursuivre leur voyage. Cette question m'intéresse de manière générale. Une grande perturbation peut mener à l'incandescence, mais je crois qu'il y a aussi eu des objets ayant pénétré dans notre atmosphère en émettant des radiations froides, rayonnement que le simple contact de l'eau ne pouvait stopper. Il me semble également plausible que, de loin, une roue en mouvement ressemble à un globe; et qu'une roue vue de près ressemble à une roue sous certains aspects. La possibilité d'intersection avec le phénomène de l'éclair en boule ou d'un météorite ne m'inquiète pas, car ce sont les objets énormes qui m'intéressent.

Je vais me permettre une autre interprétation. C'était l'idée de départ : exhumer les données extraordinaires et troublantes, puis les rassembler et s'ouvrir.

Voici donc les faits :

La première donnée concerne un objet vu en train de plonger dans l'océan. Elle provient de l'austère revue *Science*, maigre source pour mes recherches puisque, en bonne rigoriste, elle s'épanche rarement. Quel que fût l'objet, je retiens non seulement son gigantisme, plus gros que tous les météorites de tous les musées réunis, mais également son approche lente, car abondamment commentée. Le compte rendu paru dans *Science* (5-242) provient d'un texte envoyé au Naval Oceanographic Office de Washington, par le bureau local de San Francisco.

Or donc, à minuit le 24 février 1885, à 37° de latitude nord par 170° de longitude est, soit quelque part entre Yokohama et Victoria, le capitaine du *Innerwich* est réveillé par son second. Celui-ci parle d'un objet bizarre dans le ciel. Il s'écoule donc un moment avant que le commandant ne monte sur le pont. Il arrive à temps pour voir le ciel virer au rouge flamboyant. «Tout à coup, une masse énorme s'est enflammée au-dessus du bateau et nous a aveuglés.» La boule de feu tombe ensuite dans l'océan. On peut imaginer sa démesure à cause du déplacement d'eau, une lame courant dans un «bruit assourdissant» vers le bâtiment, le frappant violemment à contre, tandis qu'une «mer blanche et mugissante passe littéralement par-dessus». Le capitaine, un vieux loup de mer, déclare que «la vision apocalyptique était indescriptible».

Ailleurs, il est question d'une «immense boule de feu» vue en train d'émerger de la mer près de cap Race. On apprend que la chose s'est élevée d'une quinzaine de mètres, s'est approchée puis éloignée du navire, restant visible cinq minutes environ (*Nature*, 37-187; et *L'Astronomie*, 1887-76). L'auteur de *Nature* suggère un éclair en boule, mais Flammarion insiste sur l'énormité de l'objet (*Les caprices de la foudre*, p. 68). L'équipage du vapeur britannique *Siberian* fournit des détails : l'objet s'était déplacé «contre le vent» avant de se retirer, et le capitaine Moore d'ajouter qu'il avait déjà vu ce genre d'apparition dans le secteur (*American Meteorological Journal*, 12 novembre 1887, 6-443).

Le 18 juin 1845, le brick *Victoria* voguait à quelque 1 400 kilomètres à [l'ouest d'Adalia], en Asie Mineure (plus précisément à 36º 40' 56" de latitude nord par 13º 44' 36" de longitude est). Son capitaine a rapporté que trois objets lumineux avaient émergé des flots à moins de 1 000 mètres du voilier. Ils étaient restés visibles une dizaine de minutes (*Comptes rendus de la BAAS*, 1886-30, d'après un article du *Malta Times*).

Personne n'a poussé l'enquête plus loin, mais des

signalements analogues ont été rapportés, faisant cause commune. Baden-Powell a publié ces données, dont une lettre d'un correspondant de Mount Lebanon qui décrit deux objets lumineux. Leur taille était évaluée à cinq Lunes; chacun possédait des appendices – étaient-ils connectés les uns aux autres? – qui rappelaient «des voiles ou des banderoles, de grands drapeaux en quelque sorte, qu'on aurait cru flotter dans une brise légère». La mention d'une structure est fort intéressante, l'idée de la durée encore davantage. Les météores ne sont visibles qu'un bref instant, une observation de quinze secondes étant exceptionnelle. Je crois même qu'il existe une donnée concernant un météore visible pendant une demi-minute. Cet objet, par contre, pour peu qu'il s'agissait d'un seul objet, est resté visible à Mount Lebanon une demi-heure. Une précision frappe; les appendices différaient de la traînée lumineuse caractéristique d'un météore, et «semblaient plutôt éclairés par la lumière même de l'objet».

Le *Victoria* se trouvait donc à quelque 1 400 kilomètres de la ville d'Adalia et tandis que le capitaine consignait son observation, le révérend F. Hawlett, membre de la Royal Astronomical Society, assistait au spectacle à Adalia même. Il avait envoyé un compte rendu à Baden-Powell. Selon lui, un objet était apparu et s'était brisé en l'espace de 20 à 30 minutes.

Le phénomène avait aussi été observé en Syrie et à Malte, et décrit comme deux très vastes corps «presque joints» (*Ibid.*, 1860-82).

Le 12 janvier 1836, on a vu à Cherbourg en France, un corps lumineux gros comme deux tiers de Lune. La chose, qui semblait percée d'une cavité sombre, donnait l'impression de pivoter sur un axe (*Ibid.*, 1860-77).

Qui veut lire d'autres comptes rendus tout aussi

flous, mais assez explicites pour y reconnaître des roues célestes peut consulter *Nature* (22-167 et 21-225), le *Times* de Londres (15 octobre 1859) et *Monthly Weather Review* (1883-264).

Autre cas rapporté dans *L'Astronomie* (1894-157) : Le matin du 20 décembre 1893, de nombreux habitants de la Virginie et des Carolines du Nord et du Sud ont vu dans le ciel un corps lumineux passer au-dessus de leurs têtes, d'ouest en est ; celui-ci a fini par s'immobiliser à environ quinze degrés au-dessus de l'horizon. Aux dires de certains, c'était gros comme une table. D'autres évoquaient l'idée d'une gigantesque roue. Il en émanait une brillante lumière blanche et le bruit de son passage confirma qu'il ne s'agissait pas d'une illusion d'optique. Après ce qui sembla être un vol stationnaire de quinze ou vingt minutes, la chose disparut, ou explosa, en silence cette fois.

Vastes constructions en forme de roue, précisément utiles pour se mouvoir dans des zones interplanétaires gélatineuses. Parfois, en raison d'une erreur de calcul ou à cause de perturbations ambiantes, elles pénètrent dans notre atmosphère. Risque d'explosion. Elles doivent plonger dans l'océan, y rester un moment, rouler jusqu'au retour à des conditions viables. Parfois, elles émergent non loin de vaisseaux. Des visions, les marins en ont relaté, mais leurs observations ont abouti à la morgue de la science. Je m'avancerais même à dire que ces roues fréquentent les eaux du golfe Persique.

La Société royale des météorologues de Londres a publié un résumé de l'intervention du capitaine Hoseason devant une assemblée : Le 4 avril 1901 vers 8 h 30, le vapeur Kilwa voguait dans le golfe Persique, dans des eaux non phosphorescentes, point sur lequel Hoseason avait fort insisté. « Il n'y avait aucune phosphorescence dans l'eau.» (*Quarterly Journal of the RMetS*, 28-29.)

De grandes lames lumineuses apparurent soudain (bien que le capitaine emploie plutôt le terme «ondulations»). Les lames se succédaient à la surface de l'eau, à une vitesse approximative de 100 kilomètres à l'heure, lumière faible qui dura une quinzaine de minutes avant de disparaître progressivement.

Qui subit l'influence de l'ancien ascendant pense «méduse phosphorescente». Il s'est d'ailleurs produit à cette réunion un exploit d'escamotage; compte rendu du capitaine, discussion, conclusion: il s'agissait sans doute d'oscillations de longs filaments appartenant à une méduse.

Le commandant du *Shahjehan*, un vapeur de la A.H.N. Company, a envoyé une lettre le 21 janvier 1880 au journal *Englishman* de Calcutta (*Nature*, 24-410):

Le 5 [janvier] 1880 vers 22 heures, au large de Malabar, la mer était calme sous un ciel dégagé. C'est alors que le commandant Harris avait assisté à un phénomène anormal à cause duquel il avait stoppé le navire. De vagues de lumière se propageaient distinctement, et sur l'eau flottait une substance indéfinissable. Le réflexe classique serait bien d'attribuer cette phosphorescence à la substance, ce que le capitaine fit d'abord. Il exprime cependant l'opinion que cette matière n'était pas lumineuse, mais qu'elle était plutôt éclairée, comme toute la zone, par de vastes lames lumineuses. S'agissait-il d'une émanation visqueuse d'un moteur de superconstruction engloutie? Je devrai me contenter de penser que la substance était un phénomène concomitant. «Ce spectacle de vagues qui se succédaient ainsi devant nous, c'était grandiose, brillant, presque solennel», conclut-il.

Dans une lettre écrite en 1906, Douglas Carnegie, de Blackheath en Angleterre, raconte : « Lors de notre dernier voyage, nous avons assisté à un phénomène électrique franchement étrange. » L'homme disait avoir vu, dans le golfe d'Oman, une espèce de banc lumineux et inerte. À vingt mètres de la source, « des lames de lumière brillante s'étaient mises à avancer vers la proue du navire, à une vitesse qui pouvait se situer entre 100 et 300 kilomètres à l'heure. Les stries lumineuses étaient espacées de six mètres environ, et se succédaient de manière très régulière. » La phosphorescence avait piqué sa curiosité. « J'ai recueilli un seau d'eau que j'ai examiné au microscope, sans pouvoir rien y déceler d'anormal. » Selon lui, les éclats provenaient d'un objet immergé. « Les traits lumineux ont frappé le navire par le travers, sans que cela ne les affecte ; ils ont poursuivi leur route de l'autre côté, comme s'ils avaient traversé la coque. » (*Quarterly Journal of the RMetS*, 32-280.)

Le golfe d'Oman communique avec le golfe Persique.

Un autre extrait de lettre, celle-là de S.C. Patterson, officier en second du *Delta*, un vapeur de la P&O. On a vu dans le détroit de Malacca, le 14 mars 1907 à 2 heures du matin, « des lames qui semblaient tourner autour d'un moyeu – comme les rayons d'une roue – d'une longueur estimée à près de 300 mètres. Le phénomène a duré une demi-heure environ, le temps pour le bateau de parcourir dix ou onze kilomètres, puis s'est arrêté net » (*Ibid.*, 33-294).

Un correspondant écrit qu'en octobre 1891, dans la mer de Chine, il a vu des traits de lumière qui lui rappelaient le faisceau circulaire d'un phare de recherche (*L'Astronomie*, 1891-312).

La revue *Nature* publie un extrait du rapport produit par l'hydrographe Evans de la marine britannique, pour son amirauté: Le 15 mai 1879, le commandant J.E. Pringle, sur le navire de Sa Majesté le *Vulture*, avait rapporté qu'à 26° 26' de latitude nord, et 53° 11' de longitude est, c'est-à-dire dans le golfe Persique, il avait remarqué des vagues sous l'eau (ou pulsations lumineuses) se déplaçant à grande vitesse. Cette fois, on nous dit clairement que le phénomène a lieu sous l'eau, les vagues de lumière passant sous le bâtiment. «En regardant vers l'est, la chose donnait l'impression d'une roue en mouvement autour d'un moyeu, ses rayons jetant de la lumière; si l'on regardait vers l'ouest, une roue semblable paraissait avancer en direction contraire.» À savoir si l'objet était immergé, il dit que «ces vagues de lumière rejoignaient la surface, mais depuis une bonne profondeur». De l'avis du commandant Pringle, il n'y avait qu'une roue de lumière, l'autre phénomène étant son reflet. Il évaluait la longueur des rayons à moins de 8 mètres, les intervalles à 30 mètres et la vitesse de rotation à 130 kilomètres à l'heure. La rencontre avait duré 35 minutes, soit jusqu'à 21 h 40. Avant et après l'observation, le navire avait traversé des nappes d'une substance visqueuse que Pringle a comparée à «du frai de poisson» (*Nature*, 20-291).

À la page 428 de ce numéro de *Nature*, E.L. Moss relate qu'en avril 1875, alors qu'il filait à quelques kilomètres au nord de Veracruz à bord du navire *Bulldog*, il avait vu des rais de lumière apparaître brusquement. Il avait alors puisé de l'eau, y avait trouvé une faune microscopique qui ne justifiait ni la géométrie ni la vélocité du phénomène.

Je ne connais que Veracruz au Mexique, et ce serait la seule donnée du genre hors d'Orient.

Nautical Meteorological Annual, revue du bureau météorologique du Danemark, a publié un article concernant « un phénomène insolite ». Le capitaine Gabe, du *Bintang*, un vapeur de la Danish East Asiatic Company, rend compte d'un événement dont il a été témoin : À 3 heures du matin le 10 juin 1909, pendant la traversée du détroit de Malacca, le commandant avait vu une immense roue lumineuse se mouvoir à la surface de l'eau. « Ses longs bras attachés à un noyau semblaient faire tourner la structure. » La chose était si gigantesque que l'œil n'en percevait que la moitié à la fois, constatation évidente lorsque le centre s'était rapproché de la ligne d'horizon. La manifestation avait duré une quinzaine de minutes (*Scientific American*, 106-51).

J'avais omis de faire ressortir un point important : que le mouvement des roues n'est pas synchronisé avec le déplacement des navires. Car il faut bien avouer qu'une personne critiqueuse établira une corrélation avec les lumières d'un navire. Gabe explique ici que la roue devançait le navire, que sa brillance et sa vitesse de rotation avaient diminué et que la chose s'était finalement engloutie lorsque son centre s'était retrouvé droit devant le bateau. J'en conclus que la source de lumière avait faibli à mesure que l'objet pénétrait dans un milieu offrant une plus grande résistance.

Le bureau météorologique du Danemark rapporte un autre cas. Lorsque le vapeur hollandais *Valentijn* naviguait en mer de Chine occidentale, le 12 août 1910, le capitaine Breyer vit à minuit des rais de lumière en rotation. « Cela ressemblait à une roue horizontale tournoyant rapidement. » Nous apprenons cette fois que l'objet était au-dessus de l'eau. « Le capitaine, son second, le deuxième lieutenant et le premier mécanicien avaient tous été témoins du phénomène, qui les avait d'ailleurs beaucoup troublés. »

Si mon interprétation ne fait pas l'unanimité, je

recommande aux interprètes autrement inspirés de considérer le caractère localisé du phénomène (à une exception près), c'est-à-dire sa concentration dans l'océan Indien et les eaux avoisinantes du golfe Persique et de la mer de Chine. Je reste un intermédiariste, mais j'avoue que cette manifestation d'ensemble m'interpelle. J'ai déjà dit que s'il y avait eu des roues enflammées dans le ciel, on aurait peut-être reconnu des roues enflammées, mais à défaut de telles observations, nous avons une collection de témoignages concernant de vastes roues lumineuses, non pas des illusions d'optique, mais d'énormes choses qui ont bousculé nos résistances matérialistes et qui ont été vues en train de s'engloutir dans l'océan.

On peut lire ceci dans *Athenaeum* (1848-833) : À une assemblée de l'Association britannique pour l'avancement des sciences en 1848, Sir W.S. Harris a consigné un compte rendu reçu de l'équipage d'un navire ayant observé « deux roues flamboyantes, décrites comme deux meules en feu qui tournoyaient ». Lorsqu'elles s'étaient trouvées très proches, un grand fracas était survenu : les mats de hune avaient été secoués jusqu'à tomber en pièces. On précise qu'une forte odeur de soufre avait ensuite plané dans les airs.

Chapitre 22

Un objet étrange entre tous.

Un extrait du journal de bord du capitaine du *Lady of the Lake*, F.W. Banner, est publié dans le périodique de la Société royale des météorologues de Londres (*Quarterly Journal of the RMetS*, 1-157):

Le 22 mars 1870, à 5° 47' de latitude nord et 27° 52' de longitude ouest, les marins du navire avaient vu un objet remarquable, une espèce de «formation nuageuse» dans le ciel. Ils avaient prévenu le capitaine.

Aux dires de Banner, il s'agissait d'un nuage circulaire contenant un demi-cercle divisé en quatre parties. Une sorte de hampe partait du centre et se prolongeait loin vers l'extérieur pour finir incurvée comme un crochet.

Géométrie, complexité de la forme, stabilité... et l'impossible probabilité qu'une masse vaporeuse conserve longtemps ce genre de caractéristique. Sans parler de la similitude avec une forme organisée.

La chose, positionnée à [25] degrés au-dessus de l'horizon, était montée jusqu'à 80 degrés. D'abord apparue au sud-sud-est, elle s'était immobilisée au nord-est. Elle arborait une couleur grise, gris nuage.

«Elle se tenait à bien plus basse altitude que les nuages environnants.»

Cette autre donnée est particulièrement frappante: quel que fût l'objet, il voyageait contre le vent. «La chose était apparue de manière oblique face au vent, et s'était immobilisée dans le lit du vent.»

L'observation avait duré une demi-heure. La créature

s'était finalement évanouie, non pas en s'effilochant comme une masse gazeuse, mais en se perdant plutôt dans l'obscurité de la nuit.

Le capitaine Banner a dessiné un diagramme semblable à celui-ci :

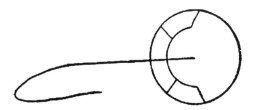

Chapitre 23

Des problèmes de densité et d'adaptation.

Selon les archives, les fragments de météorite de Dhurmsalla ont été recueillis «rapidement» après leur chute, c'est-à-dire «en l'espace d'une demi-heure». L'esprit classique argumentera qu'un corps solide, même chauffé à blanc par la friction du mouvement, a pu refroidir durant ce délai, la température intersidérale interne gagnant vite les couches fondues.

Le sous-commissaire de Dhurmsalla a précisé que des paysans avaient ramassé les cailloux «aussitôt tombés». Ces morceaux étaient apparemment si froids qu'ils glaçaient les doigts même s'ils étaient tombés dans un trait fulgurant. Certains ont dit que «la flamme faisait plus d'un demi-mètre de diamètre par presque trois mètres de longueur». On pourrait penser qu'il ne s'agissait pas de la lumière d'une matière en fusion.

Ce chapitre me permet de nager dans l'intermédiarité et la confusion. L'intermédiariste sait qu'il existe plusieurs réponses à une question. C'est comme ci et comme ça. Autrement dit, la solution intermédiaire à un problème est oui et non. Une apparence peut se révéler être son contraire.

Le tenant du positivisme tente de mettre les choses en formule. L'intermédiariste aussi, mais de manière moins rigoriste; il admet tout en contestant. Il peut considérer un aspect, en refuser un autre, et comme il n'existe pas de frontière nette entre deux aspects d'une chose, il oscille. L'intermédiariste admet ce qui semble correspondre à l'ascendant auquel il adhère. Le positiviste établit des corrélations avec des croyances.

Le cas des météorites de Dhurmsalla alimente mon hypothèse à l'effet que les objets qui pénètrent dans notre atmosphère brillent parfois d'un éclat étranger à l'incandescence. J'émets donc une opinion relativement aux pierres de foudre, ou pierres travaillées, qui sont tombées sur Terre dans un trait de lumière, un trait interprété comme une décharge de foudre. J'admets que des objets ont pénétré dans l'atmosphère terrestre en se consumant ou en fondant; mais j'admets aussi que des objets sont parvenus du Dehors sans combustion, un peu comme les poissons des grands fonds sont ramenés à la surface. Quelle que soit ma conclusion, je crois qu'il y a indication d'un milieu plus dense que l'atmosphère terrestre, situé quelque part au-dessus de nos têtes. Je me dresse forcément contre les croyances populaires... Fortification d'une nouvelle idée.

Ou la notion de rythme des phénomènes; densité de l'air au niveau de la mer, qui diminue en ascension, qui augmente de nouveau en élévation. Bien des questions embêtantes pourraient surgir.

Je reviens aux faits. Parfois, il tombe des pluies lumineuses (*Nature,* 9 mars 1882 et 25-347). Il ne s'agit pas ici d'incandescence, et personne ne peut affirmer que ce phénomène rare prenne origine en dehors de la Terre. Je ne fais que noter la lumière froide d'une substance qui tombe. Pour plus de détails sur les précipitations lumineuses sous forme de pluie, de neige et de particules, consultez *Aerial World,* de George Hartwig. Quant aux nuages lumineux, des observations ont donné lieu à des opinions plus assises; elles signent d'ailleurs le passage de l'ascendant ancien au nouveau. Vous vous souviendrez aussi de cette percée que fut l'hypothèse du Pr Schwedoff à l'effet que certains grêlons se formeraient dans un milieu extraterrestre. Imaginez le sarcasme de la vieille garde devant l'absurdité qu'il existe des régions contenant de l'eau au-delà de l'exosphère... Et des poissons et des grenouilles, tant qu'à y être! Ce que je crois, c'est que des nuages se forment au Dehors, nés de la condensation de lacs et d'océans d'un supermonde, que je ne tenterai pas de cartographier ici. C'est sur les épaules des aviateurs aventureux que le reste repose, car je n'ai pas l'âme d'un Christophe Colomb. Et je leur conseille de prendre un maillot, ou mieux une combinaison de plongée.

Je disais donc que des nuages se forment à cause d'océans interplanétaires – ma fameuse supermer des Sargasses, qui sait? – et produisent une luminescence en entrant dans notre atmosphère. Une autre tentative de transition avant le 20ᵉ siècle vient de l'auteur O. Jesse (*Himmel und Erde*); il rapporte ses observations de nuages nocturnes brillants et note que certaines formations flottent à très haute altitude. Il suggère, avec une frivolité sensée, qu'elles pourraient prendre origine en dehors de la Terre. J'imagine qu'en disant cela, il pense aux planètes sœurs. Oui, l'idée me semble frivole et sensée, quoi qu'il veuille dire.

J'ai conscience de l'isolement relatif de la Terre et cette solitude se compare, selon moi, à celle des fonds océaniques. Mais l'analogie est peut-être boiteuse, car bien que j'aie trouvé commode de nous comparer à des poissons de grands fonds, la commodité devient parfois difficulté. S'il existe des régions plus denses au-dessus de nos têtes, pour lesquelles on peut faire un parallèle avec nos régions abyssales, les objets célestes qui pénètrent dans un milieu terrestre moins dense explosent peut-être, parfois chauffés à blanc mais pas toujours, un peu comme nos créatures des profondeurs soudain exposées à l'air et à une pression plus faible. Bref, c'est l'idée de conditions inhospitalières. Je me demande aussi pourquoi les poissons des grands fonds seraient lumineux dans leur abîme. Sans doute que certains le sont, mais le darwinisme a ramé pour établir des corrélations entre adaptation et milieu. Une enseigne lumineuse sur un animal me semble pourtant assez risquée. Je crois plutôt que le darwinisme participe à la grande conspiration des théories à tout prix. Voici une affirmation à faire réfléchir : les poissons du parc national de Mammoth Cave, au Kentucky, s'orientent dans la noirceur sans l'aide d'organes oculaires.

Peut-être alors que les créatures des grands fonds s'illuminent seulement au passage d'un milieu moins dense. Et tous ces spécimens des abysses présentés au Musée américain d'histoire naturelle, dotés d'organes phosphorescents ! Souvenez-vous de l'hallucinante reconstitution du dodo, qui met surtout en lumière quelques traits de l'évolution humaine. Les ruptures flamboyantes s'expliquent peut-être par le passage d'un milieu dense à un milieu moins dense.

Je résume une intervention d'un dénommé Acharius, parue dans un compte rendu de l'Académie des sciences de Suède (*Handlingar Svenska Venetskap Akademein*, 1808-215), et traduite pour le compte de *North American Review* (3-319) :

Acharius avait entendu parler d'un « phénomène extraordinaire, probablement sans précédent ». Il avait mené sa petite enquête auprès d'habitants des parages de Skeninge, en Suède. Le 16 mai 1808 vers 16 heures, le Soleil avait brusquement viré au rouge brique. Étaient surgis au même moment, à l'occident, un grand nombre de corps circulaires de couleur brun sombre, de la grosseur apparente d'un rond de chapeau. Les corps avaient survolé les observateurs et avaient disparu à l'est, procession fabuleuse qui dura deux heures. À l'occasion, un corps tombait et quand on pouvait localiser le point de chute, on y découvrait une espèce de pellicule qui séchait et se désagrégeait rapidement. Souvent, des corps donnaient l'impression de s'agglutiner au voisinage du Soleil, mais jamais plus de huit à la fois. Et quand ils flottaient sous l'éclairage de l'astre, on pouvait distinguer leur queue, autrement invisible, qui devait bien faire entre cinq et six mètres de long. Quelle que fût la matière qui composait ces objets, elle semblait «gélatineuse et onctueuse comme du savon».

J'amène cette donnée maintenant pour plusieurs raisons. Oui, elle aurait pu couronner mon chapitre sur les anges, ces hordes de petits corps qui ne sont ni semences, ni oiseaux, ni cristaux de glace. Mais je craignais de produire une illusion d'homogénéité; car les données cousines ne concourent pas toutes à la même chose. Je préfère croire en une vaste hétérogénéité en dehors de la Terre: croisés, manants, émigrants, touristes, dragons et autres créatures tels des couvre-chef de gélatine. Autrement dit, les créatures terriennes qui s'assemblent ne sont pas toutes des moutons, des chrétiens, des bandits ou des marsouins. Cette donnée m'est utile ici pour démontrer plutôt la rupture que peut causer notre atmosphère et les dangers d'y pénétrer.

Pour ma part, je pense que des milliers d'objets sont tombés du Dehors, ont explosé dans un grand éclat, et ont été attribués à des éclairs en boule.

«Sur la question du phénomène de l'éclair en boule, nous sommes toujours à nous livrer à de vaillantes spéculations.» (*Monthly Weather Review*, 34-17.)

Dans l'ensemble, je crois inutile de relever l'argument encore tenace de l'éclair en boule; par contre, il me faut formuler des hypothèses intelligentes et constructives. J'ouvre ici une brève parenthèse sur l'intelligence : intellect diffère d'instinct.

Un éclair en boule a frappé un arbre, le fait a été rapporté. L'entaille produite avait l'aspect de celle que fait un objet qui s'abat du haut des airs (*Monthly Weather Review*, 33-409). Un de ces jours, je rassemblerai des données sur l'éclair en boule pour démontrer qu'il coïncide avec la chute d'objets enflammés ou en explosion. Le système orthodoxe est si dérouté par le phénomène de l'éclair en boule qu'il le réfute ou le met en doute. En disant cela, je pense à la liste des 150 cas répertoriés par Sestier considérés par lui comme authentiques.

Mû par ma propre opposition à l'explication classique de l'éclair en boule, je note un autre cas d'objet lumineux tombé du ciel en même temps qu'un compagnon moins agité, de couleur sombre (*Ibid.,* mars 1887) :

Le capitaine C.D. Sweet tenait les commandes du navire hollandais *J.P.A.* le 19 mars 1887, et naviguait à 37° 39' de latitude nord et 57° 00' de longitude ouest, quand une tempête avait frappé. L'homme avait vu deux objets s'abattre, l'un lumineux, l'autre sombre. Tout portait à croire qu'ils avaient plongé ensemble dans les flots, dans un rugissement et un déferlement de vagues. Personnellement, je pense que ces choses avaient pénétré dans l'atmosphère terrestre et avaient d'abord brisé un champ de glace aérien car « des morceaux de glace étaient tombés immédiatement après ».

L'un des effets les plus spectaculaires de l'éclair en boule est également caractéristique des météorites : violente explosion disproportionnée avec la grosseur et la vélocité de l'objet. Je crois que les météorites glacés de Dhurmsalla sont tombés avec une lenteur inusitée, malgré un vacarme infernal. Quant à la matière molle tombée au cap de Bonne Espérance, elle contenait du charbon, mais n'avait pas brûlé, sans doute trop peu rapide pour s'enflammer. La détonation fut pourtant entendue dans un rayon de plus de 50 kilomètres.

À mon avis, certains grêlons se forment dans un milieu dense et se désintègrent avec force dans l'atmosphère légère de notre planète.

Fait rapporté par *Nature* (88-350): De gros grêlons sont tombés à l'université du Missouri, le 11 novembre 1911; le bruit de leur explosion ressemblait à des coups de pistolet. L'auteur écrit qu'il avait assisté à un phénomène analogue dix-huit ans auparavant, à Lexington au Kentucky. C'était des grêlons que l'on soupçonnait de s'être formés dans un milieu singulièrement dense. Lorsqu'on les laissait fondre dans l'eau, ils produisaient des bulles plus grosses que la poche d'air de leur noyau (*Monthly Weather Review*, 33-445).

Je pense que dans la multitude d'objets tombés du ciel, bon nombre se sont brusquement désintégrés. Les données qui suivent collent à l'idée que je me fais de chantiers du ciel, et me permettent de répondre plus aisément à cette question éventuelle: si des épaves spatiales existent, pourquoi leurs poutres, leurs pièces et leurs panneaux métalliques ne se sont-ils pas aussi écrasés? Bien que je ne puisse me prononcer sur leur composition, il y a eu des données à l'effet que du métal ouvré est bien tombé sur nous.

Le météorite de Rutherford, en Caroline du Nord, est aussi de nature artificielle: fonte brute. On a parlé de supercherie (*American Journal of Science*, 2-34-298).

Un objet supposément tombé en 1858, à Marblehead au Massachusetts, est décrit comme «un résidu de fourneau, résultant de la fusion d'un minerai de cuivre ou d'un minerai de fer renfermant du cuivre» *(Ibid.,* 2-34-135). Ici aussi, des doutes.

Selon Ehrenberg, la substance tombée sur le navire du capitaine Callam, près de Java, «ressemblait à s'y méprendre au résidu de combustion d'un fil d'acier dans un flacon d'oxygène» (Zürcher et Margollé, *Meteors, Aerolites, Storms, and Atmospheric Phenomena,* p. 239). *Nature* publie le 21 novembre 1878 une note à l'effet que le *Yuma Sentinel* rapporte la chute d'un météorite «semblable à de l'acier» dans le désert de Mohave. Le 15 février 1894, on apprend également par *Nature* que Peary a rapporté aux États-Unis un météorite trouvé au Groënland et qu'il s'agit d'acier trempé. On a offert l'explication que ce météorite de fer aurait rapidement durci au contact de la neige ou de l'eau, subterfuge pour éviter la question de sa composition. Le 5 novembre 1989, *Nature* publie un article du Pr Berwerth, de Vienne, sur «les similitudes entre le fer météorique et l'acier industriel».

À l'assemblée du 24 novembre 1906 du Essex Field Club, un fragment de métal tombé du ciel le 9 octobre précédent, à Braintree, est exhibé. Selon la revue *Essex Naturalist,* le Dr Fletcher, affilié au British Museum, déclare qu'il s'agit de fer de haut fourneau.

«Autrement dit, le mystère de sa supposée 'chute' reste entier.»

Chapitre 24

Visions de corps lumineux insolites.

Je ferai crier les silences. Quand un système musèle ne serait-ce qu'une seule de ses créatures, il l'isole et la dépossède. J'ai conscience que ma démarche holistique n'est pas distincte en soi, car en vertu de la contiguïté, chaque méthode est attenante à l'autre. Un objet possède les attributs que vous lui prêtez. Du temps de la conscription, l'enrôlement avait une saveur aussi dictatoriale que démocratique. Remarquez ici le besoin de se ranger dans le camp d'un ascendant. Peu de gens ont dit que la conscription était nécessaire; mais en temps de nécessité, la conscription menée selon les principes de la démocratie prenait une assise convenable. Disons alors qu'il n'y a pas de frontière franche entre dictature et démocratie.

Autrement dit, la description d'un phénomène doit reposer sur plus d'un cas... et on peut grossir les rangs avec ce que bon nous semble. Toujours est-il que je tâcherai d'approcher de la vérité davantage que ce darwinisme qui prête aux couleurs un dessein de camouflage, et qui range la phosphorescence dans les mécanismes d'adaptation. Mais j'imagine aussi que la théorie darwinienne a fait ce qu'il fallait pour éclairer les poissons des grands fonds que nous sommes, quitte à reculer ensuite. Un jour, ce sera fantastique, ou anodin, de lire dans le journal toutes ces observations d'objets dans le ciel et de se rappeler que jadis ils furent discrédités. Pour ma part, je pense qu'il est impossible de les ignorer maintenant qu'ils sont réunis. Néanmoins, si j'avais tenté pareille grand-messe auparavant, l'ancien esprit aurait garrotté ma machine à écrire. D'ailleurs, le «e» de mon clavier s'évanouit et le «s» tressaille.

Je continue.

«Phénomène vraiment extraordinaire et singulier» rapporté dans le nord du pays de Galles par l'amiral Ommanney, le 26 août 1894: dans le ciel, un disque duquel s'avançait un corps orangé évoquant «un poisson plat allongé» (*Nature*, 50-524). Disque donnant l'impression de lancer une forme crochue, vu en Inde aux alentours de 1838; c'était à peu près gros comme la Lune, mais plus brillant, visible durant une vingtaine de minutes – G. [Pettitt] en a d'ailleurs fait un dessin dans le catalogue de Baden-Powell (*Comptes rendus de la BAAS*, 1849). Autre forme crochue et très brillante vue en 1833 dans le ciel de Poland en Ohio, durant une pluie de météores; visible plus d'une heure. Aussi visible plus d'une heure, vaste corps lumineux stationnaire par moments et en forme de table carrée, à Niagara Falls, le 13 novembre 1833 (*American Journal of Science*, 1-25-391). Objet décrit comme un nuage blanc et brillant durant la nuit du 3 novembre 1886, à Hamar en Norvège; cette espèce de masse a «conservé sa forme initiale» pendant son trajet dans le ciel; il en émanait des rais de lumière vive (*Nature*, 16 décembre 1886-158). Objet ou structure munie d'un noyau ovale et de banderoles rayées, vue en Nouvelle-Zélande le 4 mai 1888 (*Nature*, 42-402). Objet lumineux de la grosseur d'une pleine lune, visible pendant une heure et demie dans le ciel du Chili, le 5 novembre 1883 (*Comptes rendus*, 103-682). Corps brillant observé aux abords du Soleil, le 21 décembre 1882 (*Knowledge*, 3-13). Lumière semblable à une énorme flamme loin au large de Ryook Phyoo, le 2 décembre 1845 (*Comptes rendus de la Société royale*, 5-627). Objet ressemblant à une gigantesque trompette oscillant à la verticale dans le ciel pendant cinq ou six minutes, d'une hauteur estimée de 125 mètres; vu à Oaxaca au Mexique, le 6 juillet 1874 (*Scientific American,* suppl. 6-2365). Deux objets lumineux en apparence joints et visibles cinq ou six minutes, le 3 juin 1898 (*La Nature,* 1898-1-127). Objet muni d'une queue, vu en train de traverser le disque lunaire pendant une demi-minute, le 26 septembre 1870 (*Times* de Londres, 30 septembre 1870). Objet quatre ou cinq fois gros comme la Lune, se déplaçant lentement dans le ciel le 1er novembre 1885, près [d'Edirne] (*L'Astronomie,* 1886-309). Vaste corps rougeâtre se déplaçant lentement, visible une quinzaine de minutes dans le ciel de Marseilles selon l'astronome Coggia, le 1er août 1871 (*Chemical News,* 24-193); les détails de son observation et de rapports similaires par Guillemin et de Fonville figurent dans *Comptes rendus* (73-297/755). Gros objet stationnaire vu à deux reprises en sept minutes dans le ciel d'Oxford, le 19 novembre 1847, consigné par Lowe dans *Recreative Science* (1-136). Objet grisâtre d'une grandeur optique de plus ou moins un mètre et s'approchant rapidement de l'horizon à Saarbruck, le 1er avril 1826; l'objet s'était déployé comme une feuille après un bruit d'orage (*American Journal of Science,* 1-26-133; et *Quarterly Journal of the Royal Institute,* 24-488). Observation de l'astronome N.S. Drayton concernant un objet visible pendant une durée surprenante selon lui de 45 secondes, à Jersey, le 6 juillet 1882 (*Scientific American,* 47-53). Objet analogue à une comète, se déplaçant de dix degrés en une heure; observé par [Perrine] et Glancy à l'Observatoire de Cordoba en Argentine, le [4] mars 1916 (*Ibid.,* 115-493). Espèce de signal lumineux observé par Glaisher, le 4 octobre 1844; aussi brillant que Jupiter et «produisant des ondes clignotantes» (*Year-Book of Facts*, 1845-278).

Avec le passage de l'objet cométaire dénommé Eddie, mes frustrations devant l'enflure humaine s'évanouissent. Car l'une des illusions les plus coriaces des positivistes, c'est de croire que les humains sont des entités, des incarnations. Je me suis souvent rendu coupable d'amertume et de moquerie vis-à-vis des astronomes, comme s'ils étaient des individus en soi, alors qu'ils ne sont que les fragments d'un tout. Étant moi-même soumis aux conditions de la quasi-existence, je ne peux dissiper une illusion que par une autre, avec l'espoir, peut-être, d'approcher davantage de la réalité. Finie donc la personnification des individus, il est temps de parler d'incarnation des divinités, en posant le postulat que l'évolution résulte de la dictature des ascendants successifs, mais non définitifs, qui tendent chacun vers une individualité plus pénétrante que le conditionnement des humains sous leur emprise.

Depuis son observatoire de Grahamstown, en Afrique du Sud, l'astronome Eddie avait rapporté une comète. On était en 1890 et le nouvel ascendant, juste héritier, surveillait en coulisses. Un gardien de nuit aurait bien pu faire cette observation dans un tuyau de poêle, l'effet aurait été le même.

La donnée détonnait. Elle fut ignorée de la Royal Astronomical Society. Imaginez si le rédacteur en chef de *Monthly Notices* lui avait ouvert la porte... Au moins un feu ou une secousse inexpliquée dans la bâtisse! Un ascendant est un dieu jaloux et vengeur.

Sous la plume du vassal d'un nouveau seigneur rendant hommage à l'ancien, *Nature* notait l'observation d'un corps d'apparence cométaire le 27 octobre

1890 par L.A. Eddie, à Grahamstown. Malgré son allure de comète, l'objet s'était étrangement déplacé de 100 degrés en trois quarts d'heure (*Nature,* 43-89, 90).

Le Pr Copeland décrit une observation similaire survenue le 10 septembre 1891 (*Ibid.,* 44-519). Un dénommé Dreyer s'est alors manifesté; il a vu l'objet depuis l'observatoire Armagh et propose une corrélation avec l'objet consigné par Eddie. Même le Dr Alexander Graham Bell l'a observé en Nouvelle-Écosse, le 11 septembre 1891 (*Ibid.,* 44-541).

Tout de même, comment échapper à la jalousie de l'ancien maître?

Bref, il y a eu différents comptes rendus d'un objet d'abord observé en novembre 1883, malotrus à cette époque. Un autre correspondant a rapporté avoir vu le 10 ou le 12 novembre 1883 un objet semblable à une comète, mais doté d'une double queue, une ascendante et une descendante (*American Meteorological Journal,* 1-110). Sans doute conviendrait-il que je range ce fait parmi les observations d'objets en forme de torpille vus dans le ciel – mes données sur les aérostats ou les super-zeppelins – mais je n'ai pas cherché la rigueur à tout prix et j'avance toujours à tâtons. Et encore un observateur qui a admiré, en compagnie de résidents d'[Humacas] à Porto Rico, un phénomène sublime, analogue à une comète. C'était le 21 novembre 1883, et l'objet était resté visible trois soirs d'affilée avant de disparaître du ciel (*Scientific American,* 50-40). Le rédacteur en chef ne sait que répondre. L'admission du fait aurait été une acceptation de la proximité de l'objet. Une comète, par ailleurs, aurait été observée dans une très vaste région du globe, sa venue faisant toutes les manchettes, de dire le rédacteur. À la page 97 de la publication, un autre auteur dit avoir observé dans le ciel de Sulphur Springs en Ohio «une pure merveille», aux environs de cette date. La chose avait la forme d'une torpille, ou pouvait se comparer à un noyau muni de deux queues opposées. Là encore, le rédacteur s'avoue vaincu. Il tente de faire un lien avec les phénomènes atmosphériques plutôt nombreux en 1883. Personnellement, je pense que l'Angleterre et la Hollande ont été survolées par un objet du genre en novembre 1882.

Henry Harrison, de Jersey City, a publié une lettre dans le *New York Tribune,* qui a été reprise par *Scientific American* (40-294):

Le soir du 13 avril 1879, Harrison tente de repérer la comète Brorsen lorsqu'il aperçoit un objet trop rapide pour être la créature qui l'intéresse. Il appelle un ami à titre de témoin oculaire.

À 2 heures du matin, l'objet est toujours visible. Harrison se défend bien de tomber dans le sensationnel, comme si cela pouvait être condamnable, et donne quelques détails techniques (*Ibid.,* suppl. 7-2885). Il précise que l'objet a aussi été vu par son ami J. Spencer Devoe, de Manhattanville.

Chapitre 25

Des torpilles et
des mondes dirigeables?

« Un corps de la forme d'un ballon dirigeable. » C'est ce qu'avaient rapporté des résidents de Huntington, en Virginie-Occidentale, à la vue d'un objet lumineux le 19 juillet 1916, vers 23 heures, observé à l'aide de jumelles « très puissantes » (*Scientific American*, 115-241).

Sa longueur était évaluée à deux degrés et sa largeur à un demi-degré. Il avait perdu de sa luminosité, avait disparu puis réapparu avant de totalement s'effacer. L'une des personnes (le mot « personne » est encore commode même pour un intermédiariste) à témoigner du phénomène avait évoqué l'idée d'un dirigeable, mais l'auteur précise que les étoiles transparaissaient derrière la tache lumineuse. Cela pourrait sembler contredire mon hypothèse d'un aéronef visiteur, mais notre perception des choses n'est ni concluante ni définitive, de sorte que je retiendrai qu'il était possible de percevoir des étoiles derrière au moins une partie de la créature ou de la construction. Le sujet soulève un débat; le Pr H.N. Russell pense que le phénomène était en fait un ruban détaché de la couronne d'une aurore polaire. Plus loin dans la revue, un autre expert se prononce en suggérant qu'il s'agissait des gaz de combustion d'un haut fourneau... Comme s'il était possible que les voisins d'un haut fourneau – à supposer qu'il y en avait un à Huntington – ignorent tout des activités d'un haut fourneau.

Je dispose de plusieurs données concernant des

objets cylindriques qui auraient pénétré dans notre atmosphère, des cylindres effilés comme des torpilles. Malgré le flou de certains comptes rendus, les bribes d'information me permettent de concevoir l'existence de vaisseaux de l'espace, sillonnant des routes du ciel à l'occasion, pénétrant parfois dans notre troposphère. En approchant de la Terre, ces vaisseaux ont dû subir de telles secousses qu'ils auraient explosé s'ils n'avaient pas rebroussé chemin. Je crois aussi qu'avant de nous quitter, avec l'objectif ou non de communiquer, avec malveillance ou pas, ils ont laissé tomber des objets qui se sont désintégrés ou ont éclaté. Je ne crois pas que ces explosions étaient prévues; des pièces se sont plutôt détachées et ont flambé comme l'éclair en boule. S'agissait-il d'objets gravés en pierre ou en métal, qui sait? Je souligne que l'évaluation des dimensions est vaine. En revanche, l'idée des proportions est plus éloquente. À distance, un objet de 200 mètres peut paraître n'en mesurer que 2, mais la forme est moins sujette à l'illusion d'optique.

Le 5 août 1889, lors d'une violente tempête à East Twickenham en Angleterre, un objet qui semblait faire moins d'un demi-mètre de long par dix ou quinze centimètres de large était tombé avec une lenteur notable. Il avait ensuite explosé sans laisser de trace (*Nature*, 40-415).

Le 10 octobre 1864, Le Verrier avait envoyé à l'Académie des sciences trois lettres de témoins ayant observé dans le ciel un corps lumineux, long et effilé (*L'Année scientifique et industrielle*, 1864-54).

Le [25] août 1880, au cœur d'un orage, M. A. Trécul, membre de l'Académie des sciences, avait vu un corps très brillant d'un blanc jaunâtre, d'une grandeur optique de 35 à 40 centimètres de long par 25 de large;

forme de torpille ou de cylindre «aux extrémités légèrement coniques» (Flammarion, *Les caprices de la foudre,* p. 87). Avant de se perdre dans les nuages, la créature avait échappé un objet, assez pesant à en juger par la verticalité de la chute incandescente. La scène avait dû avoir lieu à bonne distance de l'observateur, car Trécul n'avait rien entendu. Son récit figure dans *Comptes rendus* (103-849).

Le 2 juillet 1907, dans la ville de Burlington au Vermont, une fantastique explosion avait résonné dans toute la ville. Des témoins avaient vu un globe lumineux tomber du ciel. À moins que ce ne fût d'un engin? (*Monthly Weather Review*, 1907-310.)

D'accord, personne n'a vu de torpille ni d'engin, mais jouons le jeu un instant. Je pense qu'il y avait un aérostat dans le ciel, ou une espèce de vaisseau en détresse, qui a tout juste eu le temps de jeter du lest avant de fuir.

Le prochain récit, extraordinaire, est celui de l'évêque John S. Michaud, paru dans *Monthly Weather Review*: «J'étais posté à l'angle des rues Church et College, juste devant la Howard Bank, et j'étais tourné vers l'est pendant que je parlais avec l'ex-gouverneur Woodbury et une connaissance du nom de Buell. Tout à coup, une formidable explosion a retenti. J'ai levé les yeux et j'ai contemplé la rue College, toujours en regardant vers l'est; j'ai vu une forme de torpille, à cent mètres de moi, flottant de manière presque stationnaire à une quinzaine de mètres au-dessus des immeubles. Je dirais que l'objet faisait près de deux mètres de long par vingt centimètres de diamètre; sa coque était sombre et des flammes jaillissaient de partout. La surface ressemblait à du cuivre brut chauffé au rouge. Puis l'objet a commencé à se déplacer lentement et s'est dirigé vers le sud une fois au-dessus du magasin Dolan Brothers. Et tandis qu'il bougeait, la coque menaçait de rompre ici et là, des langues de feu s'en échappant.» L'évêque Michaud a bien tenté un rapprochement avec un phénomène météorologique.

À cause de la proximité de cette rencontre, c'est là une donnée parmi les plus incroyables de l'époque.

La donnée suivante a ceci de fantastique que les témoins sont légions. Personnellement, je crois que le 17 novembre 1882, un immense aéronef a traversé le ciel anglais. Mais dans la lecture du flou des quasi-choses, on y voit ce que l'on veut.

À la demande des rédacteurs de la revue *Observatory*, E.W. Maunder a eu pour tâche de rassembler des faits intéressants et de commémorer la parution du 500ᵉ numéro. Il nous en présente un qui sort du lot, dit-il, et qu'il intitule «Étrange visiteur céleste» (*Ibid.*, 39-214).

Maunder assurait le quart de nuit au Royal Observatory de Greenwich, le 17 novembre 1882. Ce soir-là, il y avait une aurore boréale semblable à tant d'autres. Au centre de l'aurore, cependant, un grand disque de lumière verdâtre était apparu et s'était mis à balayer doucement le ciel. L'astronome s'était rendu compte que l'illusion de rondeur tenait à l'écrasement des perspectives, car l'objet était finalement passé au-dessus de la Lune et les témoins avaient parlé de «cigare», de «torpille», de «fuseau» et de «navette». Les mots «effet d'écrasement des perspectives» viennent de Maunder. Il déclare que «si l'incident était survenu une trentaine d'années plus tard, les témoins auraient pu employer un objet de comparaison commun, le zeppelin». L'observation dura environ deux minutes. La couleur évoquait celle des aurores boréales, mais Maunder précise que l'objet n'avait rien à voir avec ce phénomène. «Il s'agissait clairement d'un corps distinct.» Son déplacement était beaucoup plus rapide que celui d'un nuage, et en même temps «il ne présentait aucune ressemblance avec un météore». J. Rand Capron y est allé d'un long article sur ce qu'il a associé à une «bande d'aurore», en amenant toutefois de nombreux témoignages faisant allusion à la forme d'une torpille. Un autre observateur parle du «noyau sombre» pour le moins troublant de la créature. Les témoins, en Hollande et en Belgique, ont évalué l'altitude de l'objet entre 60 et 300 kilomètres. Capron a précisé que selon ses analyses spectroscopiques, le phénomène n'était qu'une bande d'aurore (*Philosophical Magazine*, 5-15-318). Ailleurs, il précise toutefois qu'en raison du clair de lune, son spectroscope ne lui a pas été très utile (sic!) (*Nature*, 27-84).

De son côté, Maunder spécifie une longueur et une largeur de 27 degrés et de 3,5 degrés respectivement. Également une mention de structure: «Un centre remarquablement foncé.» (*Observatory*, 6-192.) Les commentaires ont été nombreux:

Couleur blanche et aurore rose (*Nature*, 27-87). Les étoiles les plus brillantes paraissaient dans la transparence, sauf au zénith, là où se trouvait la zone sombre – seule note concernant une transparence. Beaucoup plus lent qu'un météore, mais bien plus rapide qu'un nuage (*Ibid.*, 27-86). «Surface d'apparence tachetée.» (*Ibid.*, 27-87.) «Forme de torpille bien définie.» (*Ibid.*, 27-100.) «Probablement un objet météorique», selon le Dr Groneman (*Ibid.*, 27-296.) L'homme fait même une démonstration technique qu'il s'agissait d'un nuage de matière météorique (*Ibid.*, 28-105; voir aussi les numéros de *Nature* 27-315, 338, 365,

388, 412 et 434). «À n'en presque pas douter, il s'agissait d'un phénomène électrique», insiste Proctor de son côté (*Knowledge*, 2-419).

Dans le *Times* de Londres du 20 novembre 1882, le rédacteur en chef explique avoir reçu quantité de lettres en rapport avec le phénomène. Il en publie deux; l'une décrit «un objet très défini et en forme de poisson... tout à la fois extraordinaire et inquiétant». L'autre parle d'une «fabuleuse masse lumineuse, dont la forme rappelle une torpille».

Chapitre 26

Encore des lumières pour
épaissir le mystère...

Lu dans *Notes and Queries* (5-3-306):
Des gens du pays de Galles ont vu huit objets lumineux disposés sur une distance de treize kilomètres environ, chacun semblant éclairer une zone. Le déplacement de l'ensemble – perpendiculairement au sol, à l'horizontale ou en zigzag – était coordonné. On aurait dit des lampes électriques s'éteignant et se rallumant progressivement jusqu'à briller avec éclat. «Après cette première apparition, nous en avons vu d'autres, en trio ou en quatuor, à quatre ou cinq reprises.»

«À l'occasion, le littoral de Galles semble accueillir de mystérieuses lumières...» Un dénommé Towyn a déclaré que dans les dernières semaines, des lumières de couleurs diverses ont survolé l'embouchure de la rivière Dysynni en direction de la mer. Elles voyagent généralement vers le nord, mais s'attardent parfois au-dessus du rivage avant de filer à vive allure vers Aberdovey, à quelques kilomètres plus loin. Elles disparaissent alors (*Times* de Londres, 5 octobre 1877).

Des lumières sont apparues dans le ciel de Vence en France, le 23 mars 1877. C'était de flamboyantes boules de feu qui ont émergé d'un nuage d'un diamètre de un degré environ, et qui se déplaçaient plutôt lentement. Elles sont restées visibles pendant une heure durant leur trajet vers le nord. Il est aussi écrit que dix ans auparavant, Vence a connu semblable manifestation (*L'Année scientifique et industrielle*, 1877-45).

À Inverness en Écosse, en 1848, deux points lumineux très brillants sont apparus dans le ciel parmi les étoiles. Parfois stationnaires, ils se déplaçaient aussi à grande vitesse (*Times* de Londres, 19 septembre 1848).

Vu près de Saint-Pétersbourg, le 30 juillet 1880 au soir : un imposant globe lumineux assorti de deux luminosités plus petites, en train de longer un ravin. Les objets ont disparu silencieusement au bout de trois minutes (*L'Année scientifique et industrielle*, 1888-66).

Le 30 septembre 1886, à Yloilo, on a vu un objet lumineux gros comme une pleine lune. Il « volait » doucement en direction du nord, quelques plus petits objets à sa suite (*Nature*, 35-173).

Et cette histoire des « faux phares de Durham ».

Les journaux anglais du milieu du 19e siècle ont connu leur lot de phénomènes lumineux célestes, des feux le plus souvent perçus à basse altitude et au-dessus de la côte, près de Durham. Des marins ont même fait naufrage pour les avoir confondus avec des signaux. Certains pêcheurs ont été accusés d'interférence pour leur propre profit, ce à quoi ils ont répliqué que seuls coulaient les vieux rafiots, tout juste bons à toucher la compensation de l'assureur.

En 1866, la grogne s'est amplifiée. Devant l'amiral Collinson, président d'une commission d'enquête, un témoin a déclaré que la lumière sur laquelle il s'était mépris lui avait paru briller « bien au-dessus du sol ». L'affaire n'a jamais été élucidée et on a bientôt parlé de « lumières mystérieuses ». Toujours est-il que l'enquête n'a point perturbé les faux phares de Durham qui ont continué à se manifester. En 1867, l'administration de pilotage de Tyne a dû s'attaquer au problème. « Des incidents fort étranges », de dire le maire de [Whitburn] (*Times* de Londres, 9 janvier 1866).

L'Association britannique pour l'avancement des sciences relève l'observation d'un groupe de météores d'une «lenteur remarquable», restés visibles trois minutes. Un véritable exploit si l'on considère qu'une observation de trois secondes est déjà «extraordinaire». Autre singularité de ces supposés bolides: ils bougeaient apparemment ensemble, comme une volée d'oiseaux, sans traînée lumineuse, dans un mouvement gracieux et ordonné (*Rapport annuel de la BAAS,* 1877-152).

Selon moult observations recueillies par le P^r [Chant], de Toronto, le ciel a été le théâtre en 1913 d'un phénomène visible au Canada, aux États-Unis, et en mer jusqu'aux Bermudes. Un corps lumineux muni d'une longue queue a fait son apparition. Très rapidement, le corps a augmenté de volume. «Les observateurs sont partagés; certains pensent qu'il s'agissait d'un corps unique, d'autres disent que c'était trois ou quatre corps, chacun muni d'une queue.» Le groupe – ou la structure – s'est déplacé «avec une volonté insolite et majestueuse. Il a fondu au loin et une autre entité a émergé à l'endroit de la première. Le nouveau groupe – ou la structure de deux ou trois ou quatre objets – a avancé, au même rythme, avant de disparaître aussi». Un troisième groupe a défilé de la même manière, a-t-on écrit (*Journal de la Société royale d'astronomie du Canada,* novembre et décembre 1913).

Il y a eu des observateurs pour comparer la chose à une formation d'aéronefs; d'autres pour évoquer l'avancée de bâtiments de guerre, croiseurs et destroyers en renfort.

Un des auteurs explique: «J'ai compté de trente à trente-deux corps, et c'était surprenant de les voir se déplacer en groupes de deux, trois et quatre, en formation à couple si bien orchestrée que des militaires en manœuvres n'auraient pas mieux fait au terme d'un solide entraînement. »

Le 25 mai 1893, *Nature* publie une lettre de Charles J. Norcock, capitaine du navire de Sa Majesté le *Caroline*: Le 24 février 1893 vers 22 heures, quelque part entre la ville de Shanghai et le Japon, l'officier de quart a signalé la présence «de lumières inhabituelles».

Elles brillaient entre le navire et une montagne de 2 000 mètres environ. C'était des feux globulaires qui se déplaçaient en groupe, mais qui parfois s'alignaient en file désordonnée. La procession s'est dirigée vers le nord et a mis deux heures à disparaître.

La nuit suivante, les lumières sont réapparues. Au début, elles étaient en partie masquées par une petite île. Elles filaient vers le nord, à une vitesse proche de celle du *Caroline* et selon un trajet presque parallèle au navire. Mais ces feux-là projetaient de la lumière et on pouvait discerner leur reflet sur les flots. On a sorti un télescope, qui n'a pas révélé grand-chose hormis la couleur rougeâtre des feux et l'apparence de fumée qui en émanait. Le spectacle a duré sept heures et demie.

Le capitaine Norcock précise ensuite qu'un confrère, le capitaine Castle, du navire de Sa Majesté le *Leander*, était dans les parages et qu'il a été témoin du phénomène lumineux. Il a décidé de changer de cap pour s'en rapprocher et les lumières ont fui, en quelque sorte, en prenant de l'élévation.

Un compte rendu du lieutenant Frank H. Schofield, des forces navales américaines, au service des approvisionnements, rapporte les observations de trois membres de son équipage. Le 24 février 1904, ses hommes ont vu trois objets lumineux de tailles différentes, le plus imposant équivalant à six Soleils. Au premier coup d'œil, les créatures semblaient assez proches, juste sous des nuages estimés flotter à un peu plus d'un kilomètre au-dessus de la mer (*Monthly Weather Review*, mars 1904-115).

Puis les feux se sont envolés, ou ont filé, qui sait. Ils se sont engouffrés dans les nuages sous lesquels on les a d'abord remarqués, d'un mouvement orchestré et sans que les forces terrestres ne semblent exercer d'influence sur ces objets de grosseurs pourtant diverses.

La même revue publie en août 1898 deux extraits de lettres de C.N. Crotsenburg, employé de l'agence Crow, au Montana. Durant l'été 1896, alors que l'auteur était commis au train postal – voilà un habitué du défilement de paysages – il roulait vers le nord depuis Trenton au Missouri. Lui et un collègue ont vu, dans la pénombre d'une pluie battante, une lueur globulaire de couleur rosâtre, d'une grandeur optique de 30 centimètres de diamètre. Elle semblait flotter à une trentaine de mètres du sol, puis s'est élevée « à mi-chemin entre l'horizon et le zénith ». Malgré un bon vent d'est, la chose a gardé le cap. Sa vitesse variait, cependant; parfois elle devançait « considérablement » le train, d'autres fois elle tirait de l'arrière. Les deux commis ont observé le phénomène jusqu'à l'arrêt de Linville en Iowa. Puis la lumière s'est perdue au loin, derrière l'entrepôt municipal. Il a plu, de rares éclairs ont zébré le ciel, et Crotsenburg s'est demandé s'il pouvait s'agir d'un éclair en boule.

Le rédacteur en chef de la revue s'objecte. Il forme l'opinion qu'il s'agissait plutôt de reflets causés par la pluie, ou le brouillard, ou les feuilles des arbres lustrées sous la pluie, ou peut-être la lumière du train (mais pas ses lumières).

Tout cela inspire Edward M. Boggs à écrire dans le numéro de décembre. Selon lui, l'étrange lumière était un vulgaire reflet dans la vitre – oui, une seule lumière –

un éclat de la chambre de combustion pourquoi pas, miroité sur les fils humides du télégraphe, les striures se fondant en une rotondité oscillant au gré de l'ondoiement du cable, la ronde lueur grimpant sur la vitre à cause de l'angle de réflexion, ou avançant et reculant au gré des courbes de la voie ferrée.

Belle démonstration d'un quasi-raisonnement; l'homme admet et intègre diverses données, mais exclut celles qui pourraient tout déconstruire. Car on est en droit de supposer que les fils du télégraphe ont résisté au-delà de Linville.

Crotsenburg évoque donc la possibilité d'un éclair en boule. Bien que l'idée préconçue freine le raisonnement, elle aurait pu trouver asile auprès de l'ancien système. Mais on sent que la conscience de l'homme survolte lorsqu'il mentionne «quelque chose d'autre» ailleurs dans ses écrits, lorsqu'il précise qu'il aurait voulu pouvoir raconter davantage:

«Une chose si étrange que je n'aurais rien dit, pas même à mes amis, n'eût été d'un témoin... Oui, étrange au point d'hésiter à en parler, de crainte de passer pour fou.»

Chapitre 27

Là où il est temps
de récapituler.

Vaste apparition noire. Créature planant comme un corbeau devant la Lune.

Des choses rondes et lisses, des boulets de canon, des objets tombés sur la Terre.

Notre cerveau antiadhésif.

Des objets ressemblant à des boulets de canon sont tombés sur notre planète lors de tempête. Et les intempéries ont jeté bien d'autres débris sur nous.

Pluies de sang.

Pluies de sang.

Pluies de sang.

Personne ne sait pour sûr ce que c'était, mais une espèce de poudre de brique rouge – matière rouge déshydratée – s'est abattue sur Piedmont en Italie, le 27 octobre 1814 (*Eclectic Magazine*, 68-437). Une poudre rouge est aussi tombée en Suisse durant l'hiver 1867 (*Popular Science Review*, 10-112).

Qui sait si une chose lointaine n'a pas saigné, un dragon cosmique entré en collision avec une comète.

Il flotte peut-être des océans de sang quelque part au-dessus de nos têtes, substance qui tombe en poudre après une déshydratation de plusieurs siècles, depuis une région que des astronautes nommeront un jour Désert de sang. Je n'ai pas vraiment tenté de développer les notions de cosmogéographie, mais il reste que la probabilité d'un désert ou d'un océan de sang, voire les deux, est forte... l'Italie étant dans sa trajectoire.

Selon moi, la substance tombée en Suisse contenait des corpuscules. Néanmoins, la censure de 1867 commandait la réserve; officiellement, la matière renfermait une grande quantité de «matière organique diverse».

À Giessen en Allemagne, en 1821, il est tombé une pluie rouge corail. L'eau renfermait des flocons de couleur hyacinthe. Substance organique, a-t-on écrit, pyrrhine, pour être plus précis (*Comptes rendus de la BAAS*, 5-2).

Une autre information, plus précise, celle d'une pluie rouge de nature organique. Une neige rouge en fait, qui serait tombée le 12 mars 1876, aux abords du Crystal Palace à Londres (*Year-Book of Facts*, 1876-89; et *Nature*, 13-414). Quant à la neige rouge des régions polaires et montagneuses, je n'ai pas d'opinion, faute de témoin pour en confirmer la chute. Des microorganismes, du genre protococcus, ont pu s'y propager. Remarquons que personne n'a sorti des placards le sable du Sahara.

Par contre, on a dit de cette neige rouge tombée à Londres en mars 1876 qu'elle renfermait des corpuscules. Un peu de retenue, tout de même. Des corpuscules, d'accord, mais semblables à des «cellules végétales».

Une note: neuf jours plus tôt, il était tombé une matière rouge – de la chair, le doute persiste – dans le comté de Bath, au Kentucky.

Je crois qu'un Goliath du ciel, imposant, mais pas suffisamment, a refusé de céder le passage à une comète.

Je résume donc mes notions de cosmogéographie: régions gélatineuses et sulfureuses, zones froides et tropicales; une région proche qui aurait été source de vie terrestre; régions plus denses que notre atmosphère qui relâchent des objets à risque d'explosion.

Vous vous souviendrez de nos grêlons explosifs. Il y a

là information à soutenir l'hypothèse qu'ils se sont formés dans un milieu beaucoup plus dense que notre troposphère. Des chercheurs de la University of Virginia ont mené une expérience visant à fabriquer de la glace sous haute pression. Soumise aux conditions ambiantes, la glace a explosé (*Popular Science News*, 22-38).

Laissez-moi revenir sur le sujet de la substance tombée au Kentucky, en apparence carnée et floconneuse. C'est un phénomène familier: il évoque l'écrasement exercé par la pression, comme pour les viandes froides. Mais l'indice extraordinaire, c'est que la pression aurait agi non uniformément sur les différentes faces. Cela me rappelle qu'en 1873, après un violent orage en Louisiane, les habitants ont retrouvé sur les rives du Mississippi, sur une distance de quelque 60 kilomètres, des quantités prodigieuses d'écailles de poissons. On en avait même ramassé à seaux en certains endroits. Des gens ont prétendu qu'il s'agissait d'écailles d'Aiguille de mer, un poisson pouvant peser de deux à vingt kilos (*Annual Record of Science and Industry*, 1873-350). Je trouve l'explication tirée par les cheveux et j'aurais plutôt le réflexe de penser à une substance pilée. Puis ces grêlons ronds aux franges glacées irrégulières, des grêlons possiblement stationnaires, captifs d'une mince banquise aérienne selon moi. *Illustrated London News* (34-546) présente des dessins de grêlons frangés de la sorte; on dirait qu'ils ont séjourné dans une plaque.

Un jour, j'arriverai à une heureuse conclusion qui nous affranchira un peu plus de notre primitivisme.

Je suis d'avis que des démons ont visité la Terre; des démons du Dehors, de forme humaine et à la barbe pointue, des chanteurs doués, peut-être, un pied bot, tous trahis par leur exhalaison sulfureuse. La fréquence des objets tombés du ciel portant une odeur sulfureuse m'a frappé. Une chute de fragments de glace à Orkney, le 24 juillet 1818, qui dégageaient une forte odeur de soufre (*Transactions of the Royal Society of Edinburgh*, 9-187). Du coke – ou une matière analogue – tombé à Mortrée en France, le 24 avril 1887, accompagné d'une substance sulfureuse. Les gigantesques objets émergeant de l'océan, sur le flanc du *Victoria*... Que nous soyons d'accord ou pas avec l'idée d'un engin en provenance d'une atmosphère plus dense, forcé de plonger dans la mer avant de poursuivre sa route vers Jupiter ou Uranus, il faut noter la mention «relent de soufre». Selon l'explication classique, la proximité est impossible; ces objets ne peuvent être surgis de la mer, simple illusion d'optique, ils sont apparus à l'horizon.

Encore une note concernant un objet céleste. Un correspondant écrit que le 1er juillet 1898, il a vu dans le ciel de [Sedbergh] un objet rouge – ou, selon ses termes, une chose évoquant le ruban rouge de l'arc-en-ciel, de dix degrés en longueur. Pourtant, le soleil s'était couché et le ciel déjà obscurci. La pluie tombait dru (*Nature*, 58-224).

Tout au long de ce travail de compilation, j'ai été particulièrement impressionné par les chutes successives. Admettez que si des choses s'abattent du ciel sur une parcelle de terrain et qu'une autre chute survient peu après au même endroit, l'explication du tourbillon de vent s'essouffle. Un tourbillon pourrait se maintenir à peu près dans un même plan axial, mais il continuerait d'éparpiller son chargement de manière circulaire.

Et qu'en est-il des grenouilles tombées à Wigan? Je suis retourné sur cette piste, pour constater qu'une autre averse de grenouilles s'y était produite.

Quant à toutes ces données concernant la matière gélatineuse compagne des météorites, je pense que ces cailloux célestes déchirent une gelée visqueuse comme une espèce de protoplasme, les fluides de Génésistrine peut-être – contre lesquels je mets les aviateurs en garde, sans quoi ils s'enfonceront dans un réservoir de vie, capturés comme des amandes dans du blanc-manger. Bref des météorites tombent en emportant avec eux de la gélatine protoplasmique.

Ici, mon tableau prendra un air d'authenticité s'il semble achevé : des régions célestes peuplées de poissons; des météorites en route vers la Terre qui pourfendent ces eaux. Pour confirmer l'hypothèse, il me faudra donc une donnée à l'effet qu'un météorite aurait entraîné la chute de poissons.

Près des berges d'une rivière péruvienne, le 4 février 1871, un météorite est tombé. « On dit avoir trouvé sur les lieux plusieurs poissons morts, de différentes espèces. » La corrélation classique consiste à dire que les poissons « ont probablement été soulevés par le choc et projetés contre des roches » (*Nature*, 3-512).

Que l'on admette l'explication ou non dépend de notre état d'hypnose personnel. Sachez quand même que les poissons étaient parsemés au milieu des fragments de météorite (*Nature*, 4-169).

M. Le Gould, un scientifique australien, voyageait dans Queensland quand il a aperçu un arbre brisé au ras du sol; au point de rupture, une marque profonde et, à côté, un objet « semblable à un obus de 25 centimètres » (*Popular Science Review*, 4-126).

Bien des pages auparavant, je vous ai présenté une donnée un peu vitement, je crois. La petite pierre gravée de Tarbes est l'exemple le plus frappant, à mon avis, d'un nouvel univers de corrélations. Rappelez-vous qu'elle était enrobée de glace. Si l'on devait retenir une seule donnée de ce livre, je crois que la pierre de Tarbes serait la parfaite ambassadrice de la mission dont je me suis chargé.

Il y a une autre donnée que j'ai sans doute un peu trop rapidement survolée : le disque de quartz supposément tombé du ciel après une explosion météoritique. On dit qu'il s'est abattu dans la plantation de [Bleijendaal au Surinam], et qu'il aurait été expédié au Musée national des antiquités de Leyde par M. van Sypesteyn, sous-gouverneur du pays (*Notes and Queries,* 2-8-92).

Et il y a aussi ces fragments qui tombent des champs de glace aériens, des morceaux de glace plats munis d'aiguilles de glace. Si ces aiguilles n'étaient pas des glaçons, mais des formes cristallines, ce serait tout aussi bien un indice de suspension prolongée. En 1869, près de [Tiflis en Georgie], on rapporte qu'il est tombé de très gros grêlons munis d'impressionnantes protubérances. « Le fait le plus étonnant concernant ces grêlons, à la lumière des connaissances actuelles, c'est qu'il leur aurait fallu un temps considérable pour se former. » (*Popular Science News,* 23-34.)

Un autre auteur traite de ce fait survenu le 27 mai 1869. Lui aussi s'avoue vaincu à expliquer le phénomène. « La suspension dans un milieu glacé a dû être prolongée pour que des systèmes cristallins se construisent ainsi. » (*Geological Magazine,* 7-27.)

Et de nouveau, la récurrence. Treize jours plus tard, presque au même endroit, des grêlons similaires se sont abattus.

Des rivières de sang qui irriguent des océans de fluides biologiques, qui conduisent la vie dans cette espèce d'incubateur où se niche la Terre.

Un réseau de veines dans Génésistrine, des couchers de soleil complices, épanchement dont témoignent les aurores polaires, de vastes réservoirs d'où émergent diverses formes de vie.

Notre système solaire est peut-être vivant et les douches de sang sur Terre trahissent ses hémorragies internes.

Et d'immenses créatures au-dessus de nos têtes comme il en nage dans nos océans.

Ou une créature particulière, à une heure précise, hors de son antre. Une créature de la taille du pont de Brooklyn, anéantie par quelque chose de la taille de Central Park...

Elle saigne.

Je pense à ces champs de glace aériens qui ne tombent pas, mais dont les fragments et les gouttes peuvent s'échapper.

Selon le Pr Luigi Palazzo, chef du service météorologique italien, il est tombé le 15 mai 1890 à Messignadi, dans la région de Calabre, une averse couleur de sang frais (*Popular Science News*, 35-104).

Le laboratoire de santé publique a examiné la substance. Conclusion : c'était du sang.

« L'explication la plus plausible à cet inquiétant phénomène est que des oiseaux migrateurs (des cailles ou des hirondelles) auront été victimes de violentes bourrasques. »

Oui, c'est ce qu'on a écrit. De sorte que la substance fut déclarée sang d'oiseau.

Ce qui importe, ce sont les sages conclusions des microbiologistes italiens, ce qu'il leur fallait conclure. Qu'importe si je souligne que personne n'a rapporté de vents violents à cette époque et que, de toute façon, une telle substance aurait vite été dispersée par des vents violents. Ah, j'oubliais... et que personne n'a rapporté la chute d'oiseaux. Pas la moindre petite plume.

Ce fait unique... Du sang tombé du ciel.

Et un peu plus tard, au même endroit, du sang a encore été versé.

Aurore boréale, détail (*L'Illustration, journal universel*, 1868).

Chapitre 28

Des spéculations diablement folles.

Lu dans *Notes and Queries* (7-8-508) :

Un correspondant de retour du Devon écrit pour demander de l'information concernant un fait vieux de 35 ans et dont il a eu vent.

Jadis, la neige était tombée dans tout le sud du comté et les habitants s'étaient réveillés au matin pour découvrir des traces de «pieds à griffes» sur le tapis blanc, du jamais vu dans la région. «Les empreintes inconnues» alternaient, entrecoupées de vastes intervalles, avec l'impression qu'aurait produite la pointe d'un bâton de marche. Ce qui était stupéfiant, c'était l'immensité des terres ainsi piétinées et l'idée que des haies, des murs et des maisons avaient été enjambés.

Dans un état de frénésie, on avait lancé sur les pistes des chasseurs et leurs chiens, jusqu'à parvenir à une forêt d'où les bêtes s'étaient retirées à la hâte, comme terrifiées, en hurlant. Personne n'avait alors osé pénétrer dans les bois.

Un autre correspondant se souvient bien de l'affaire; un blaireau avait laissé des traces dans la neige, telle était la conclusion. L'agitation avait «cédé la place au calme plat le jour même» (*Notes and Queries*, 7-9-18).

Toutes ces années, un autre correspondant a conservé le dessin des empreintes relevées par sa mère dans le jardin, à Exmouth; il s'agissait de traces de sabot, et elles avaient été produites par un bipède (*Ibid.*, 7-9-70).

Un autre correspondant encore se souvient de l'effervescence et de la consternation chez les «gens du peuple ». Il explique qu'un kangourou s'était échappé d'une ménagerie, mais que « les traces étaient si insolites et espacées que beaucoup avait craint que Satan ne fût en vadrouille » (*Ibid.*, 7-9-253).

C'est ainsi qu'on écrit l'histoire. Mais je vais la reconstituer à partir des sources de l'époque. Si je vous ai présenté ces quelques comptes rendus, c'est pour mieux illustrer l'action du temps, de l'escamotage et de la distorsion sur l'exercice de corrélation. Par exemple, de dire que l'agitation avait « cédé la place au calme plat le jour même » revient à avouer qu'il ne s'était pas passé grand-chose au départ.

J'ai découvert que l'agitation avait duré des semaines, et je crois dès lors vous avoir affranchi des effets de la désinformation précédente.

L'explication d'un phénomène dépend toujours de l'ascendant de l'époque. C'est la raison pour laquelle je me retiendrai d'expliquer; une opinion suffira. Que le diable laisse des traces dans la neige est une corrélation qui aurait cadré avec l'esprit d'une époque archaïque, soit trois ascendants plus tôt. On comprend mieux qu'au 19e siècle, les corrélats et les réflexes conditionnés nécessitaient une adaptation à l'idée de pieds griffus dans la neige. Les sabots évoquent non seulement les chevaux, mais aussi le diable. Il fallait, à cette époque, préciser que les empreintes étaient celles de pieds à griffes. La chose fut dite par le Pr Owen, l'un des biologistes les plus réputés de son temps, en dépit des préjugés de Darwin.

Je m'en vais émettre une idée, à partir de deux représentations qui figurent à la New York Public Library. Ni l'une ni l'autre ne semble suggérer la forme de griffes. Dans la quasi-réalité, Owen n'a jamais expliqué quoi que ce soit; il a établi des corrélations.

Les comptes rendus ultérieurs ont fait usage d'un autre subterfuge pour discréditer la chose; ils nous ont propulsés dans les légendes. Assimilation à la fable, en introduisant l'idée des aboiements terrifiés des chiens de chasse et de la forêt aux allures enchantées que personne n'osa visiter. Il est vrai qu'une chasse fut organisée, mais personne ne mentionne l'effroi des chiens et des chasseurs dans les comptes rendus de l'époque.

L'intervention d'un kangourou semblait nécessaire pour justifier les grands sauts, car on avait trouvé aussi des marques sur les toitures. Mais la distance que la chose avait parcourue était telle qu'il avait bientôt fallu introduire un deuxième kangourou.

Je rappelle que les marques tenaient toutes sur une ligne. Selon moi, un millier de kangourous unijambistes et chaussés d'un petit sabot auraient peut-être pu accomplir l'exploit de Devon.

«Tout un émoi est survenu dans les villes de Topsham, Lymphstone, Exmouth, Teignmouth et Dawlish, dans le Devon, lorsque l'on a découvert dans la neige un nombre prodigieux d'empreintes insolites et mystérieuses.» (*Times* de Londres, 16 février 1855.)

Voici l'histoire rétablie d'une multitude d'empreintes découvertes dans la neige au matin du 8 février 1855, dans le comté de Devon.

Owen et d'autres examinateurs du même acabit ont d'abord dû faire fi de la distance en jeu. Des traces tapissaient les lieux les plus inaccessibles: jardins ceinturés de hauts murs, toits des maisons, champs à perte de vue. La presque totalité des jardins de Lymphstone avaient été piétinés. Nous avons assisté à des dissimulations plutôt audacieuses, je dirais que celle-là était titanesque. Et parce que les empreintes étaient disposées en ligne droite, on a dit qu'elles appartenaient «à un bipède plutôt qu'à un quadru-pède». Comme si un bipède posait un pied exactement devant l'autre, en sautillant peut-être. Mais il en aurait fallu mille, de ces bipèdes.

On a dit que «la distance moyenne entre les empreintes était de vingt centimètres».

«Les empreintes rappelaient la forme d'un sabot d'âne et mesuraient entre 38 et 63 millimètres de largeur.»

À moins, me dis-je, que les empreintes n'aient ressemblé à des cônes incomplets, ou à des figures en croissant.

La taille aurait été équivalente à celle des sabots d'un très jeune poulain, et non à l'onglon de l'âne.

«Dimanche dernier, le révérend Musgrave a fait allusion aux empreintes d'un supposé kangourou, mais personne n'y croit puisque les traces couraient sur les deux rives de l'Exe. Le mystère reste donc entier, et certains résidents des villes touchées n'osent plus sortir le soir.»

L'Exe est un cours d'eau large de trois kilomètres.

«L'intérêt pour l'affaire est loin de s'éteindre, comme le prouvent les demandes d'information relativement à l'origine des empreintes qui ont commotionné le Devon, le 8 février dernier. Les faits ont été commentés dans un précédent numéro, mais ajoutons ici qu'un groupe de citoyens armés de Dawlish a organisé une battue avec l'espoir de débusquer et peut-être de tuer l'animal qui aurait sillonné la région. Comme on aurait pu s'en douter, l'expédition est rentrée bredouille. Les suppositions ont abondé sur la nature de ces pistes, les uns avançant l'idée qu'elles seraient le fait d'un kangourou, les autres imaginant plutôt de gros oiseaux que le mauvais temps aurait poussés à trouver refuge dans la campagne. La capture d'un animal qui se se serait échappé d'une ménagerie a également fait la manchette à quelques reprises. Bref, le mystère persiste.» (*Times* de Londres, 6 mars 1855.)

On a accordé à la nouvelle un espace considérable dans *Illustrated London News.* Le numéro du 24 février 1855 présente un dessin des empreintes.

Je dirais qu'il s'agit de cônes sans la base.

Ils sont cependant relativement allongés, me rappellent les sabots du cheval, du poulain, en fait.

Mais les pistes tiennent sur une seule ligne.

Il est précisé que les empreintes relevées pour fins de schéma étaient espacées de vingt centimètres, un écart régulier qui a été observé «dans toutes les paroisses». D'autres villes sont mentionnées, outre celles dont le *Times* a parlé. L'auteur, qui a déjà séjourné au Canada à l'époque hivernale, affirme ne jamais avoir vu de «pistes plus nettes». Il fait également ressortir le point résolument écarté par Owen et ses acolytes: «Aucun animal connu, pas même l'homme, ne marche ainsi un pied devant l'autre.» En ouvrant la porte aux faits, l'auteur insinue comme moi qu'il ne s'agissait pas d'empreintes. Son observation suivante aura sans doute touché le cœur du dilemme:

Quelle que fût l'origine des empreintes, la neige avait été enlevée plutôt que compactée. La neige semblait «aplatie au fer chaud», observe-t-il.

Owen, qui a reçu des dessins d'empreintes grâce à un

ami, écrit qu'il s'agit bien de marques de griffes. Il répète que c'est le travail d'«un» blaireau (*Illustrated London News*, 3 mars, 1855-214).

Six autres témoins ont écrit à la revue. L'un, dont la lettre n'est pas publiée, avance qu'un cygne s'est égaré. Remarquez l'homogénéité – pistes de blaireau ou d'oiseau. J'aurais dû énumérer pour vous toutes les villes touchées. Ampleur du phénomène.

Le révérend Musgrave publie une lettre, accompagnée d'un dessin des empreintes. Le croquis, qui illustre bien la ligne unique, montre quatre marques, la troisième légèrement désalignée.

Aucune trace de griffe.

Les empreintes ressemblent à des marques de petit sabot un peu allongé, mais elles sont moins nettes que celles du dessin du 24 février, comme si on les avait relevées après que le vent et la fonte aient fait leur œuvre. Les mesures prises dans des lieux distants de 2,5 kilomètres montrent la même régularité de l'espacement: «Écart de 21 centimètres exactement.»

Nous assistons ici à une petite démonstration de la psychologie derrière la tentative de corrélation. Musgrave déclare: «J'ai trouvé utile de relever l'explication du 'kangourou' dans le compte rendu officiel.» Il précise toutefois ne pas y avoir cru lui-même, bien qu'il se soit réjoui «qu'un animal présumé responsable ait permis de balayer l'impression fallacieuse, dangereuse et vexante qu'il s'agissait du démon».

«Mes mots ont trouvé résonance à l'époque.»

Formule jésuitique ou pas, créature acrobate ou non, j'en conclus ceci: j'ai ouvertement déploré l'attitude de fermeture, mais je comprends que toutes les corrélations, comme celles qui ont défrayé ce livre, sont toujours asservies par l'ascendant de l'époque.

Un autre correspondant avait écrit que les empreintes ressemblaient bien à celles d'un sabot, mais que l'on pouvait tout de même discerner des marques de griffes, celles d'une loutre, sans doute. Cela avait déclenché une avalanche de correspondance, à tel point que *Illustrated London News* avait dû faire un tri avant de publier le numéro du 10 mars. D'autres hypothèses furent avancées : « une » souris sauteuse, « un » crapaud, « un » lièvre dont les pattes avant et arrière auraient été groupées pour n'en paraître qu'une.

Et ailleurs : « Dans les hautes montagnes des villes voisines de Glenorchy, de Glenlyon et de Glenochay, on a vu à quelques reprises cet hiver, comme l'hiver précédent, des traces d'un animal encore inconnu en Écosse. L'empreinte ressemble beaucoup à celle d'un jeune poulain, à la différence que la forme est légèrement étirée, c'est-à-dire plus ovale que ronde. Personne n'a encore vu la bête, et il est difficile d'en dire davantage. Soulignons seulement que la profondeur des traces laisse supposer que l'animal est de bonne taille. Tout porte à croire qu'il ne marche pas comme les quadrupèdes le font généralement, mais qu'il sautille comme un cheval qui s'emballe ou se cabre. Les pistes ont été repérées sur une distance de près de vingt kilomètres. » (*Times* de Londres, 14 mars 1840.)

Et je terminerai sur une note tirée du numéro du 17 mars 1885 de *Illustrated London News* : Un correspondant écrit de Heidelberg « au nom d'un médecin polonais ». Sur la Piashowagora (la montagne de sable), une petite élévation à la limite de Galicia, ville de la Pologne du côté soviétique, de telles marques sont visibles chaque année dans la neige, parfois même dans le sable de la dune. « Les paysans attribuent ces marques à un pouvoir surnaturel. »

Épilogue

« La science avance
en se raturant elle-même. »
Victor Hugo

Un voyage dans l'inexpliqué risque de ramener un pèlerin inassouvi. Et pour cause; nos connaissances sont trop restreintes pour rendre compte d'un Univers de démesure, aux apparences souvent incohérentes.

Entre les objets du vaste, que nous décrivons pour l'instant grâce à la relativité générale, et l'infiniment petit, dont la mécanique quantique nous dévoilent des secrets, le pont qui les réunirait pour une compréhension de l'Univers entier est toujours en chantier. Quant aux phénomènes qui ne trouvent asile ni d'un côté ni de l'autre, il reste les limbes de l'indéchiffrable.

Pour nous fabriquer une vision du monde, nous désassemblons les objets et les reconstruisons dans une forme que nous pouvons saisir intellectuellement. « Comment l'Univers peut-il être infini? » demande-t-on lorsque l'on est enfant. Parce qu'il crée l'espace à mesure qu'il se dilate. « Oui, mais qu'y avait-il avant? » Il n'y avait pas d'avant, puisqu'il n'y avait pas de temps. « Et pourquoi les dinosaures sont-ils disparus? » En fin de compte, ils ne sont pas totalement disparus.

Nous analysons, toujours et tout le temps, c'est dans notre nature. Antérieurement à l'attitude rationnelle, héritage de notre éducation, nous avons néanmoins été habités d'une spontanéité pour l'émerveillement. Le mystérieux nous a pénétrés, a inondé les plages de notre cerveau mystique. Peut-être la vie est-elle plus supportable à celui qui lui prête des lieux magiques, qui la considère tout sauf monotone et prévisible. Stephen Hawking, reconnu comme l'un des plus grands cosmologistes des temps modernes, est lui-même animé d'une profonde religiosité cosmique.

Petite visite au bazar du bizarre.

Avide donc, j'ai fouillé encore un peu. J'ai trébuché sur des squelettes et des crânes étranges qui ont défrayé les manchettes de la revue *Pursuit*, en juillet 1973. Des anthropologues dignes de foi (on connaît cependant les sentiments amers de Charles Fort vis-à-vis de ceux qui déterrent pour mieux ensevelir) ont mis au jour, dans le comté de Bradford en Pennsylvanie, des crânes munis de deux protubérances, des cornes pour tout dire, situées à environ deux pouces au-dessus des arcades sourcilières. Selon deux professeurs affiliés au American Investigation Museum, les squelettes avaient apparence humaine, à cette autre différence qu'ils faisaient une taille impressionnante de 2,10 mètres. Leur inhumation remonterait à 1200 ans environ avant l'ère chrétienne.

N'eût été de la disparition subséquente de ces curieux vestiges exhumés en 1880, une analyse d'ADN aurait apporté un éclairage intéressant. Des découvertes similaires ont été rapportées ailleurs aux États-Unis, dans l'état de New York et celui du Texas, entre autres. Race insolite oubliée? Pourquoi pas. Le site Internet <www.burlingtonnews.net/skulls.html> présente des photos de crânes inhabituels qui sont exposés dans des musées du monde, au London Museum, notamment.

Faute d'en savoir plus, on pourra relever avec un sourire un article paru dans *India News*, le 18 février 2004, à l'effet qu'un habitant de Himachal Pradesh attire bon nombre de curieux en raison de la corne qui pousse sur sa tête. Réapparition d'un caractère primitif?

Et sourire encore à l'idée que Michel-Ange avait sculpté un Moïse cornu. Le célèbre marbre orne le tombeau du pontife Jules II, à Rome.

Peu de chances donc de remonter sur les traces d'une race cornue. Par contre, la galerie de l'hominidé pourrait s'élargir d'une annexe. En effet, nous avions l'impression encore récente d'avoir établi la généalogie humaine : australopithèque, homos habilis, homo erectus, homo neanderlensis (Néanderthal) et son parallèle, seul survivant actuel disait-on, homo sapiensis (dit Cro-Magnon). C'était jusqu'à ce que l'on trébuche sur de minuscules ossements bien singuliers.

L'homme de Flores petit, mais encombrant.

En septembre 2003, des chercheurs exhumaient sur une île indonésienne les restes d'une tribu d'hommes préhistoriques miniatures, dont une «Flora» vieille de 18 000 ans. Taille d'un mètre (à peine plus haut que votre table à dîner), bipédie évoluée, corps bien proportionné (ce qui exclut la possibilité d'un nanisme ou d'une microcéphalie entravant le développement), cerveau de la grosseur de celui de l'australopithèque, Homo floresiensis pesait autour de 25 kilos (*Science et avenir*, décembre 2004). Cette découverte a eu l'effet d'une bombe dans la communauté des paléontologues. Fallait-il redessiner l'arbre d'Homo depuis «erectus»?

Mais contre la théorie d'une espèce d'homme inconnue aujourd'hui éteinte, des voix se sont élevées. Le Pr Teuku Jacob, de l'université indonésienne Gadjah Mada, a déclaré pour sa part que l'étude des sept spécimens découverts révèle des variations de caractéristiques propres aux actuels pygmées Rampasasa (*The*

New York Times, 21 août 2006).

Le paléontologue Peter Brown, de l'université de Nouvelle-Angleterre à Armidale, en Australie, réfute la thèse de son détracteur. Selon lui, la combinaison unique des caractéristiques de Flores ne peut pas être liée à des humains modernes.

Une histoire à suivre, donc. Tout comme celle de la conquête de la Terre par les premiers hominidés, l'australopithèque Lucy perdant peut-être son titre d'aïeule au bénéfice de Toumaï, le *Sahelanthropus tchadensis* (*Science et avenir,* avril 2006).

La science, lieu privilégié des commotions.

Si l'avenir n'est pas écrit, le passé non plus. J'aime bien l'idée d'une «race» cornue. Peut-être n'est-elle pas totalement éteinte... À l'instar d'autres espèces qui resurgissent contre toute attente.

Par exemple, la capture d'un cœlacanthe en 1938 dans l'Océan Indien a eu pour effet de renverser la croyance que ce gros poisson osseux qui peuplait la mer 350 millions d'années plus tôt était depuis longtemps disparu. En revanche, les habitants des Comores avaient l'habitude de pêcher et de consommer l'animal qu'ils avaient baptisé «Kombessa» (www.dinosoria.com/coelacanthe.htm). Impression de déjà-vu, science contre savoir local.

Dans *Phenomena, A Book of Wonders,* John Michell et Robert Rickard rapportent un cas encore plus surprenant, tiré du *Illustrated London News* du 9 février 1856:

Cette année-là, en France, des ouvriers procédaient au dynamitage d'un tunnel ferroviaire sur la route censée relier Nancy à Saint-Dizier. Quelle ne fut pas leur surprise de voir émerger d'un bloc de lias calcaire fraîchement fracturé une espèce de créature monstrueuse et hurlante. Elle possédait un long bec aux dents acérées et quatre longues pattes reliées entre elles par une membrane noire et terminées de griffes puissantes. Sa peau présentait la texture d'un cuir huileux. La bête, qui mourut rapidement au sortir de sa prison, fut identifiée par un naturaliste versé en paléontologie : ptérodactyle, un reptile appartenant à l'époque jurassique. Le type de calcaire datait d'ailleurs du Jurassique, une signature de quelque 200 millions d'années. Les esprits rationnels se cabreront à l'idée qu'un animal préhistorique puisse survivre une éternité dans un cercueil de roche, même avec l'apport éventuel d'eau de ruissellement. À moins que l'estimation par la science de cette disparition ne soit erronée, comme l'âge géologique du lias calcaire. Bref, témoins à l'appui, la roche présentait le moule parfait du dragon aux ailes de chauve-souris.

Les cas de crapauds extraits vivants de gaillettes de charbon en apparence tout aussi étanches qu'anciennes sont également nombreux dans la littérature et peuvent troubler l'esprit. Des exploits biologiques existent, sans contredit. La cryptobiose, par exemple, constitue un état de vie latent durant lequel les fonctions vitales sont suspendues, et peut être déclenchée par des conditions de privations totales. Des Tardigrades, (de l'ordre des acariens), ont été réanimés après un sommeil de quelques milliers d'années et soumis ensuite à des conditions de vie extrêmes – ébullition et congélation – sans que leur ADN n'ait subi de modification (Serge Gagnier, *La vie, sport extrême*).

Mais un ptérodactyle ?

Tout ça pour dire que certains phénomènes débordent du cadre de nos connaissances conventionnelles, et que le réflexe courant est de contester la validité du fait.

Ce qui intéressait particulièrement Charles Fort, c'était l'idée d'une extériorité complice de la diversité terrienne. Au chapitre des chutes animales, sachez que les précipitations sélectives continuent :

Le 7 septembre 1953, des milliers de grenouilles sur la ville de Leicester dans le Massachusetts; en 1968, une importante pluie de chair et de sang du ciel brésilien; en janvier 1969, des canards morts sur la ville de St-Mary's dans le Maryland (mort subite en plein vol, selon le *Washington Post* du 26 janvier 1969); en 1978, une averse de crevettes sur la Nouvelle-Galles du Sud en Australie; en 2002, des poissons en Grèce (www.fr.wikipedia.org/wiki/Pluie_d%27animaux). Et l'hypothèse du tourbillon conserve étonnamment un air de modernité.

Parfois, le ciel réserve des surprises plus amusantes que des bestioles et des météorites. En décembre 1968, des passants qui faisaient leurs emplettes à Ramsgate, dans le comté de Kent en Angleterre, ont été témoins de chutes sporadiques de pièces de monnaie pendant une quinzaine de minutes. Une dénommée Jean Clements a rapporté au *Daily Mirror* « que tout le monde entendait l'argent tomber, mais personne n'aurait su localiser sa provenance ». Plus étrange encore, les pièces étaient tordues, comme si elles tombaient de très haut. Pourtant, il n'y avait ni gratte-ciel ni avion dans les parages.

Chaque jour, le site Web <www.anomalist.com> relève des anecdotes et des interrogations qui défraient la manchette de revues et de médias de partout dans le monde, qu'il s'agisse de la découverte d'espèces animales étranges, de la supposée rencontre d'humains ailés ou encore du passage d'objets célestes insolites.

À titre d'exemple, la revue Pravda vers laquelle nous dirige *The Anomalist* affectionne le sujet des traces laissées sur Terre par des êtres du Dehors. La une du 22 août 2006 présente une photo d'un crâne pétrifié que l'on attribue à un extraterrestre (www.english.pravda. ru/science/mysteries/22-08-2006/84019-alien-0).

J'ignore ce que Fort aurait pensé des bataillons de revues et de chercheurs qui se consacrent à la détection des OVNIS depuis 1948, mais on peut imaginer sa réaction devant le travail d'escamotage des observations non assimilables. Parmi les témoins, des pilotes de l'aviation civile et militaire, des scientifiques, et même des astronautes dont le compte rendu a été publié par la NASA, en dépit des résistances.

Double discours sur les OVNIS. Pendant que les récits de rencontre ont été âprement discrédités, des efforts prodigieux ont été investis dans la conquête spatiale et la recherche d'exoplanètes propices à la vie. Si l'appareil scientifique conteste toute proximité d'une possible vie extraterrestre, pourquoi avoir lancé dans l'espace en 1977, à bord de *Voyager*, un disque gravé de messages terriens à l'intention des civilisations d'Ailleurs?

À cette question incessante «Sommes-nous seuls dans l'Univers?», Charles Fort ricanerait peut-être encore devant l'invocation de l'outil mathématique. En 1961, l'astronome américain Frank Drake avait évalué les probabilités de vie dans notre galaxie au moyen d'une équation polyvalente (faisant intervenir des facteurs astronomiques, écologiques, sociologiques et technologiques, notamment). D'après ses estimations, quelques millions de civilisations fourmilleraient dans notre seul secteur du cosmos, affirmation permise dans le contexte des années 60, sans que le rire ne tue.

L'Univers est spacieux et agité, il a tout de la parfaite boîte à surprises. Du reste, il semble que la présence d'acides aminés – le matériau de base de notre ADN –

ait été détectée dans des nuages moléculaires de notre galaxie. Les collisions entre ces atomes organisés (qui réunissent carbone, hydrogène, azote, oxygène et autres éléments) provoqueraient ensuite la formation des briques moléculaires beaucoup plus complexes, capables d'autoreproduction (Séguin et Villeneuve, *Astronomie et astrophysique*).

La transition de l'état chimique à l'état biologique, c'est-à-dire de la non-vie à la vie, s'est peut-être produite sur Terre, ou dans la soupe originelle de nos manuels scolaires. À moins que sa réussite ne revienne à Mars; des microorganismes de la planète rouge ont pu survivre au voyage vers la Terre (*Scientific American*, novembre 2005, en ligne). Et si des acides aminés semblables à ceux qui ont participé à la vie terrienne se rencontrent dans la Voie lactée, la possibilité existe de retrouver le familier dans l'exotisme, comme l'avait évoqué Fort.

Moins de préjugés, moins d'immobilisme.
Pour s'être intéressé aux principes de l'alchimie dans les dernières années de sa vie, Isaac Newton fut accusé de folie. La quête visant la transmutation des éléments naturels était alors une science dite occulte. Pourtant, l'alchimie revue et corrigée occupe aujourd'hui une armada de chercheurs du monde entier.

Prélude à cette lancée, la célèbre expérience de fusion froide en éprouvette de Pons et Fleischmann en 1989. Leur but était de générer de l'hélium à partir de l'hydrogène, une prouesse impossible sans le secours d'énergies gargantuesques aux dires de certains physiciens nucléaires. En effet, les protons se repoussent naturellement, même si, une fois agglutinés en noyau, ils sont cimentés en vertu de l'interaction forte.

Si certaines voies de la Nature nous sont encore impénétrables, leur élégance ne fait aucun doute. Un chercheur du nom de Louis Kervran a remarqué que des volailles privées de calcaire pondent des œufs à coquille molle... jusqu'à ce qu'on leur donne à picorer du mica, riche en silicium. Une preuve, selon le biologiste, que les poules « arrivent à transmuter le silicium en calcium» (*Science et vie*, 1040, mai 2004). Voilà une hypothèse qui a de quoi entretenir la polémique.

Le chamboulement de l'ouverture.

En même temps que les instruments de la science ont produit des avancées technologiques considérables, notre savoir commun a permis de balayer des idées fossiles. La science s'est affranchie de sa servitude première, celle d'apaiser les peurs collectives devant des phénomènes effrayants.

Libérée, la Cité scientifique aurait peut-être pu atteindre l'autonomie et vivre du seul objectif égoïste d'identifier et de classer plus petit, plus grand et plus éloigné. Mais elle s'est trouvée aspirée par plus vaste construction qu'elle-même, pour reprendre des notions chères à Charles Fort. Elle est devenue l'architecte docile d'un nouveau monde.

Jeremy Rifkin, auteur du livre *Le siècle biothech*, déclare que «la fission de l'atome ou le décryptage de la double hélice de l'ADN, tours de force de la physique et de la biologie, sont les deux plus importants succès de la science au 20e siècle».

On se rappelle cruellement la contribution la plus spectaculaire de cette connaissance intime de l'atome; deux bombes atomiques au terme d'une course effrénée à l'armement décisif, une sur Hiroshima et l'autre sur Nagasaki en août 1945.

Quant aux percées de la biologie, ce dernier élan a été aussitôt récupéré par l'Église économique, entité sauvagement vorace. Jean Ziegler désigne le nouveau despotisme (après le bolchévisme et le nazisme) sous le vocable de TINA : *There is no alternative*. Dans la dématérialisation du pouvoir, des sociétés immortelles ont pris les commandes de la vie mondiale, au détriment de l'humain et de ses valeurs morales (*Les nouveaux maîtres du monde*).

Voilà que la bioprospection se pose en menace planétaire au même titre que la technologie nucléaire. L'être humain et la nature sont devenus des ressources brevetables. La commercialisation du corps humain a pris des proportions dangereuses, illustrées dans cet exemple criant :

Une compagnie américaine du nom de Biocyte a obtenu un brevet qui lui accorde la propriété sur les cellules de sang contenues dans un cordon ombilical. De sorte qu'un individu ou un organisme ayant recours à ce type de cellule lors d'une greffe de moelle osseuse devrait payer des royautés à Biocyte, sous peine de se voir interdire l'usage de la technique (Jeremy Rifkin, *Le siècle biotech*).

D'ici à ce que l'on brevète nos fesses et l'utilisation qu'on peut en faire, il n'y a qu'un pas.

Dans le domaine du décodage de l'ADN, les dogmes pourtant récents de la génétique volent déjà en éclat devant la complexité des organismes vivants. Si l'on osait bêtement parler du gène de l'intelligence dans les années 70, on sait aujourd'hui qu'un simple grain de riz compte davantage de gènes qu'un être humain... chez qui 25 000 gènes (seulement !) paraissent agir en groupe et créer des liaisons aussi inextricables que fantastiques (*Science et vie*, 1047, décembre 2004).

La révolution de l'ouverture scientifique fera-t-elle tout exploser?

Les recherches menées en astronomie ont un impact immédiat certainement moins dévastateur pour la communauté humaine que la bioprospection.

Apprendre que le Big Bang n'a peut-être jamais eu lieu pourrait ne pas vous déstabiliser. Avant de disparaître et de se fixer dans la Voie lactée, Charles Fort a très probablement eu vent de cette théorie émise par Georges Lemaître en 1920 sur l'origine de l'Univers: une énergie inouïe concentrée en un point géométrique... Puis l'expansion prodigieuse de la créature à partir d'une singularité inexpliquée, voilà 14 milliards d'années environ, créant du coup l'espace partout à la fois, le temps et la matière.

En 2004, les supposées mesures et preuves à l'appui du Big Bang, théorie standard pour expliquer notre présence matérielle, vacillent sur leurs bases. Fatalité des certitudes... La découverte d'une galaxie supergéante trop ancienne pour sa position aux confins de l'Univers visible, puis le rayonnement fossile que l'on attribuait à l'écho des premiers instants cosmiques, mais qui pourrait bien n'être qu'un bruit de fond de notre propre galaxie, voilà qui risque de déconstruire un édifice de patient labeur (*Science et vie,* 1063, avril 2006).

Ce rayonnement était néanmoins l'argument qui a détrôné la théorie de l'état stationnaire de l'Univers, sans commencement ni fin, selon laquelle la nouvelle matière se crée dans les vides produits par l'expansion, une idée de Gold et Hoyle qui circulait en 1948.

« ... le Tout se fabrique sans cesse à partir du Néant », disait Fort. Sa vision n'est toujours pas désuète.

En effet, dans le modèle inflationniste de l'Univers, présenté en 1979 par le brillant physicien Alan Guth, le vide possède une structure et une masse volumique. Ce faux vide uniforme, qui succéderait de près à l'étincelle du Big Bang, produirait des univers à répétition, avec des particules et des lois de physiques propres à la nature de ce type de vide. Bref, s'il a été possible de créer un univers à partir d'une pochette de vide, est-il envisageable de concevoir un bébé univers en laboratoire? Guth s'est posé l'extravagante question. Vingt-cinq grammes de vide suffisent apparemment à la démonstration mathématique, mais là où la recette achoppe, c'est dans l'obtention d'une densité telle que, à titre de comparaison, tout notre univers visible tiendrait dans un point plus petit qu'un atome (*The Inflatory Universe*).

Ça brasse dans la communauté théorique. Même le monument de la gravitation universelle vient d'être graffité par les signes d'une nouvelle hérésie, désignée du nom de MOND (*Modified Newtonian Dynamics*), œuvre de Mordehai Milgrom. Car les lois de l'attraction ne peuvent toujours pas expliquer des systèmes de la taille des galaxies. À ce jour, les astrophysiciens imputent leur étonnante cohésion à une énergie sombre encore indéterminée. C'est ce qui a motivé le physicien Milgrom à entreprendre un travail d'adaptation des *Principia Mathematica* de Newton, et une réécriture de la célèbre équation $F = ma$ (*Discover*, août 2006).

Secousse sismique dans la Cité scientifique. Quoi qu'il advienne de cette pression hétérodoxe, elle aura eu le mérite de sortir de leur repos intellectuel les tenants du Big Bang et de la matière sombre.

Oui, nous cherchons des lois et des définitions, sortes de balises communes dans le voyage de la connaissance, comme nous établissons un code de la route et des limites de vitesse. On comprend que les définitions sont essentielles à un langage scientifique, mais les conventions restent temporaires, en raison de tous ces recoupements entre objets et phénomènes. Le danger des définitions, dont parlait Charles Fort, est d'opérer une discrimination au profit des certitudes.

Pauvre Pluton, planète en 1930, planète double en 1978, aujourd'hui rétrogradée par la communauté scientifique au rang de planète naine – trop petite, trop excentrique. Quelques dissidents se sont publiquement insurgés, refusant la nouvelle définition. Celle-ci « ne répond pas aux critères scientifiques fondamentaux », de dire Mark Sykes, directeur de l'Institut des sciences planétaires, à Tucson en Arizona, et instigateur du remous (*La Presse*, 2 septembre 2006).

Le bonheur des histoires à suivre. En fin de compte, l'ouverture est le terrain de la dissidence libre. Et l'ouverture favorise les percées.

Quand la science confronte ses propres bizarreries...
Encore une fois au cœur d'un grand dilemme, la gravitation. Petite notion utile, la gravitation est additive à grande échelle. Si la Terre exerce une attraction sur la Lune, c'est que le poids de tous ses protons réunis, celui des humains y compris, l'emporte sur l'agglutination des protons de notre satellite.

Mais il faut savoir que le monde microscopique de l'atome n'obéit pas aux mêmes lois que le monde macroscopique des corps pesants. Les scientifiques tentent toujours de trouver une théorie unifiée – appelée par avance Grande Unification – pour expliquer l'ensemble des forces de l'Univers. Car plus une théorie embrasse le vaste, plus elle semble complète. Les cosmologistes sont dévorés par l'ambition de trouver la théorie du Tout.

Ailleurs, on cherche encore le graviton, une particule hypothétique qui transmettrait peut-être l'interaction faible de la gravitation.

Pire encore pour l'esprit en mal d'un plancher solide, le temps n'existe pas dans le monde des particules. On peut alors se demander comment il se manifeste à notre échelle classique s'il ne s'écoule pas au niveau quantique. C'est comme si, dans l'antre de l'atome, il se posait de manière parfaitement symétrique entre le passé et le futur (*Science et vie*, 1024, janvier 2003).

Pour marier la mécanique décrite par la relativité à la physique quantique des particules, des théoriciens ont proposé un bricolage ingénieux: les supercordes, un concept impossible à expliquer simplement, de sorte que je me contenterai de citer le physicien Michel Crozon:

Ces cordes «seraient plutôt de minuscules cordes vibrantes, sorte de boucles enroulées sur elles-mêmes autour d'une sphère dont le diamètre est la longueur de Planck [quantité minimale d'action = 6,63 x 10^{-34} joule-seconde – en-dessous de cette valeur, les lois de la physique classique ne tiennent plus la route]. Seuls certains espaces mathématiques sont adaptés à ce type de théorie – par exemple, un espace mathématique à dix dimensions, soit les quatre dimensions de l'espace-temps habituel et six autres dimensions qui, au lieu de se déployer, se seraient enroulées en faisant naître les charges ou nombres quantiques des particules. C'est la première théorie proposant une formulation quantique de la gravitation» (*L'univers des particules*).

En 2003, des chercheurs du Sternberg Astronomical Institute de Moscou ont repéré deux galaxies elliptiques lointaines en apparence identiques. L'imagerie astronomique suggérait qu'il pouvait s'agir de la double image d'un même objet (CSL-1), une illusion d'optique qu'aurait pu causer l'effet gravitationnel d'une corde cosmique. Ce serait conforme aux prédictions de la superthéorie, de préciser le directeur de recherche Mikhail Sazhin. Mais l'espoir s'est éteint lorsque le télescope Hubble a confirmé, quelques mois plus tard, la présence de deux galaxies distinctes (*New Scientist*, 4-10, février 2006).

À ce jour donc, aucun indice n'a permis de vérifier l'hypothèse hardie des supercordes, mais la théorie permet néanmoins de calculer l'évaporation graduelle des trous noirs annoncée par Stephen Hawking.

Einstein nous avait forcés à envisager le monde relativiste autrement, en liant la notion du temps à celle de l'espace et de la matière pesante. L'idée de dimensions additionnelles ouvrirait la porte aux notions d'événements et de créatures exotiques dans l'univers des cordes. Expliquerait peut-être certaines disparitions étranges auxquelles Fort faisait allusion. Ou l'apparition de visiteurs célestes en deça des onze années lumière qui nous séparent d'*Epsilon Eridani* et de *Tau Ceti*, étoiles soupçonnées d'abriter des planètes viables. Elles ont fait l'objet du projet de recherche d'intelligence extraterrestre de la NASA au début de 1960.

Abstraction faite du temps, nous évoluons dans un monde à trois dimensions. Mais s'il existait des créatures en quatre dimensions? La conception de Carl Sagan, qui fut directeur du Laboratory for Planetary Studies et professeur

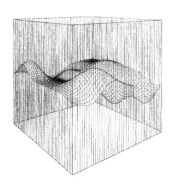

d'astronomie, force l'esprit cartésien à des contorsions inconfortables : « Si une créature quadridimensionnelle existait, elle pourrait, dans notre univers tridimensionnel, se matérialiser et disparaître à volonté, changer considérablement de forme, nous arracher hors d'une pièce fermée à clé et nous faire resurgir de nulle part. Elle pourrait aussi nous retourner comme un gant. » (*Cosmos.*)

Conceptualiser des dimensions supplémentaires relève de l'abstraction mathématique, tout comme cet autre exercice de voltige cérébrale tiré de *Voici le temps du monde fini*, d'Albert Jacquard. Le Pr Jacquard parle de réalité aléatoire dont le cheminement est impossible à prédire :

Disons que vous enfermez une frétillante souris blanche dans une boîte étanche à n'ouvrir que quelques mois plus tard, il y a fort à parier que la pauvre bête sera alors dans un état de décomposition peu ragoûtant. Mais imaginez que vous soyez immortel et qu'un jour, fort lointain, les atomes composant la souris retrouvent leur agencement initial, et qu'en cette peu probable, mais néanmoins possible journée, vous souleviez le couvercle... Alors la souris grouillerait sous vos yeux.

Peut-être est-ce l'histoire de notre ptérodactyle. Ce que l'anecdote illustre, c'est à tout le moins le concept du calcul probabiliste avec des variables mathématiques, sortes d'artifices scientifiques comme le sont d'ailleurs les particules virtuelles de la matière : des points géométriques, des objets abstraits qui servent à personnifier les forces de l'Univers.

Téléportation un, télépathie zéro.

En 2004, des chercheurs autrichiens et américains ont réussi un exploit de téléportation. Il ne s'agit pas d'un déplacement de matière, tour de force auquel la science-fiction nous a préparés, mais plutôt d'un transfert d'état quantique, c'est-à-dire la transmission de l'information – ou qubit – contenue dans un atome, un ion de calcium vers un autre ion en l'occurrence (*Nature*, 17 juin 2004).

Téléporter un quantum de charge électrique, ou de moment cinétique ou d'énergie... Et la télépathie alors, ne serait-elle pas un acte de téléportation? Où se situe la frontière entre intuition et prémonition? Peut-être certains phénomènes dits paranormaux trouveront-ils des bases d'hypothèse dans ces dernières équipées de la science.

Nos raisonnements les plus courants sont parfois ineptes. Des gens ont prouvé pouvoir fonctionner sans cerveau. Le neurologiste John Lorber a étudié le cas particulier d'un jeune homme atteint d'une hydroencéphalie ayant pour conséquence de réduire les parois du cortex à un millimètre d'épaisseur (il en mesure en moyenne 45). Son manque flagrant de matière grise ne l'a pas empêché de mener de brillantes études universitaires en mathématiques (*Science Digest*, octobre 1983).

Nous naissons, grandissons, vieillissons et mourons. Mais pas toujours selon cet itinéraire. Des amphibiens comme l'axolotl peuvent conserver leurs caractéristiques juvéniles toute leur vie, une condition nommée néoténie. À Baltimore aux États-Unis, une fillette de 12 ans n'a pas grandi depuis l'âge de six mois; elle mesure 69 centimètres et pèse à peine 6 kilos, malgré l'introduction dans son organisme d'hormones de croissance (*MSN-NBC News*, octobre 2005).

Pour ceux qui affectionnent le sujet de l'étrange sous toutes ses formes, une visite en anglais à Weird &

Unusual Entertainment Directory (www.1netcentral. com/strange-weird.html) a de quoi vous divertir.

En fin de compte, la grande vertu des écrits de Charles Fort tient à la richesse du questionnement qu'ils provoquent. Il faut cesser de croire pour s'ouvrir.

Pour se demander comment il se fait que l'Univers paraisse identique devant comme derrière en termes de température et de densité, malgré un écoulement de plus de treize milliards d'années? La Terre serait-elle au centre de tout? Peu probable (*Top 10: Weirdest Cosmology Theories, New Scientist,* 9 août 2006).

Pour se demander également si Galilée s'est trompé au 17e siècle, en affirmant que les lois de la nature sont partout pareilles, indépendamment des «mouvements, directions, moments et positions»... Si les bases de la physique sont, par conséquent, faussées à l'origine (*Science et vie,* 1068, septembre 2006).

Somme toute, pour se questionner et s'émerveiller.

Caro

Achevé d'imprimer
pour Joey Cornu Éditeur
en novembre 2006
sur les presses de CRL Ltée
à Mascouche (Québec).